이러닝
운영관리사

| 핵심이론 + 최종모의고사 |

필기

시대에듀

◉ 이러닝운영관리사란?

이러닝 환경에서 효과적인 교수학습을 위하여 교육과정에 대한 운영계획을 수립하고, 학습자와 교 · 강사의 활동을 촉진하여 학습콘텐츠 및 시스템의 운영을 지원하는 직무

◉ 응시자격

제한 없음

◉ 시행기관

한국산업인력공단(www.q-net.or.kr)

◉ 응시수수료

필기시험	19,400원
실기시험	20,800원

◉ 시험일정(2024년 기준)

구 분	정기 기사 2회
필기시험 원서접수	4.16.(화)~4.19.(금)
필기시험	5.9.(목)~5.28.(화)
필기시험 합격자 발표	6.5.(수)
실기시험 원서접수	6.25.(화)~6.28.(금)
실기시험	7.28.(일)~8.14.(수)
합격자 발표	9.10.(화)

※ 원서접수 시간은 원서접수 첫날 10:00부터 마지막 날 18:00까지임
※ 필기시험 합격예정자 및 최종합격자 발표시간은 해당 발표일 9:00임
※ 시험일정은 종목별, 지역별로 상이할 수 있음
※ 접수 일정 전에 공지되는 해당 회별 수험자 안내(Q-net 공지사항 게시) 참조 요망

◉ 시험운영방식

구 분	필기시험	실기시험
시험방식	객관식 4지 택일형(CBT)	필답형
출제과목	• 이러닝 운영계획 수립 • 이러닝 활동 지원 • 이러닝 운영 관리	이러닝 운영 실무
문항수	100문항	20문항
시험시간	2시간 30분	2시간

※ 실기시험 응시 시 수정테이프나 수정액은 사용할 수 없으며, 연필자국이 남아있으면 부정행위로 간주될 수 있음

◉ 합격기준

필기시험	한 과목당 100점을 만점으로 하여 각 과목 40점 이상, 전 과목 평균 60점 이상 취득
실기시험	100점을 만점으로 하여 60점 이상 취득

◉ 필기시험 출제기준

구 분	주요항목	세부항목
이러닝 운영계획 수립 (40문항)	❶ 이러닝 산업 파악	1. 이러닝 산업동향 이해 2. 이러닝 기술동향 이해 3. 이러닝 법제도 이해
	❷ 이러닝 콘텐츠의 파악	1. 이러닝 콘텐츠 개발요소 이해 2. 이러닝 콘텐츠 유형별 개발방법 이해 3. 이러닝 콘텐츠 개발환경 파악
	❸ 학습시스템 특성 분석	1. 학습시스템 이해 2. 학습시스템 표준 이해 3. 학습시스템 개발과정 이해 4. 학습시스템 운영과정 이해
	❹ 학습시스템 기능 분석	1. 학습시스템 요구사항 분석 2. 학습시스템 이해관계자 분석 3. 학습자 기능 분석
	❺ 이러닝 운영 준비	1. 운영환경 분석 2. 교육과정 개설 3. 학사일정 수립 4. 수강신청 관리
	❶ 이러닝 운영지원 도구 관리	1. 운영지원 도구 분석 2. 운영지원 도구 선정 3. 운영지원 도구 관리

이러닝 활동 지원 (30문항)	❷ 이러닝 운영학습활동 지원	1. 학습환경 지원 2. 학습활동 안내 3. 학습활동 촉진 4. 수강오류 관리
	❸ 이러닝 운영활동 관리	1. 운영활동 계획 2. 운영활동 진행 3. 운영활동 결과보고
	❹ 학습평가 설계	1. 과정 평가전략 설계 2. 단위별 평가전략 설계 3. 평가문항 작성
이러닝 운영 관리 (30문항)	❶ 이러닝 운영교육과정 관리	1. 교육과정 관리 계획 2. 교육과정 관리 진행 3. 교육과정 관리 결과보고
	❷ 이러닝 운영평가 관리	1. 과정만족도 조사 2. 학업성취도 관리 3. 평가결과 보고
	❸ 이러닝 운영결과 관리	1. 콘텐츠 운영결과 관리 2. 교 · 강사 운영결과 관리 3. 시스템 운영결과 관리 4. 운영결과 관리보고서 작성

1 출제기준을 철저히 분석한 **핵심이론**

제1과목 이러닝 운영계획 수립

1 이러닝 산업 파악

■ **이러닝 산업의 정의**

'전자적 수단, 정보통신 및 전파 · 방송기술을 활용하여 이루어지는 학습'을 위한 콘텐츠, 솔루션, 서비스, 하드웨어를 개발, 제작 및 유통하는 사업을 의미함

■ **이러닝 공급 사업체와 수요자의 범위**

① 이러닝 공급 사업체
- 콘텐츠 사업체 : 이러닝에 필요한 정보와
- 솔루션 사업체 : 이러닝에 필요한 교육
  는 사업체
- 서비스 사업체 : 온라인으로 교육, 훈련
  체와 기관에 직접 서비스를 제공하는
  팅을 수행하는 사업체
② 이러닝 수요자의 범위 : 개인과 단체[사업
  대학교 제외)], 정부/공공기관(중앙정부,

■ **이러닝 산업 특수분류[산업통상자원부(2**

세부 범위		
기존	이러닝 콘텐츠	이러닝을 위한
	이러닝 솔루션	이러닝을 위한 지 · 보수업 및
	이러닝 서비스	전자적 수단, 전
추가	이러닝 하드웨어	이러닝 서비스

■ **학습자 특성 분석**

① 학습자의 일반적 특성

성별	성별 분포를 파악하여 남녀별 콘텐츠에 대한 요구사항 반영
연령	전 연령층이 사용할 수 있는 범위로 개발
전공	전공 및 관심 분야에 직접적으로 연관 있는 콘텐츠 개발

② 학습자의 이러닝에 대한 인식조사
- 이러닝 체계 도입에 대한 요구 정도
- 학습 이력 및 경험, 흥미 및 관심 정도
- 이러닝 학습 수행능력, 개발 희망 과정
- 적용관련 제안사항, 학습장소, 인프라 구축
- 교육형태, 상호작용 요구정도, 학습효과 관련 제안사항
- 이전 학습에 참여했던 이러닝의 형태

■ **학습자에 대한 이메일 예절 및 유형별 응대요령**

① 학습자에 대한 이메일 예절
- 내용파악을 명확히 할 수 있고 간결한 제목 작성
- 명확한 수신자 표기
- 짧고 논리적인 내용 작성
  - 처음 : 인사말과 함께 소속 및 신분 밝히기
  - 본론 : 메일 발송의 목적과 의도가 나타나도록 하고 세부적인 내용은 붙임문서를 활용
- 맞춤법 오류나 이모티콘 등은 자제
- 메일을 최소 하루 2회 이상 체크하여 신속한 답변 회신
- 형식적인 단체 메일 발송 신중
- 감성적 표현과 문구에 세심하게 신경

② 학습자 유형별 응대요령

학습자 유형	응대요령
충동형 학습자	신속 정확한 응대
의심형 학습자	분명한 증거나 객관적 근거 제시
흥분형 학습자	분명한 사실만을 언급하고 말싸나 태도에 주의하여 논쟁을 피하며 고객의 기분을 거스르지 않도록 응대
온순형 학습자	꼼꼼하며 정중하고 온화하게 대하고 학습자의 목적을 '예, 아니요'로 대답할 수 있도록 유도
거만형 학습자	과시욕이 충족되도록 학습자 칭찬

■ **학습자 요구사항 분석 수행 절차**

교수자의 교수학습 모형 분석 → 교수학습 모형에 맞는 수업모델 비교 및 분석 → 수업모델의 사용실태 분석 → 실제 수업에 적용된 수업모델 조사 및 분석

▶ 출제빈도가 높은 용어와 개념을 엄선하여 구성한 핵심이론이 효율적인 학습을 돕습니다. 핵심이론을 통해 과목별로 어떤 부분을 중심적으로 공부해야 하는지 파악한 후 학습 방향을 설정해 보세요. 보다 세밀하고 체계적인 학습이 가능해집니다.

2 완벽한 실전 대비를 위한 모의고사

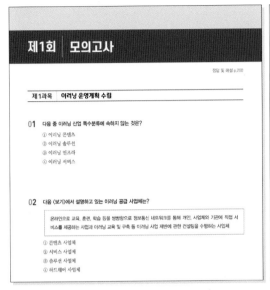

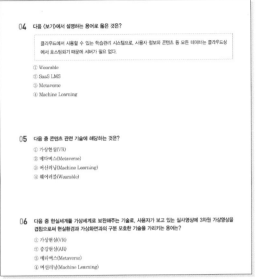

▶ 시대이러닝연구소가 실제 시험의 출제경향 및 유형을 분석하여 만든 문제들을 만나보세요. 실전 감각을 익히고 최종 실력을 점검할 수 있습니다.

3 자세하고 친절한 해설

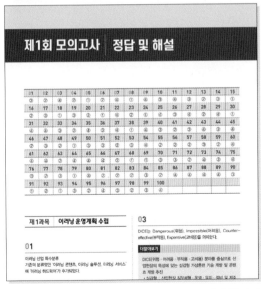

▶ 이론서를 따로 찾아보지 않아도 틀린 문제나 헷갈렸던 개념을 명쾌하게 이해할 수 있도록 자세하고 친절한 해설을 수록하였습니다. 풀었던 문제를 짚어보는 동시에 기본기를 다져보세요.

이 책의 목차 CONTENTS

핵심이론

최종모의고사

핵심이론

행운이란 100%의 노력 뒤에 남는 것이다.

– 랭스턴 콜먼 –

1 이러닝 산업 파악

■ **이러닝 산업의 정의**

'전자적 수단, 정보통신 및 전파·방송기술을 활용하여 이루어지는 학습'을 위한 콘텐츠, 솔루션, 서비스, 하드웨어를 개발, 제작 및 유통하는 사업을 의미함

■ **이러닝 공급 사업체와 수요자의 범위**

① **이러닝 공급 사업체**
- 콘텐츠 사업체 : 이러닝에 필요한 정보와 자료를 멀티미디어 형태로 개발, 제작, 가공, 유통하는 사업체
- 솔루션 사업체 : 이러닝에 필요한 교육관련 정보시스템의 전부 혹은 일부를 개발, 제작, 가공, 유통하는 사업체
- 서비스 사업체 : 온라인으로 교육, 훈련, 학습 등을 쌍방향으로 정보통신 네트워크를 통해 개인, 사업체와 기관에 직접 서비스를 제공하는 사업과 이러닝 교육 및 구축 등 이러닝 사업 제반에 관한 컨설팅을 수행하는 사업체

② **이러닝 수요자의 범위** : 개인과 단체[사업체, 정규 교육 기관[초·중·고·대학 등 전체 교육기관(원격 대학교 제외)], 정부/공공기관(중앙정부, 교육청, 지방자치단체, 정부출자/출연 기관, 지방공사/공단 등)]

■ **이러닝 산업 특수분류[산업통상자원부(2015년)]**

세부 범위		정 의
기존	이러닝 콘텐츠	이러닝을 위한 학습내용물을 개발, 제작 또는 유통하는 사업
	이러닝 솔루션	이러닝을 위한 개발도구, 응용소프트웨어 등의 패키지 소프트웨어 개발과 이에 대한 유지·보수업 및 관련 인프라 임대업
	이러닝 서비스	전자적 수단, 정보통신 및 전파·방송기술을 활용한 학습·훈련 제공 사업
추 가	이러닝 하드웨어	이러닝 서비스 제공 및 이용을 위해 필요한 기기·설비 제조, 유통 사업

■ 산업 용어[KS규격으로 정의된 이러닝 용어 55종(2006년)]

번호	용어	대응 영어
1	학습	learning
2	교육	education
3	훈련	training
4	이러닝	e-learning or ICT-supported learning
5	엠러닝	m-learning or mobile learning
6	학습자 개체	learner entity
7	학습관리 시스템	learning management system(LMS)
8	학습 콘텐츠 관리 시스템	learning context management system(LCMS)
9	콘텐츠 관리 시스템	content management system(CMS)
10	학습 환경 관리	managed learning environment(MLE)
11	컴퓨터 기반 학습	computer-based learning
12	컴퓨터 학습 관리	computer managed learning
13	학습자	learner
14	교사	teacher
15	트레이너	trainer
16	웹 기반 학습	web-based learning
17	온라인 학습	on-line learning
18	오프라인 학습	off-line learning
19	혼합형 학습	blended learning
20	컴퓨터 지원 협력 학습	computer-supported collaborative learning(CSCL)
21	학습 기술 시스템	learning technology system(LTS) or distributed learning technology system
22	시스템 아키텍처	system architecture
23	기능적 아키텍처	functional architecture
24	서비스 지향 아키텍처	service oriented architecture(SOA)
25	학습 기술 시스템 아키텍처	learning technology systems architecture(LTSA)
26	가상 학습 환경	virtual learning environment
27	학습 환경	learning environment
28	세션	session
29	교수 설계	instructional design(ID)
30	학습 설계	learning design(LD)
31	지식 재산권 관리	intellectual property rights management(IPRM) or digital right management(DRM)
32	권리 표현 언어	rights expressions languages
33	학습 콘텐츠	learning content

34	학습 객체	learning object(LO)
35	학습 자원	learning resource
36	학습 객체 메타데이터	learning object metadata(LOM)
37	학습 자원 메타데이터	learning resource metadata(LRM)
38	공유 가능 콘텐츠 객체	sharable content object(SCO)
39	학습목표	learning objective
40	학습 활동	learning activity
41	멀티미디어	multimedia
42	하이퍼미디어	hypermedia
43	자원 접근가능성 정보	accessibility information(resource)
44	협력 학습	collaborative learning
45	학습 양식	learning style
46	역량	competency
47	교수 방법	instructional method
48	참여자 접근 가능성 정보	accessibility information(participant)
49	학습자 정보	learner information
50	학습자 이력	learner history
51	학습자 목표	learner objective
52	학습자 프로파일	learner profile
53	선호 정보	preference information
54	수행 정보	performance information
55	포트폴리오	portfolio or e-portfolio or digital portfolio

■ 기술개발을 통한 이러닝 산업경쟁력 제고

① 지능형 에듀테크 기술을 활용한 교사 · 학습자 맞춤형 학습기회 제공

맞춤형	AI 기술 등에 기반하여 개인별 학습 성향 · 역량에 맞는 정보 · 가이드 제공 및 챗봇 기반의 지능형 튜터링 서비스 고도화 예 개인화 학습을 위한 AI 추천서비스, AI 튜터서비스

② 학습효과 제고를 위한 양방향 · 실감형 · 지능형 학습서비스 고도화

양방향	공학 등 전문분야 교육의 효과 제고를 위해 일방향이 아닌 학생 ↔ 교사, 학습자 ↔ 학습자 간 양방향 학습 시스템 고도화 예 비대면 실시간 코딩교육, 비대면 공학실습 서비스 등
실감형	유 · 아동 체험형 학습 및 현장성 있는 외국어 학습 등이 가능한 메타버스 기반의 실감형 학습서비스 개발 예 유 · 아동 AR 학습플랫폼, 메타버스 기반 학습콘텐츠 플랫폼 등
지능형	사물인터넷, AI 기반 센싱 데이터 활용으로 학습자의 감성진단, 행동분석이 가능한 교수 · 학습지원 기술 개발 예 감성 · 인지교감 AI 서비스, 유 · 아동 행동분석 서비스 등

③ DICE(위험·어려움·부작용·고비용) 분야를 중심으로 산업현장의 특성에 맞는 실감형 가상훈련 기술 개발 및 콘텐츠 개발 추진

  * DICE : Dangerous, Impossible, Counter-effective, Expensive

• 실감형 : 산업현장 직무체험·운영·유지·정비 및 제조현장 안전관리 등을 가상에서 구현하는 메타 버스 등 실감형 기술 개발

실감형 기술	사 례
가상현실(VR) 기반의 직무체험·실습	• 가상환경 기반 용접훈련, 항만크레인 조작 훈련 • 가상운항 기반 승무원 트레이닝 서비스
증강현실(AR) 기반의 현장운영을 통한 업무효율 제고	• 반도체 공정장비 모니터링 훈련 서비스 • 문서 가시화 기능을 활용 제조설비 운영 대응
메타버스(Metaverse) 기반의 협업형 근무·제조훈련	• 차량품질 평가를 위한 원격전문가(아바타) 간의 협업형 제조 훈련 서비스 • 원격근무 협업 서비스 시스템 개발

• 콘텐츠 : IoT·5G·우주산업 등 디지털 신기술 분야 콘텐츠 개발 확대로 실제 현장적용에 선제 대응
  [개발물량 : ('20) 10개 → ('22) 30개]
  예 우주산업 분야 위성통신 중계 안테나 구축·정비, 5G/IoT 통신장비 점검·정비

■ 이러닝 접근성 제고 및 공공·민간 협업을 통한 통합 플랫폼 구축

① K-에듀 통합 플랫폼 : 사용자에게 다양한 교수·학습서비스 및 맞춤형 학습환경을 제공하는 미래형 교수학습지원 플랫폼 구축 : 민간 및 교육부 내 23개 시스템(e-학습터, 기초학력진단정보시스템 등)을 통합·연계하여 통합서비스 제공(24년 개시)

  * 미래형 교수학습지원 플랫폼 : 맞춤형 수업 지원 서비스, 콘텐츠 및 에듀테크 유통, AI·빅데이터 기반 학습분석까지 일괄 지원

  * AI 학습튜터링시스템, AI 기반 모니터링시스템, 통합 유통관리시스템, 에듀테크 지원센터 구축('24년~)

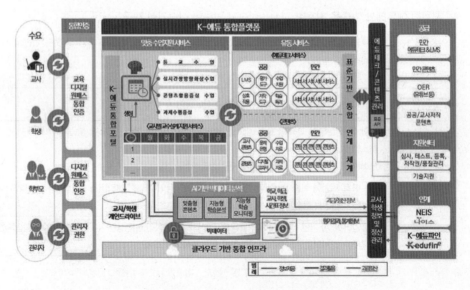

② 평생교육 플랫폼
- 학습자가 평생교육 콘텐츠를 맞춤형으로 제공받고 학습 이력을 통합 관리할 수 있는 '온국민평생배움터' 구축
- 비대면 사회 전환에 대응하여 온라인 기반 교육서비스 접근성 강화 및 학습자 맞춤형 평생교육 서비스 제공
- *ISP 추진(~'21.8월) → 플랫폼 구축('22~24) → 대국민 서비스 운영('24~)

③ STEP 고도화 : 양질의 온라인 직업능력개발 서비스 제공을 위해, '공공 스마트 직업훈련 플랫폼(STEP)' 고도화
- *STEP(Smart Training Education Platform) : 직업훈련 접근성 제고, 온-오프라인 융합 新 훈련방식 지원을 위해 콘텐츠 마켓·학습관리시스템(LMS) 등을 제공하는 종합플랫폼('19.10월~)

■ 이러닝 특화 디지털 콘텐츠 보급 · 확산

① 이러닝 콘텐츠의 제작 활성화를 위한 개발 · 투자의 다양화
- 콘텐츠의 다양화 : 취약 계층, 고령층 및 교육 사각지대 학습자의 학습권 확장을 위한 콘텐츠 개발 지원
- 제작펀드 확대 : 다양한 콘텐츠 제작을 위한 제작펀드 활용
- 완성보증 : 보증사업을 확대하여 콘텐츠 제작자금 조달지원

② 공공 직업콘텐츠 : 제작비용이 상대적으로 높은 기술 · 공학분야 등을 대상으로 공공 주도의 직업훈련 콘텐츠 공급 확대
- 민간에서 비용문제 등으로 공급이 저조한 기계, 전기 · 전자분야 및 신기술 관련 이러닝 가상훈련(VR) 콘텐츠 개발 · 보급
- 취업 전 · 후 단계에서 공통으로 필요한 기초 직무능력 콘텐츠 제작 추진

③ STEP 콘텐츠 마켓 활용 : 공공 · 민간 훈련기관, 개인 등이 개발한 콘텐츠를 유 · 무료로 판매 · 거래할 수 있는 콘텐츠 마켓 운영 확대
- 산재되어 있는 다양한 훈련제공 주체의 콘텐츠를 한 곳에서 검색 · 이용 가능하도록 STEP 콘텐츠 오픈마켓에 탑재 · 개방
- *STEP 개통('19.10월) 이후 '21.10월 현재 2,032개 콘텐츠 탑재→ (~'25년) 3,500개 목표

■ 이러닝산업 활성화 기반 강화

① 중기부 · 교육부 · 산업부 협업을 통해 유망 스타트업 발굴 및 창업 사업화 지원
- 글로벌시장에 진출할 수 있는 역량 있는 이러닝 기업을 발굴, 창업사업화부터 해외 진출까지 연계 지원
- '비대면 스타트업 육성사업'을 통해 이러닝 예비창업자 및 초기창업 기업을 대상으로 사업화를 지원하고 후속 성장프로그램 제공
- '디지털산업혁신펀드'(산업부)를 통해, AICBM 등 디지털 기술을 접목하여 공정 · 제품 · 서비스 혁신을 추진하고자 하는 창업기업 지원
- *AICBM 기술 : AI, IoT, Cloud, Big Data, Mobile
- *디지털전환 촉진을 위해 5년간('20~'24) 총 4,000억 원 규모의 디지털산업혁신펀드 조성

② 이러닝 국가자격 신설을 통한 산업인력 유인 활성화
- 국가직무능력표준(NCS)을 활용하여 이러닝 산업현장에 적합한 국가자격 신설(이러닝운영관리사 '21년 신설, '23년 시행 예정)
- 국가기술자격(이러닝운영관리사 등) 취득 시 직무능력은행제를 통해 직무능력정보를 통합 관리하고 취업, 경력관리 등에 활용 지원
  * 직무능력은행제 : 개인의 다양한 직무능력을 저축, 통합 관리하여 취업·인사배치 등에 활용할 수 있는 '개인별 직무능력 인정·관리체계'

③ 이러닝 특화 전문인력 양성을 통한 산업인력 적시 공급 활성화
- 전문인력 양성 : 교육과 AI, VR, AR 등 新SW 기술을 접목한 산업인력 및 이러닝 현장 활용지원을 위한 운영인력 양성
  * 운영인력 : 공교육 및 교육기관에서의 원활한 비대면 교육 제공을 위한 전문튜터 및 운영자 지원
- 일자리매칭 : 이러닝 산업인력과 수요기업 간 OJT 인턴십 제공
  * OJT(on-the-job training) : 신입직원 대상 직장 내 교육훈련 및 지도교육
- 디지털 기초역량 강화 : 디지털 경제로의 전환과정에서 디지털 소외계층이 배제되지 않도록 기본적인 디지털 기술 필요 직무역량 교육
  * 전 국민 대상, AI·SW 디지털 융합교육 등 디지털 기초 직무역량 교육을 STEP에서 제공

■ 기술 구성요소

① **서비스** : 이러닝 콘텐츠 및 이에 부수하여 제공되는 각종 학습자료, 수험정보 등 교육서비스 일체를 말함[이러닝(전자학습) 이용표준약관 제2조 제6호]

② **콘텐츠**
- 전자적 방식으로 처리된 부호·문자·도형·색채·음성·음향·이미지·영상 등으로 제작된 교육용 콘텐츠를 말함[이러닝(전자학습) 이용표준약관 제2조 제5호]
- 이러닝 학습자가 효과적인 학습을 할 수 있도록 제작된 교수·학습 프로그램을 의미
- 대개 동영상으로 제작, 이러닝 시스템상에 탑재, 이러닝 과정 운영에 의해 학습자에게 제공
- 콘텐츠 구동을 위해서는 PC, 스마트폰 등 멀티미디어 기기가 있어야 함

③ **시스템**
- 학습관리시스템(LMS ; Learning Management System)
  - 교육과정을 효과적으로 운영하고 학습의 전반적인 활동을 지원하기 위한 시스템
  - 가상공간에 교육과정을 개설하고 교실을 만들어 사용자들에게 교수·학습 활동을 원활하게 하도록 전달하고 학습을 관리하고 측정하는 등의 학습 과정을 가능하게 하는 시스템
- 학습콘텐츠관리시스템(LCMS ; Learning Contents Management System)
  - 이러닝 콘텐츠를 개발하고 유지 및 관리하기 위한 시스템
  - 개별화된 이러닝 콘텐츠를 학습객체의 형태로 만들어 이를 저장하고 조합하고 학습자에게 전달하는 일련의 시스템
  - 학습관리시스템(LMS)이 학습활동을 전개시킴으로써 학습을 통해 역량을 강화하는 시스템인 반면에, 학습콘텐츠관리시스템(LCMS)은 학습콘텐츠의 제작, 재사용, 전달, 관리가 가능하게 해주는 시스템이라고 할 수 있음

- 학습지원도구
  - 저작도구와 평가시스템 등 학습 및 운영의 편이성 지원과 질적 제고를 위한 시스템
  - 이러닝의 효과성을 높이기 위한 도구로서 매우 다양한 종류가 있는데, 그 활용도에 따라 학습관리 시스템(LMS) 또는 학습콘텐츠관리시스템(LCMS)의 일부로 종속되기도 하며 그 중요성에 따라 독립적인 시스템으로 운영될 수도 있음
  - 일반적인 학습지원도구로는 커뮤니케이션 지원도구, 저작도구, 평가시스템 등

■ 기술 동향 및 특성

① 가상현실(VR)과 증강현실(AR)
- 개 념

가상현실 (VR)	• 컴퓨터로 만들어 놓은 가상의 세계에서 사람이 실제와 같은 체험을 할 수 있도록 하는 최첨단 기술 • 머리에 장착하는 디스플레이 디바이스인 HMD를 활용하여 체험 가능
증강현실 (AR)	• 사용자가 눈으로 보는 현실화면 또는 실영상에 문자, 그래픽과 같은 가상정보를 실시간으로 중첩 및 합성하여 하나의 영상으로 보여주는 기술 • 현실세계를 가상세계로 보완해주는 기술로, 사용자가 보고 있는 실사영상에 3차원 가상영상을 겹침으로써 현실 환경과 가상화면과의 구분 모호 • 디스플레이를 통해 현실에 존재하지 않는 가상공간에 몰입하도록 하는 가상현실(VR)과는 구분되는 개념

- 교육업계에서 VR · AR 기술의 이점 : 개인화된 학습 경험, 고급 및 능동적 학습, 향상된 실험 기회, 학습자와 교육자 역량강화 등

② 메타버스(Metaverse)
- 개념 : 아바타(avatar)를 통해 실제 현실과 같은 사회, 경제, 교육, 문화, 과학기술 활동을 할 수 있는 3차원 공간 플랫폼
- 교육업계에서 메타버스 활용 장점 : AR/VR을 통한 재설계된 학습공간, 인공지능 활용 교육 지원, 개인화된 학습기회, 교육흥미 향상을 위한 게이미피케이션(게임적 사고 · 과정 적용) 등

③ 머신러닝(Machine Learning)
- 개념 : 인공지능의 연구분야 중 하나로, 인간의 학습능력과 같은 기능을 컴퓨터에서 실현하고자 하는 기술 및 기법
- 교육분야에서의 인공지능 및 머신러닝 활용 방안 : 평가자동화, AI 튜터(챗봇 등의 인공지능 기술활용), 관리작업 단순화 등

④ 웨어러블(Wearable)
- 개념 : 정보통신(IT)기기를 사용자 손목, 팔, 머리 등 몸에 지니고 다닐 수 있는 기기로 만드는 기술
- 웨어러블 기술로 이러닝 솔루션 기능 향상 가능 : 커뮤니케이션 기능 개선으로 학생 참여 향상, 역사교육을 위한 VR 현장학습, 효과적인 언어 교육 제공, 아동 추적 기능 등

⑤ 서비스형 솔루션(SaaS)
- 개념 : 개인이나 기업이 컴퓨팅 소프트웨어를 필요한 만큼 가져가 쓸 수 있게 인터넷으로 제공하는 사업 체계

• SaaS LMS의 개념과 장점

개 념	• SaaS LMS는 클라우드에서 사용할 수 있는 학습관리 시스템을 의미 • 이용자는 컴퓨터에 이러닝 LMS 소프트웨어를 설치하는 대신 클라우드로 연결하여 전 세계 어디서나 LMS 소프트웨어에 접속 가능 • 사용자 정보와 콘텐츠 등 모든 데이터는 클라우드상에서 호스팅되기 때문에 서버가 필요 없음 • 시스템에 로그인해서 콘텐츠 제작 후 배포만 하면 되기 때문에 사용에 용이	
장 점	최적화된 소프트웨어	클라우드 기반 LMS는 대규모 학습 및 교육 프로그램을 제공·관리 및 보고하는 데 최적화
	중앙 집중식 데이터 스토리지	모든 데이터가 한 곳의 서버에서 안전하게 유지될 수 있으며 클라우드를 통해 데이터 호스팅 가능
	확장성	하드웨어나 소프트웨어를 설치할 필요가 없으므로 편리, 이용자가 증가 혹은 감소에 맞춰 수용용량 적용 가능
	예측 가능한 가격 책정	대부분 이용자수를 기반으로 가격을 책정하기 때문에 예산활용 예측이 가능
	빠른 수정 및 적용	이미 짜여 있는 구조 안에서 필요한 내용만 입력해 활용할 수 있으며 수정이 필요한 경우에도 빠르게 적용 가능
	유연성과 편의성	클라우드상에서 운영되기 때문에 전 세계 어디서든 인터넷만 있다면 이용 가능
	신속한 유지보수	고객서버 및 플랫폼을 유지·관리하는 전담팀이 있어 고객이 수리에 직접 대응하지 않아도 되며 빠른 유지보수 작업 가능
	타사 소프트웨어와의 원활한 통합	API나 Zapier 같은 도구를 사용하여 타사 시스템과 쉽게 통합할 수 있어 웨비나 도구나 HRM 시스템에 쉽게 접근 가능

■ 원격훈련의 법제도 근거

① 사업주 직업능력개발훈련 지원규정(2015.12.31. 전부개정)
  • 「고용보험법」과 같은 법 시행령, 「국민 평생 직업능력 개발법」과 같은 법 시행령 및 같은 법 시행규칙에 따라 사업주가 실시하는 직업능력개발훈련과정의 인정 및 비용지원, 「고용보험법」과 같은 법 시행령에 따른 직업능력개발의 촉진 등에 필요한 사항을 규정함을 목적으로 함
  • 주요 내용 : 훈련과정의 인정요건 등(제6조), 훈련실시신고 등(제8조), 지원금 지급 기준 등(제11조), 원격훈련 등에 대한 훈련비 지원금(제13조), 혼합훈련에 대한 훈련비 지원금(제15조) 등
② 지정직업훈련시설의 인력, 시설·장비 요건 등에 관한 규정(고용노동부고시 제2022-18호)
  • 「국민 평생 직업능력 개발법」, 같은 법 시행령 및 같은 법 시행규칙에 따른 지정직업훈련시설의 설립 요건 및 운영에 필요한 사항 등을 규정함을 목적으로 함
  • 주요 내용 : 훈련시설의 시설기준(제4조), 훈련시설의 장비기준(제5조), 훈련시설의 인력기준(제6조) 등
③ 직업능력개발훈련 모니터링에 관한 규정(고용노동부훈령 제402호)
  • 직업능력개발훈련 사업의 모니터링에 필요한 사항을 규정함을 목적으로 함
  • 주요 내용 : 모니터링의 정의(제2조), 적용범위(제3조), 직업능력개발훈련 모니터링 수행 기관[한국산업인력공단(제4조)], 대상 사업 결정(제5조), 모니터링 수행 방법(제7조) 등

■ 원격훈련의 유형 및 정의(사업주 직업능력개발훈련 지원규정 제2조)

＊원격훈련 : 먼 곳에 있는 사람에게 정보통신매체 등을 이용하여 실시하는 직업능력개발훈련

유 형	정 의
인터넷 원격훈련	정보통신매체를 활용하여 훈련이 실시되고 훈련생관리 등이 웹상으로 이루어지는 원격훈련
스마트 훈련	위치기반서비스, 가상현실 등 스마트기기의 기술적 요소를 활용하거나 특성화된 교수 방법을 적용하여 원격 등의 방법으로 훈련이 실시되고 훈련생관리 등이 웹상으로 이루어지는 훈련
우편 원격훈련	인쇄매체로 된 훈련교재를 이용하여 훈련이 실시되고 훈련생관리 등이 웹상으로 이루어지는 원격훈련
혼합훈련	집체훈련, 현장훈련 및 원격훈련 중에서 두 종류 이상의 훈련을 병행하여 실시하는 직업능력개발훈련

■ 원격훈련 과정의 인정요건(사업주 직업능력개발훈련 지원규정)

① 인터넷원격훈련 또는 스마트훈련을 실시하려는 경우(제6조 제3호)

- 한국기술교육대학교의 사전 심사를 거쳐 적합 판정을 받은 훈련과정일 것
- 훈련과정 분량이 4시간 이상일 것. 다만, 스마트훈련은 집체훈련을 포함할 경우 원격훈련분량은 전체 훈련시간(분량)의 100분의 20 이상(소수점 아래 첫째 자리에서 올림 한다)이어야 한다.
- 학습목표, 학습계획, 적합한 교수ㆍ학습활동, 학습평가 및 진도관리 등이 웹(훈련생 학습관리 시스템)에 제시될 것
- 훈련의 성과에 대하여 평가를 실시할 것. 다만, 제25조에 따라 우수훈련기관으로 선정된 훈련기관에서 실시하는 제7조 제4호에 해당하는 훈련과정 중 전문지식 및 기술습득을 목적으로 하는 훈련과정의 경우에는 평가를 생략할 수 있다.
- 공단이 운영하는 원격훈련 자동모니터링시스템을 갖출 것
- 별표 1의 원격훈련 인정요건을 갖출 것

② 우편원격훈련을 실시하려는 경우(제6조 제4호)

- 한국기술교육대학교의 사전 심사를 거쳐 적합 판정을 받은 훈련과정일 것
- 교재를 중심으로 훈련과정을 운영하면서 훈련생에 대한 학습지도, 학습평가 및 진도관리가 웹(훈련생 학습관리시스템)으로 이루어질 것
- 위에 따른 교재에는 학습목표 및 학습계획 등이 제시되고, 학습목표 및 내용에 적합한 교수 및 학습 활동에 관한 사항이 포함될 것. 다만, 교재 이외의 보조교재 및 인터넷 콘텐츠를 활용할 수 있다.
- 훈련기간이 2개월(32시간) 이상일 것
- 월 1회 이상 훈련의 성과에 대하여 평가를 실시하고, 주 1회 이상 학습과제 등 진행단계 평가를 실시할 것. 다만, 제25조에 따라 우수훈련기관으로 선정된 훈련기관에서 실시하는 제7조 제4호에 해당하는 훈련과정 중 전문지식 및 기술습득을 목적으로 하는 훈련과정의 경우에는 평가를 생략할 수 있다.
- 원격훈련 자동모니터링시스템을 갖출 것
- 별표 1의 원격훈련 인정요건을 갖출 것

③ 혼합훈련을 실시하려는 경우(제6조 제5호)

- 집체훈련, 현장훈련, 원격훈련 별로 해당 요건을 갖출 것
- 가목에도 불구하고 현장훈련이 포함되어 있는 경우에는 제2호에 따른 현장훈련과정의 요건 중 나목 및 라목을 제외한 요건을 갖출 것. 다만, 훈련시간은 병행하여 실시되는 집체훈련과정 또는 원격훈련 과정 훈련시간의 100분의 400 미만(최대 600시간 이하)이어야 한다.
- 원격훈련이 포함되어 있는 경우에는 원격훈련분량은 전체 훈련시간(분량)의 100분의 20 이상(소수점 아래 첫째자리에서 올림한다)일 것. 다만, 우편원격훈련이 포함되어 있는 경우 훈련 분량은 2개월(32 시간) 이상이어야 한다.
- 훈련목표, 훈련내용, 훈련평가 등이 서로 연계되어 실시될 것
- 훈련과정별 훈련 실시기간은 서로 중복되어 운영되지 않을 것

■ 원격교육에 대한 학점인정 기준

① **학점은행제도** : 「학점인정 등에 관한 법률」에 의거, 학교 밖에서 이루어지는 다양한 형태의 학습과 자격 도 학점으로 인정하고, 학점이 누적되어 일정 기준을 충족하면 학위취득을 가능하게 하여 궁극적으로 열린 교육 사회, 평생학습사회를 구현하기 위한 제도
② **학점은행제 원격교육기관** : 평생교육진흥원 학점은행 관련 부서에서 인증한 학점은행제 원격교육기관 은 이러닝을 활용한 원격교육을 실시할 수 있고 학점인정 대상인 평가인정 학습과목을 개설할 수 있음
③ **평가인정 학습과목** : 교육기관(대학 부설 평생교육원, 직업전문학교, 학원, 각종 평생교육 시설 등)에서 개설한 학습 과정에 대해 대학에 상응하는 질적 수준을 갖추었는가를 평가하여 학점으로 인정하는 과목 (다음과 같은 「원격교육에 대한 학점인정 기준」 적용)

수업일수 및 수업시간 등(제4조)
- 수업일수는 출석수업을 포함하여 15주 이상 지속되어야 한다. 단, 고등교육법 시행령 제53조 제6항에 의한 시간제등록제의 경우에는 8주 이상 지속되어야 한다.
- 원격 콘텐츠의 순수 진행시간은 25분 또는 20프레임 이상을 단위시간으로 하여 제작되어야 한다.
- 대리출석 차단, 출결처리가 자동화된 학사운영플랫폼 또는 학습관리시스템을 보유해야 한다.
- 학업성취도 평가는 학사운영플랫폼 또는 학습관리시스템 내에서 엄정하게 처리하여야 하며, 평가 시 작시간, 종료시간, IP주소 등의 평가근거는 시스템에 저장하여 4년까지 보관하여야 한다.

수업방법(제6조)
- 원격교육의 수업은 법령 및 학칙(또는 원칙) 등에서 수업방법을 원격으로 할 수 있도록 규정한 학습 과정 · 교육과정에 한하여 인정한다.
- 원격교육의 비율은 다음의 범위에서 운영하여야 한다.
  - 원격교육기관 : 수업일수의 60% 이상(실습 과목은 예외)
  - 원격교육기관 외의 교육기관 : 수업일수의 40% 이내
  - 고등교육법 시행령 제53조 제3항에 의한 시간제등록생만을 대상으로 하는 수업 : 수업 일수의 60% 이내

이수학점(제7조)
연간 최대 이수학점은 42학점으로 하되, 학기(매년 3월 1일부터 8월 31일까지 또는 9월 1일부터 다음 해 2월 말일까지를 말한다)마다 24학점을 초과하여 이수할 수 없다.

■ 이러닝(전자학습)산업 발전 및 이러닝 활용 촉진에 관한 법률(이러닝산업법)

① 주요 용어 정의(제2조)

이러닝	전자적 수단, 정보통신, 전파, 방송, 인공지능, 가상현실 및 증강현실 관련 기술을 활용하여 이루어지는 학습
이러닝 콘텐츠	전자적 방식으로 처리된 부호 · 문자 · 도형 · 색채 · 음성 · 음향 · 이미지 · 영상 등 이러닝과 관련된 정보나 자료
이러닝 산업	• 이러닝콘텐츠 및 이러닝콘텐츠 운용소프트웨어를 연구 · 개발 · 제작 · 수정 · 보관 · 전시 또는 유통하는 업 • 이러닝의 수행 · 평가 · 컨설팅과 관련된 서비스업 • 이러닝을 수행하는 데에 필요하다고 대통령령으로 정하는 업

② 기본계획의 수립 및 과 시행계획의 수립 · 추진(제6조~제7조)
- 정부는 이러닝산업 발전 및 이러닝 활용 촉진에 관한 기본계획을 수립하여야 한다.
- 이러닝산업 발전 및 이러닝의 활용과 관련된 중앙행정기관의 장은 기본계획에 따라 매년 소관별 시행계획을 수립 · 추진하여야 한다.

③ 이러닝진흥위원회(제8조)
- 기본계획의 수립 및 시행계획의 수립 · 추진에 관한 사항 등을 심의 · 의결하기 위하여 산업통상자원부에 이러닝진흥위원회를 둔다.
- 위원회는 위원장 1명과 부위원장 1명을 포함하여 20명 이내의 위원으로 구성한다.
- 위원회에 간사위원 1명을 두며, 간사위원은 산업통상자원부 소속 위원이 된다.
- 위원장 지정 및 부위원장 · 위원 지명

위원장	산업통상자원부차관 중에서 산업통상자원부장관이 지정하는 사람
부위원장	교육부 고위공무원단에 속하는 일반직공무원 또는 3급 공무원 중 교육부장관이 지명하는 사람
위 원	• 기획재정부, 과학기술정보통신부, 문화체육관광부, 산업통상자원부, 고용노동부, 중소벤처기업부 및 인사혁신처의 고위공무원단에 속하는 일반직공무원 또는 3급 공무원 중에서 해당 소속 기관의 장이 지명하는 사람 각 1명 • 「소비자기본법」에 따른 한국소비자원이 추천하는 소비자단체 소속 전문가 2명 • 이러닝산업에 관한 전문지식 · 경험이 풍부한 사람 중 위원장이 위촉하는 사람

④ 이러닝 산업의 전문인력 양성 등 기반조성 지원(제9조~제12조)

전문인력의 양성	정부는 이러닝산업 발전 및 이러닝 활용 촉진을 위한 전문인력을 양성하기 위하여 학교, 법에 따라 설립된 원격대학형태의 평생교육시설 및 대통령령으로 정하는 이러닝 관련 연구소 · 기관 또는 단체를 전문인력 양성기관으로 지정하여 교육 및 훈련을 하게 할 수 있으며 이에 필요한 비용을 지원할 수 있다.
기술 개발 등의 지원	정부는 이러닝산업 발전 및 이러닝 활용 촉진을 위하여 해당 사업을 하는 자에게 필요한 자금의 전부 또는 일부를 지원할 수 있다.
표준화의 추진	산업통상자원부장관은 이러닝산업의 발전을 위하여 관계 중앙행정기관의 장과 협의하여 해당 사업을 추진할 수 있고, 산업통상자원부장관은 해당 사업을 효율적으로 추진하기 위하여 대통령령으로 정하는 이러닝 관련 연구소 · 기관 · 단체로 하여금 사업을 대행하게 할 수 있으며, 이 경우 산업통상자원부장관은 대통령령으로 정하는 바에 따라 사업 추진에 필요한 비용을 지원할 수 있다.
창업의 활성화	산업통상자원부장관은 이러닝 사업의 창업과 발전을 위하여 창업지원계획을 수립하여야 하며, 정부는 그러한 창업지원계획에 따라 투자하는 등 필요한 지원을 할 수 있다.

⑤ 이러닝센터 설치 및 통계조사 실시(제20조, 제27조)
- 이러닝센터 설치 : 정부는 동법에 따른 이러닝 지원을 효율적으로 하기 위하여 이러닝센터를 지정하여 운영하게 할 수 있으며, 이러닝센터는 중소기업 및 교육기관의 이러닝을 지원하기 위한 교육 및 경영 컨설팅, 이러닝을 통한 지역 공공서비스의 제공 대행, 이러닝 전문인력의 양성과 그 밖에 대통령령으로 정하는 사항 등의 기능을 수행할 수 있다.
- 통계조사 실시 : 산업통상자원부장관은 이러닝산업 관련 정책의 효과적인 수립 · 시행을 위하여 이러닝산업 관련 통계 등 실태조사를 할 수 있다. 이 경우 이러닝산업 관련 통계의 작성에 관하여는「통계법」을 준용한다.
⑥ 이러닝 활성화 및 타 교육방법과의 차별금지(제3조, 제18조)
- 이러닝의 차별금지 등 : 정부는 이러닝이라는 이유로 다른 형태의 학습과 차별하면 안 된다.
- 공공기관의 이러닝 도입 : 공공기관의 장은 그 공공기관이 실시하는 교육 · 훈련 중 대통령령으로 정하는 일정 비율의 교육 · 훈련을 이러닝으로 시행할 수 있으며, 공공기관의 장은 이러닝이 교육 · 훈련방법으로 정착될 수 있도록 그 정착에 필요한 비용의 지원, 다른 교육 · 훈련방법과의 차별개선 등 필요한 조치를 하여야 한다.
⑦ 이러닝 관련 소비자 보호 등 실시(제25조, 제26조)
- 소비자보호시책의 수립 및 공정한 거래질서 구축 : 정부는「소비자기본법」,「전자상거래 등에서의 소비자보호에 관한 법률」 등 관계 법령에 따라 이러닝과 관련되는 소비자의 기본권익을 보호하고 이러닝에 관한 소비자의 신뢰성을 확보하기 위한 시책을 수립 · 시행하여야 한다.
- 소비자 피해의 예방과 구제 : 정부는 이러닝과 관련된 소비자 피해의 발생을 예방하기 위하여 소비자에 대한 정보 제공, 교육 확대 등에 관한 시책을 마련하여 시행하여야 한다.

■ 원격훈련시설의 장비요건(지정직업훈련시설의 인력, 시설 · 장비요건 등에 관한 규정 별표 1)

① 하드웨어

자체 훈련	• 안전성과 확장성을 가진 Web서버, DB서버, 동영상서버를 갖출 것 • 대용량의 콘텐츠를 안정적으로 백업할 수 있는 백업서버를 갖추고 있을 것		
위탁 훈련	• 안전성과 확장성을 가진 독립적인 Web서버, DB서버, 동영상서버, Disk Array(storage)를 갖출 것 　(단, 우편원격훈련일 경우 동영상서버, Disk Array(storage) 제외 가능) • Web서버와 동영상서버는 분산 병렬 구성, DB서버는 Active-Standby 방식이나 Active-Active 　Cluster 방식 등을 이용하여 병렬 구성 　- 임차 및 클라우드 서버를 임차한 경우 아래의 시스템 요건을 충족하고 계약서를 첨부해야 함 　- 서버는 독립적으로 구성(타 훈련기관과 공동으로 사용하여서는 아니 됨)하고, 훈련별 데이터는 독 　　립적으로 수집이 가능하여야 함		
	Web 서버	• CPU : 1.4GHz × 4Core 이상 • Memory : 4GB 이상 • HDD : 100GB 이상 • RAID 시스템을 사용할 것(단, Raid0 단일구성은 제외) • SCSI 또는 동일 규격의 SAS 하드 드라이브 　(단, SSD인 경우 SATA나 PCI 방식 허용)	
	DB 서버	• CPU : 1.4GHz × 4Core 이상 • Memory : 4GB 이상 • HDD : 100GB 이상 • RAID 시스템을 사용할 것 　(단, Raid0 단일구성은 제외) • SCSI 또는 동일 규격의 SAS 하드 드라이브 　(단, SSD인 경우 SATA나 PCI 방식 허용)	
	동영상 서버	• CPU : 1.4GHz × 4Core 이상 • Memory : 4GB 이상 • HDD : 100GB 이상 • RAID 시스템을 사용할 것(단, Raid0 단일구성은 제외) • SCSI 또는 동일 규격의 SAS 하드 드라이브 • SSD인 경우 SATA나 PCI 방식도 허용 　(단, CDN 서비스 계약 시 전용 장비가 1대 이상 위치하도록 명시되어 있을 경 　우, 동영상서버를 확보한 것으로 간주함)	
	Disk Array (storage)	• HDD : 2TB 이상 • RAID 시스템을 사용할 것(단, Raid0 단일구성은 제외) • Cache : 2GB이상 • 부품 이중화를 통한 안정성을 확보하고 로컬미러링을 이용한 백업 및 복구 솔루션 제공	
	• 콘텐츠를 안정적으로 백업할 수 있는 백업정책(서비스)이나 시스템을 갖출 것 　- 백업방식 및 성능은 1일 단위(백업), 최소 5일치 보관, 3시간(복원) 기준을 충족하도록 구성할 것 • 각종 해킹 등으로부터 데이터를 충분히 보호할 수 있는 보안서버를 갖추고 있을 것 • 보안서버 : 100M 이상의 네트워크 처리 능력을 갖출 것 　- DB 암호화나 3중보안(침입방지시스템(IPS) · Web방화벽 구축) 중 한 가지 이상을 갖춘 경우 정보 　　보안 요건을 충족한 것으로 간주함		

	• 30KVA이고 30분 이상 유지할 수 있는 무정전전원장치(UPS)를 갖출 것(IDC에 입주한 경우도 동일 기준 적용)
	(단, 우편원격훈련의 경우 10KVA이고, 30분 이상 유지할 수 있는 무정전전원장치(UPS)를 갖출 것)

② 소프트웨어

자체 훈련	• 사이트의 안정적인 서비스를 위하여 성능 · 보안 · 확장성 등이 적정한 웹서버를 사용할 것 • DBMS는 과부하 시에도 충분한 안정성이 확보된 것이어야 하고 각종 장애 발생 시 데이터의 큰 유실이 없이 복구 가능할 것 • 정보보안을 위해 방화벽과 보안 소프트웨어를 설치하고, 기술적 · 관리적 보호조치를 마련할 것
위탁 훈련	• 사이트의 안정적인 서비스를 위하여 성능 · 보안 · 확장성 등이 적정한 웹서버를 사용할 것 • DBMS는 과부하 시에도 충분한 안정성이 확보된 것이어야 하고 각종 장애 발생 시 데이터의 큰 유실이 없이 복구 가능할 것 • 정보보안을 위해 방화벽과 보안 소프트웨어를 설치하고, 기술적 · 관리적 보호조치를 마련할 것 • DBMS에 대한 동시접속 권한을 20개 이상 확보할 것(단, 우편원격훈련의 경우 DBMS에 대한 동시접속 권한을 5개 이상 확보할 것)

③ 네트워크

자체 훈련	ISP업체를 통한 서비스 제공 등 안정성 있는 서비스 방법을 확보하여야 하며, 인터넷 전용선 100M 이상을 갖출 것
위탁 훈련	• ISP업체를 통한 서비스 제공 등 안정성 있는 서비스 방법을 확보하여야 하며, 인터넷 전용선 100M 이상을 갖출 것 (단, 스트리밍 서비스를 하는 경우 최소 50인 이상의 동시 사용자를 지원할 수 있을 것) • 자체 DNS 등록 및 환경을 구축하고 있을 것 • 여러 종류의 교육 훈련용 콘텐츠 제공을 위한 프로토콜의 지원 가능할 것

④ 기 타
- HelpDesk 및 사이트 모니터를 갖출 것
- 원격훈련 전용 홈페이지를 갖추어야 하며 플랫폼은 훈련생모듈, 훈련교사모듈, 관리자모듈 각각의 전용 모듈을 갖출 것

■ 원격훈련 모니터링

① **정의** : 원격훈련기관의 훈련 실시 데이터 수집 및 분석을 통해 부정 · 부실훈련을 예방하고 훈련품질을 제고하여 원격훈련시장의 건전성 확보를 추구하는 제반 활동
② **대상 사업** : 고용노동부에서 예산을 지원받아 실시하는 원격 직업능력개발훈련사업(사업주직업능력개발훈련지원금, 국가인적자원개발컨소시엄, 실업자 등 직업능력개발훈련 등)
③ **대상** : 원격훈련 운영 기관/과정, 원격훈련 참여자
④ **내용** : 훈련과정의 진도율, 시험 및 과제 득점 현황, 제출기간 내 응시 여부 등
⑤ **기대효과** : 부정 · 부실훈련을 예방하고, 원격훈련의 발전성장을 도모하며 훈련시장의 건전성 확보 및 국가 재정 누수 방지

■ 소프트웨어 자원

웹 프로그래밍 소프트웨어	인터넷 프로그래밍 언어	HTML5	플러그인 없이도 웹상에서 향상된 어플리케이션을 개발할 수 있도록 기존의 HTML을 발전시킨 것
		XML	XML은 문서에 내용에 관련된 태그를 사용자가 직접 정의하여 확장할 수 있도록 하여 내용 정보의 중요성을 제공
		ASP	• 마이크로소프트사에서 개발한 웹 서버에서 실행되는 서버 측 스크립트언어이며 윈도우즈 플랫폼만을 지원 • 명령을 직접 삽입해서 사용되며 〈%ASP 코드%〉 안에 삽입해야 하며 확장자는 asp
		PHP (Hypertext Preprocessor)	동적 웹 페이지를 만들기 위해 설계되었으며, 아파치 웹 서버와 유닉스 및 윈도우에서도 사용이 가능하고 php확장자를 사용
		JSP (Java Server Page)	JSP는 컴퓨터 기종에 상관없이 사용할 수 있으며, 서블릿 기술을 사용해 대규모 웹 사이트 개발도 가능
		ActiveX	Microsoft의 구성요소 기술로서 플러그인보다 일반화된 구성요소객체모델(COM)의 일부, 웹 페이지 내 작은 구성요소나 제어를 생성하기 위한 기술
	웹에디터 소프트웨어	브라켓 (Brackets)	• 오픈소스로 무료로 사용 가능 • 특징은 Html, Css, Javascript 등을 작업할 수 있는 환경을 제공
		에디터플러스 (EditPlus)	인터넷에서 문서편집과 프로그램 개발을 쉽게 사용할 수 있도록 제공하는 문서 편집기
		나모웹에디터	WYSIWYG(what you see is what you get 위지윅 : 보인 그대로 출력)형 웹에디터
		드림위버 (Dreamweaver)	매킨토시와 윈도 운영 체제, 액션스크립트, C#, 액티브 서버 페이지(ASP), XHTML, ASP.NET, CSS, 콜드퓨전, EDML, XML, XSLT, 자바, 자바스크립트, 자바 서버 페이지(JSP), PHP, 비주얼 베이직(VB), 비주얼 베이직 스크립트 에디션(VBScript), WML 등의 프로그래밍 언어를 사용할 있도록 지원
그래픽 콘텐츠제작 소프트웨어	포토샵 (PhotoShop)		Adobe사에서 만든 그래픽 자료 편집 소프트웨어로서, 이미지 생성 및 합성, 그래픽 자료 편집 등을 위하여 가장 많이 활용
	일러스트레이터 (Illustrator)		• Adobe사에서 개발한 벡터 드로잉 프로그램으로 맥 운영체제와 윈도우즈 운영체제를 지원함 • 플래시 기반 이러닝 콘텐츠 제작에서 포토샵과 함께 가장 많이 활용되고 있으며 다이어그램이나 캐릭터 제작 작업에 사용
	3D 데이터 모델링 소프트웨어		3D 콘텐츠를 제작하기 위한 소프트웨어에는 3ds max, 마야(Maya), Softimage, Cinema 4D 등이 있음
사운드제작 소프트웨어			• 대표적인 사운드 편집프로그램은 사운드포지(Sound Forge), 골드웨이브(GoldWave), 쿨에디트(Cool Edit), WaveEdit, Encore, Sound Edit 등이 있음 • 전문가용은 MIDI용으로 Cakewalk, Finale 등이 있음

동영상 콘텐츠편집 소프트웨어	• 비디오 자료 편집용 도구로는 Windows Movie Maker, Gom Encoder, Daum Pot Encoder, Adobe Premiere, Vegas(Sony社) 등이 있음 • Windows Live Movie Maker(WLMM)는 비디오 자료, 오디오, 사진, 그래픽 등을 통합하여 제작할 수 있는 프로그램
애니메이션 제작 소프트웨어	• 애니메이션을 제작하거나 편집할 수 있는 소프트웨어로는 Adobe Flash, GIF Animator, Adobe Director 등이 있음 • 대표적으로 Flash는 적은 용량으로 고품질의 효과를 낼 수 있는 벡터 그래픽과 웹 애니메이션을 제작하는 소프트웨어

■ 저작 소프트웨어(Authoring Tool)

캠타시아 스튜디오 (Camtasia Studio)	• 동영상 녹화와 편집이 모두 가능한 통합형 소프트웨어로 녹화 및 편집 후 원하는 형태의 포맷으로 바로 출력 가능 • 전자칠판을 활용한 대표적인 프로그램으로 교수자가 실습하는 컴퓨터 모니터의 장면을 동영상으로 녹화하여 학습자들에게 제공하며, 컴퓨터 실습형 콘텐츠에 많이 활용됨 • 그래픽 툴 강좌 또는 컴퓨터 프로그램 강의에 적절한 방식
이스트림 프레스토 (eStream Presto)	• 매체제작실 또는 스튜디오에서 교수자가 파워포인트로 제작된 교안을 모니터 왼쪽 편에 띄어놓고 강의하는 장면을 촬영하여 동영상으로 제공 • 저작도구에서 판서가 가능하며 학습에 관련된 간단한 퀴즈이벤트도 삽입 가능 • 이미 틀이 만들어진 웹기반으로 PPT 파일 형식의 교안이 제공되는 방식으로 제작방식이 간편하고 제작 비용이 절감 • 다양하고 풍부한 학습정보와 자료를 보조자료로 삽입하여 학습의 편의성 제공

■ 이러닝 콘텐츠 개발 자원 규명

① **지각적 요소** : UI 디자인, 캐릭터, 개발물(html, swf), 음성파일, 동영상파일, 사용된 글꼴, 과정의 특성에 따라 추가되는 멀티미디어 자료 등
② **인지적 요소** : 설계전략과 관련한 다양한 자원선정 가능

■ 지각적 요소의 개발 방법

UI 디자인 소스	• 이러닝 콘텐츠 개발의 첫단계 • UI 설계에 따라 메뉴와 특성, 위치, 영역 등을 정해 UI 디자인 • 스토리보드에 따라 UI 설계서를 분석하여 콘텐츠의 메타포를 살린 디자인 콘셉트를 결정 • 콘셉트에 맞는 색상, 아이콘, 이미지 등을 결정하여 UI 제작
캐릭터	• 캐릭터를 사용한 이러닝 콘텐츠의 경우 • 메인 캐릭터의 역할과 유형, 활용 방안 등을 스토리보드에서 확인하고, 캐릭터를 디자인함 • 캐릭터가 확정되면 메인 소스와 응용동작 등의 소스파일을 작업 • 콘텐츠 신규캐릭터 개발 시 캐릭터의 소유권 여부를 분명히 정함
개발 소스	• 이러닝 콘텐츠 개발에 사용한 주요 소스 • html, swf, script, image, flv 등 개발에 들어간 모든 자원 • 스토리보드의 개발요건과 소스 등을 개발 전에 확인하고 준비 • 디자인 · 개발 프로그래밍의 개발자들은 개발진행 시 각 요소별로 전문 부분과 적절한 인력 구성을 확인해야 함

음성파일	• 음성이 삽입된 학습콘텐츠의 경우 • 특성 : 학습강의 음성, 애니메이션에 등장하는 캐릭터 음성, 다큐멘터리나 시나리오 설명의 해설자 음성 등 • 주요자원 : 교수, 강사의 음성, 성우, 아나운서 음성파일 등
동영상 파일	• 동영상 중심인 경우 • 서비스 목적에 따라 동영상 촬영방법, 장소, 분량, 대상 등이 달라짐 • 학습콘텐츠 : 교수 · 강사가 스튜디오에서 강의를 진행하면 촬영하여 학습자원으로 사용 • 동영상 파일에는 학습 보조시연, 실습영상, 인터뷰 등이 추가 삽입됨
글 꼴	• 글꼴에 대한 저작권이 중요해지면서 유료폰트를 사용하거나 무료폰트로 학습콘텐츠를 개발함 • 고정폰트가 아닌 과정명이나 특정 화면의 디자인을 위한 캘리그라피를 이용

■ 인지적 요소 개발 방법

① 인지적 요소는 설계 전략과 관련하여 다양한 자원을 선정할 수 있음

② 튜토리얼 방식(Tutorial), 사례기반 방식(CBL, Case Based Learning), 스토리 기반방식(Storytelling), 목표 지향 방식(GBL, Goal Based Learning) 등이 있음

③ 먼저 교수설계 전략을 우선 선정하고, 분석된 내용과 선정된 전략에 따른 이론적 근거를 확인해야 함

④ 인지적 요소 개발 전략

동기유발 전략	• Keller의 ARCS 이론을 바탕으로 제시 • ARCS는 주의집중(Attention), 관련성(Relevance), 자신감(Confidence), 만족감(Satisfaction)이 있음 • ARCS 요소별로 학습자에게 유발하는 동기와 학습효과 등을 확인
상호작용 전략	• 콘텐츠상의 학습자와 학습내용, 학습자와 교수자, 학습자와 학습자, 학습자와 운영자 간의 상호작용을 확인 • 개발 전에 지원해야 할 상호작용, UI 요소, 학습 요소, 자원 등을 확보함
차별화 전략	• 개발 시에 해당 과정의 내용 및 특징에 맞게 차별화되어 적용된 설계전략들을 고려 • 특정 역할의 캐릭터 사용, 메타포 사용, 강조효과 차별화, 사례제시 방법의 특성을 제시 • 동일한 동영상강의라도 학습내용에 따라 강사의 칠판판서, 인터뷰, 시뮬레이션, VR, AR 등 특별요구 자원 등을 확인

■ 콘텐츠 개발을 위한 하드웨어 권장 환경 장비

하드웨어	규 격
영상촬영 장비	방송용 디지털 캠코더(3CCD/3CMOS HD/HDV급 이상)
영상편집 장비	HDV급 이상 동영상 편집용 선형(Linear) 또는 비선형(Nonlinear) 편집 시스템
영상변환 장비	인코딩 장비(웹에서 다운로딩 또는 스트리밍 가능하도록 출력물을 변환할 수 있는 장비)
음향제작 장비	음향조정기, 앰프, 마이크 등
그래픽편집 장비	PC, 스캐너, 디지털카메라 등

출처 : 한국교육학술정보원(2012). 2012년 원격교육연수원 운영 매뉴얼. 교육자료 TM 2012- 21. 21.

■ PC(Personal Computer : 개인용 컴퓨터)

① 권장 PC 사양

	항 목	권장사항
하드웨어	CPU	1GHz 이상
	메모리	1GB RAM이상
	통신회선	ADSL, 전용선(LAN), 광랜, 무선랜
	멀티미디어 장비	헤드셋 또는 스피커, 마이크
소프트웨어	운영체제	Windows 7 이상 권장
	브라우저	Chrome, Safari, FireFox 및 Internet Explorer 9.0 이하에서는 정상적인 수강이 어려울 수 있음
	미디어 플레이어	Windows Media Player 10 이상
	해상도	1280 * 768 이상

② 권장 프로그램

프로그램명	기 능
Internet Explorer 10 이상	인터넷 브라우저 학습
Windows Media Player 10	강의 동영상 플레이어용
Acrobat Reader XL	파일확장자가 pdf인 파일을 볼 수 있는 프로그램
MS-PowerPoint Viewer	pptx, ppt인 파일을 볼 수 있는 파워포인터 프로그램
MS-Word Viewer	파일확장자가 docx, doc인 파일을 볼 수 있는 워드프로그램
MS-Excel Viewer	파일확장자가 xlsx, xls인 파일을 볼 수 있는 엑셀프로그램
아래아한글 뷰어	파일확장자가 hwp인 파일을 볼 수 있는 한글뷰어 프로그램
XXX 글꼴	강의에 사용된 글자를 제대로 보기 위해 필요한 폰트

■ 모바일 기기

① 모바일 기기 학습환경에서는 운영체제, CPU, 해상도의 최소사양에 대한 지침이 마련되어야 하며, 운영체제의 호환성도 고려되어야 함

② 학습 가능한 운영체계 버전 및 모바일기기

구 분	기기명	OS버전
안드로이드 계열	갤럭시 S1, S2, S3, S4, S5, S6 / 갤럭시 노트 시리즈 / 갤럭시탭 / LG G2, Gpro2, G3, G4, G5, V10, V20	안드로이드 2.0 이상
iOS 계열	iPhone 3GS, 4 / iPhone 4S /iPad / iPad2 / New iPad	OS 4.0 이상

■ ADDIE 모형 산출물

① **분석** : 요구분석서

② **설계** : 콘텐츠 개발 계획서(학습흐름도, 교안, 스토리보드, 교육과정 설계명세서)

③ **개발** : 최종 교안, 완성된 강의 콘텐츠 제작물

④ **실행** : 실행결과에 대한 테스트 보고서

⑤ **평가** : 최종 평가보고서, 프로그램 개발 완료 보고서

■ 콘텐츠 개발 절차 및 산출물

단 계	내 용	산출물
기획 및 분석	• 요구분석 • 과정기획(개발 방향, 초기내용 분석) • 학습자분석 • 기술 및 환경분석 • SME섭외 및 선정 • 협력업체 선정(외주 개발 시) • 고객사 승인(분석결과)	• 요구분석서 • 과정기획서 • SME계약서 • 원고집필가이드
설 계	• SME와 내용원고 각색, 협업활동 • 내용분석 • 교수설계 : 거시설계와 미시설계 • 프로토타입 설계 및 개발 • 프로토타입 검수–수정–설계안 수정 • 스토리보드 작성·검수 • 고객사 승인(설계 결과)	• 설계명세서 • 내용원고 • 프로토타입 스토리보드/개발물 • 전체 스토리보드
개 발	• 디자인 시안 개발/프로토타입 개발 • 검수된 스토리보드 개발 착수 • 개발물 1차 검수 및 가 포팅 • 개발물 수정 보완 • 서비스 서버 포팅 • 파일럿 테스트 • 최종 개발물 검수 및 수정 • 고객사 승인(개발 결과)	• 검수보고서 • 개발물 • 파일럿테스트 보고서 • 검수확인서 • 최종평가서
실 행	• 고용보험 신고자료 준비 • 개발완료보고서 작성 • 운영준비 및 과정 운영(운영팀)	• 고용보험신고자료 • 개발완료보고서 • 납품확인서
평 가	• 협력업체 평가 • 학습자 평가(운영팀) • 이러닝 강좌 평가(운영팀)	• 협력업체평가서 • 평가결과보고서 • 운영보고서

■ 요구분석서

① 고객에 대한 이해 및 고객 요구사항을 반영 · 분석하고 평가하는 항목
② 고객 요구를 요구사항 분석서에 명확하게 명시하는지 확인
③ 요구서 양식

단 계	분석대상	분석 내용
개발 목적	개발 목적	
학습자 환경	콘텐츠 수용 범위	
개발 범위	학습내용	
	교육과정	
콘텐츠 유형	콘텐츠 형태	
	교수 · 학습 형태	
사용대상	반(Class)	
	연 령	
요구기능	학습자 시스템 환경	
	인터넷도구	
	교수 · 학습 도구	
기대효과	학습의 효율성	
	경제성	
	효영성	

■ 학습자분석

① 개발 계획서의 학습자 분석사항
- 일반적인 특성(연령, 성별, 학력, 소속 등)과 학습내용과 연계된 콘텐츠의 특별 고려사항, 학습자에게 요구되는 특성 등을 조사 · 파악한 내용 제시
② 학습자분석 결과
- 학습자 특성에 적합한 콘텐츠 개발과 학습효과 기대는 반드시 필요
- 특정 직업 · 집단에서 선호 또는 꺼리는 요건을 요구분석서에서 확인
③ 학습자 특성

연 령	• 학습자 연령은 학습자의 인지적 발달정도를 파악하는 기본자료로 사용 • 유아 · 초등 · 중고등 학생은 나이 · 학년을 기준으로 학습정도가 유사하여 학습 내용을 이 기준에 따라 계획하고, 콘텐츠 유형을 정함 • 성인학습자는 각각 학습능력의 차이가 클 수 있어, 조직, 그룹, 배경, 학습목적 등으로 학습내용을 결정
학습능력	학습능력의 수준차이를 확인하고 전달하려는 학습내용의 분야, 수준, 난이도, 콘텐츠 개발유형 등을 결정
선수학습 정도	학습준비 정도의 중요한 준거이므로 새로운 내용 학습 전에 확인테스트로 제시하기도 함
이러닝 학습 경험	학습진행 속도 · 학습할애 시간 · 학습경로 등의 학습형태, 이전 학습의 좋은 경험은 다음 학습에 긍정 정 영향을 미침

■ **교육과정 설계전략**

① **학습내용 구성** : 목차에 의해 학습내용, 순서, 사용하는 매체가 달라질 수 있음

② **학습내용 순서**

유 형	콘텐츠 특징
주 제	학습 내용을 주제별로 분류 후 순서를 제시
시간적 순서	특정한 시간적 순서로 개념 · 역사적 사실을 제시
프로세스 순서	실제로 수행하는 프로세스 순서에 따라 제시
잘 알려진 사실	잘 알려진 사실, 정보 → 잘 알려지지 않은 것 제시
단순 or 쉬운 것	단순 · 쉬운 것 → 복잡 · 어려운 것 순 제시
일반적 내용	일반적인 내용 → 특수한 내용 제시
전체적 개요	전체적인 개요 → 개별적 내용 제시
개별적 내용	개별적 내용 → 전체적인 개요 제시

③ **학습의 전개 순서** : 도입 → 학습 → 마무리의 순서이며, 이외에 적용, 활동, 성찰 등이 추가

■ **스토리보드**

① **스토리보드** : 개발 전 단계에서 개발 후 완성된 콘텐츠의 최종결과를 예상할 수 있는 기초 문서

② 스토리보드에 대한 이해와 해석은 기획의도에 맞게 콘텐츠를 개발 · 서비스하는 중요한 단계

③ 교수설계자의 스토리보드는 개발물에 학습내용의 표현과 전개를 알 수 있는 의사소통의 도구로 사용

④ 스토리보드를 토대로 화면설계에서 콘텐츠를 실제로 구현 가능

⑤ 개발자가 스토리보드 작성 순서, 진행방법 등을 이해해야 개발이 순조롭게 진행됨

■ **평가 보고서**

① 이러닝 콘텐츠 제작물의 질과 효율성을 판단하기 위해 평가결과의 분석을 토대로 작성하는 최종 보고서

② 학업성취도 평가 · 교육프로그램의 평가 · 비용의 효과평가가 중요

③ 새로운 학습내용 입수와 콘텐츠 개별 페이지의 보강 재설계 등에 대한 업데이트 필요성에 대한 피드백 추가

■ **수업방식에 따른 콘텐츠 유형**

개인교수형	모듈 형태의 구조화된 체계에서, 교수자가 개별적으로 학습자를 가르치는 것처럼 컴퓨터가 학습 내용을 설명 · 안내 · 피드백하는 유형
반복연습형	학습의 숙달을 위해 학습자들에게 특정 주제에 관한 연습 및 문제 풀이의 기회를 반복적으로 제공하는 유형
동영상 강의용	특정 주제에 관해 교수자의 강의를 세분화된 동영상을 통해 학습하게 하는 유형
정보제공형	특정 목적 달성을 의도하지 않고 다양한 학습활동에 활용할 수 있도록 최신화된 학습정보를 수시로 제공하는 유형
교수게임형	학습자들이 교수적 목적으로 개발된 게임 프로그램을 통해 엔터테인먼트를 즐기면서 동시에 몰입된 학습을 할 수 있도록 하는 유형

사례기반형	학습주제와 관련된 특정 사례에 기초한 다양한 관련 요소들을 파악하고 필요한 정보를 검색·수집하며 문제해결활동을 수행하는 유형
스토리텔링형	다양한 디지털 정보로 제공되는 서사적인 시나리오를 기반으로 하여 이야기를 듣고 이해하며 관련 활동을 수행하는 형태로 학습이 진행되는 유형
문제해결형	주어진 문제를 인식하고 가설을 설정한 뒤, 관련자료를 탐색·수집·가설 검증을 통해 해결안이나 결론을 내리는 형태로 진행되는 학습 유형

■ 콘텐츠 개발 형태에 따른 유형

VOD	• 교수자 + 교안 합성을 이용하여 동영상을 기반으로 하는 방식 • 컴퓨터 및 휴대용 정보통신 기기에서 많이 사용 • 주로 강의자가 강의하는 것을 촬영한 형태 • 컴퓨터 화면 녹화와 음성을 결합한 녹음 강의
WBI	• 웹 기반 학습에서 보편적으로 많이 사용되는 방식 • 주로 하이퍼텍스트를 기반으로 링크와 노드를 통해 선형적인 진행보다는 다차원적인 항해를 구현
텍스트	• 한글문서, 워드문서, PDF, 전자책 등과 같은 글자 위주의 개발 방식 • 다른 유형에 비해 인쇄물로의 변환이 쉬움
혼합형	• 동영상과 텍스트 또는 하이퍼텍스트를 혼합 • 동영상 강의를 기반으로 진행되며 강의내용에 따라 텍스트 자료가 바뀔 수 있는 제작 방식
애니메이션형	• 애니메이션을 기반으로 한 방식으로 플래시가 대표적 • 여러 가지 다양한 이벤트나 학습자 적응형으로 학습내용을 분기하여 진행 • 다른 콘텐츠에 비해 제작시간이 오래 소요되고 제작비용이 높음

■ 콘텐츠 유형별 개발 특성

유 형	개발 특성
VOD (Video on Demand)	• 동영상 기반방식으로 간편하고 저렴한 제작비로 많이 사용 • 칠판 VOD 유형은 칠판을 활용한 판서 중심의 강의방식, 촬영 후 간단한 편집 소프트웨어를 활용하여 편집하고 출력 비율, 크기 등을 고려하여 동영상 포맷에 따라 렌더링을 거쳐 완성 • 동영상 편집은 스튜디오에서 촬영한 경우 하드웨어 편집장비나 편집용 소프트웨어를 활용
WBI (Web Based Instruction)	• 인터넷의 웹 브라우즈 기능의 특성과 자원을 활용하여 다양한 학습활동이 가능한 방식 • 선형적인 진행보다는 다차원적인 진행을 구현 가능 • 교수자와 학습자, 학습자와 학습자 사이의 상호작용이 용이
텍스트 (Text)	글자 위주의 방식으로 화면상의 문자를 보고 학습이 가능하며, 다른 유형에 비해 인쇄물로의 빠르게 변환하기 쉬움
혼합형	• 텍스트, 동영상, 하이퍼텍스트를 혼합하여 개발된 강의 자료 • 동영상 강의를 기반으로 진행되며 강의 내용에 따라 텍스트 자료 수정이 가능한 제작방식
애니메이션 (Animation)	• 플래시(Flash)로 애니메이션을 제작하여 여러 가지 다양한 이벤트나 학습자 적응형으로 학습내용을 나누어 진행 가능 • 다른 콘텐츠에 비해 제작시간이 오래 소요되고 제작비용(3D캐릭터)도 높음 • 가상현실 기술을 활용한 제작 방법은 3D 소프트웨어와 게임엔진을 활용하여 몰입도가 높음

■ 개발 서비스를 위한 하드웨어 권장 환경

① 이러닝 콘텐츠 개발에 필요한 하드웨어 환경을 분석하기 위해서는 서비스 운영환경에 대한 분석과 현재
보유자원에 대한 2가지 분석이 이루어져야 함
  - 서비스 운영환경 분석 : 학습대상과 학습환경 지원에 대한 목표가 명확해야 하며, 이러닝 시스템 운
    영환경에 따라 개발시스템의 하드웨어 사양과 제한사항이 결정
  - 현재 보유 자원 분석 : 현재 보유한 하드웨어 분석과 향후 시스템 운영을 위한 설정 환경 조사와 기존
    의 소프트웨어와의 호환성을 고려
② 원격교육 서비스를 제공을 위한 서버 및 네트워크 설비기준에 의거 기본설비를 구축하도록 권고함
③ 이러닝 시스템은 웹 서버, WAS 서버, 미디어 서버(동영상 서버), 데이터베이스 서버로 구성되며, 신규
로 구축될 시스템이 어떠한 서버구조와 네트워크에 연결되는지에 대한 정보도 사전에 분석해야 함
④ 학습관리시스템 내에서의 소프트웨어와 하드웨어 상의 많은 장애가 일어날 수 있으므로 사전에 철저한
분석을 통하여 장애율을 최소화해야 함

■ 원격교육 서비스를 위한 서버 및 네트워크 설비 기준

하드웨어 설비	규 격
웹 서버	• CPU : 2.4GHz * 4(core) 이상 • Memory : 4GB 이상 • HDD : SATA 200GB 이상(2대 이상의 서버로 클러스터링 구성)
동영상(VOD) 서버	• CPU : 2.4GHz * 4(core) 이상 • Memory : 4GB 이상 • HDD : SATA 300GB 이상(2대 이상의 서버로 미러링 구성)
데이터베이스 서버	• CPU : 2.4GHz * 8(core) 이상 • Memory : 8GB 이상 • HDD : SATA 300GB 이상(2대 이상의 서버로 클러스터링 구성)
학사행정 서버	웹 서버와 동일 사양(클러스터링 불필요)
백업용 데이터베이스 서버	웹 서버와 동일 사양(클러스터링 불필요)
보안 서버	• 방화벽 1대 : CC 인증제품 • IPS 1대 : CC 인증제품 • IDS 1대 : CC 인증제품
메일 서버·커뮤니티 서버	타 서버에 통합하여 사용 가능
스토리지(디스크어레이)	500GB 이상(최대 확장 용량 7TB)
보조기억장치	마그네틱테이프 등 ※ 웹하드, 백업 서버 등 외부 저장장치 사용 가능

출처 : 한국교육학술정보원(2012). 2012년 원격교육연수원 운영 매뉴얼. 교육자료 TM 2012-21. 20.

■ 콘텐츠 운영 서버-소프트웨어 서버

① 콘텐츠 개발과 서비스를 위해서는 콘텐츠의 종류와 특성에 맞는 서버 구성과 운영해야 함
② 콘텐츠 운영서버 : 소프트웨어와 하드웨어 플랫폼으로 구성
③ 웹 서버(Web Server) : HTTP를 통해 웹 브라우저에서 요청하는 HTML 문서나 오브젝트(이미지 파일 등)를 전송해주는 기능을 수행
④ 미디어 서버 : 동영상 콘텐츠와 같은 미디어 서비스 제공

■ 웹 서버

① 인터넷상에서 웹 브라우저 클라이언트(Client)로부터 HTTP 요청을 받아들이고, HTML 문서와 같은 웹 페이지들을 보내주는 역할을 하는 운영 소프트웨어로 하드웨어 서버에 설치하여 사용됨
② 웹 서버 선정 시 고려사항 : 호환성, 유지보수, 지원 가능 등
③ 웹 서버의 종류

아파치 (Apache)	• 가장 대중적인 웹 서버, 무료로 많은 사람들이 사용 • 오픈소스로 개방되어 있다는 것이 장점 • 자바 서블릿을 지원하고, 실시간 모니터링, 자체 부하 테스트 등의 기능 제공
인터넷정보서버 (IIS ; Internet Information Server)	• IIS는 MS사에서 WINDOW 전용 웹 서버로 개발한 서버, 윈도우즈 사용자라면 무료로 IIS를 설치 가능 • 검색엔진, 스트리밍 오디오, 비디오 기능이 포함되어 있음 • 예상되는 부하의 범위와 이에 대한 응답을 조절하는 기능도 포함
엔진엑스 (Nginx)	• 더 적은 자원으로 더 빠르게 데이터를 서비스할 수 있는 웹 서버, • 잘 사용하지 않는 기능은 제외하는 것을 개발 목적으로 삼아 높은 성능을 추구
아이플래닛 (Iplanet)	• SUN사에서 개발한 Iplanet 웹 서버로 공개 버전과 상용 버전으로 분류 • 라이선스 버전은 아파치나 IIS보다 기능이 뛰어나며, 대형 사이트에서 주로 사용 • 장점은 여러 가지 기능을 관리할 수 있도록 자체 jsp/servlet 엔진을 제공함

■ 웹 애플리케이션 서버(Web Application Server ; WAS)

① WAS : 인터넷상에서 HTTP를 통해 사용자 컴퓨터나 장치에 애플리케이션을 수행해 주는 미들웨어
② 서블릿(Servlet), ASP, JSP, PHP 등의 웹언어로 작성된 웹 애플리케이션을 서버단에서 실행된 후 실. 행 결과값을 사용자에게 넘겨주게 되면 사용자의 브라우저가 결과를 해석하여 화면에 표시하는 순으로 동작
③ 웹 애플리케이션 서버 기본기능 : 프로그램 실행 환경과 데이터베이스 접속 기능 제공, 여러 개의 트랜 잭션 관리, 업무를 처리하는 비즈니스로직 수행
④ WAS 종류 : Weblogic, Resin, Tomcat, Webspear, Jeus, Jetty, Jrun 등

■ 미디어 서버

① 웹 서버는 HTML(Hyper Text Markup Language)로 이루어진 작은 용량의 웹페이지를 사용자에게 전송함
② 그러나 동영상은 대용량의 파일로 구성되어, 실시간으로 콘텐츠를 제공하기에는 웹 서버의 한계가 있음
③ 이러닝 콘텐츠 동영상 서비스를 학습자에게 원활히 제공하기 위해, 동영상 미디어를 전문으로 전송하는 미디어 서버가 필요하며, 이 미디어 서버가 전용서버라고 볼 수 있음

④ 종류 : 마이크로소프트의 IIS(Internet Information Server) 및 윈도우즈 미디어 서버(Windows Media Server), 와우자 스트리밍 서버(WOWZA Streaming Server), 어도비(Adobe)의 Flash Media Server, Darwin Server, red5, Helix Server 등

■ 미디어 서버 종류 및 특징

원도우 미디어 서버 (WMS ; Windows Media Server)	• 마이크로소프트에서 개발 • 디지털 동영상 및 오디오 데이터를 인터넷 통신망을 통해 클라이언트로 서비스 • 클라이언트 컴퓨터에서는 윈도우즈용 미디어 플레이어를 사용하여 윈도우용 동영상포맷과 코덱으로 재생
와우자 미디어 스트리밍 서버 (WOWZA Media Streaming Server)	• 고품질의 비디오와 오디오를 어떤 기기로든지 안정적으로 스트리밍하게 해 주는 맞춤형 미디어 서버 소프트웨어 • 실시간 주문형 비디오, 동영상 채팅 등 다양한 미디어 분야에서 사용. • Java로 개발되어 리눅스, 맥OS, 유닉스, 윈도우즈 등의 운영체제에서 동작하는 컴퓨터, 태블릿, 스마트기기, IPTV 등으로 동영상 전송 가능
Adobe FMS (Flash Media Server)	• 어도비 시스템즈(Adobe Systems)사 개발 • 플래시 기반의 미디어 서버로 플래시로 제작된 동영상 파일을 스트리밍함 • 버전 5 이전에는 Flash Media Server로 알려졌고, 그 이후 Adobe Media Server(AMS)로 출시 • 플래시 플레이어를 통해 실시간 비디오, 화상 채팅, 온라인 멀티 플레이어 게임 등의 환경 제공 [예] 유튜브(YouTube) 사용 스트리밍 서버] • FMS는 SWF 인증을 통한 콘텐츠 보안, 미디어 전송 암호화 등을 지원

IIS (Internet Information Server)	• Microsoft에서 개발한 HTTP 기반 적응형(Adaptive) 스트리밍 서비스를 지원
	• 윈도우에서 미디어를 온라인상의 전달하는 방식
	  – 스트리밍 방식 : 온라인상에서 실시간으로 방송을 제공하는 스트리밍 방식(WMS)
	  – 다운로드 방식 : 웹 서버로부터 요청한 파일을 직접 다운 후 재생하는 방식, 부가적인 스트리밍 서버가 필요하지 않고, 일반 HTTP 프로토콜을 이용하므로 기본 웹 서버에서도 이용 가능

Darwin Server	• 애플에서 퀵타임 스트리밍 서버의 오픈소스에 기반하여 개발된 Darwin Streaming Server(DSS) • DSS 소스 코드의 초기 버전은 맥OS용으로 개발되었지만, 이후 외부 개발자들에 의해 리눅스, FreeBSD, 솔라리스(Solaris), 유닉스(Unix), Windows NT4/2000 Server 등 다양한 플랫폼에서 사용 가능하도록 확장 • Darwin Streaming Server는 음악 · 동영상을 실시간으로 전송하고, 라이브 이벤트를 지원
레드5 (Red5)	• 자바로 작성된 오픈소스 서버(Open Source Flash Server)로 비디오 스트리밍, 어도비 플래시 스트리밍 지원 및 다중 사용자 솔루션을 제공 • 오픈소스를 사용하여 실시간 비디오, 화상 채팅, 온라인 멀티 플레이어 게임 등에서 사용 가능한 오픈 플랫폼 지원
헬릭스 서버 (Helix Server)	• 리얼 네트웍스社가 개발 • Real Server의 후계기종으로 Real Media(.ra, .rm, .ram), Windows Media, Quick Time(.mov, .qt) 등의 다양한 포맷 전송을 지원 • Helix Server는 상용 버전과 오픈소스 버전을 제공

■ 콘텐츠 참여 인력과 역할

단 계	임 무	SCORM 준용사항	참여인력	역 할
분석 및 기획	• 요구사항 분석 • 대상자 분석 • 프로젝트 기획	• 메타데이터 적용 정도(필수/선택범위) • 학습정보관리(DataModel) 정도 • Packaging 정도(LMS/웹 서비스)	PM	프로젝트 기획, 예산 및 인력 배정
			SCORM	SCORM 적용 범위 결정
			교수설계자	학습대상자 분석 및 콘텐츠 유형 결정
			IT 전문가	서비스 환경 및 시스템 환경 적용기술 결정
설 계	• 학습주제 도출 • 교수전략 설계 • UI설계 • 화면 설계 • 진단을 고려한 메터데이터 생성 • 메타데이터 기술 • 학습 흐름 정의 • 스토리보드 작성 • 코스구조 정의 • 학습관리항목(CMI Datamodel) 적용 정의	• 메타데이터 • 데이터모델	교수설계자	• 학습주제도출 • 교수전략설계 • UI설계 • 화면설계 • 코스구조설계 • 메타데이터 기술 • CMI Datamodel 적용정의
			강 사	• 코스구조설계 • Sequencing 구조 정의
			교수자	CMI Datamodel 적용 정의
			화면설계자	StyleGuide에 따른 화면설계
개 발	• Asset 제작 • SCO 제작 • 메타데이터 XML 구현 • 콘텐츠 Packaging	XML coding Packaging imsmanifest.xml file 생성	미디어제작자	Asset(사운드, 비디오, 이미지, 그래픽, 텍스트 등) 제작
			프로그래머	SCO 제작
			웹디자이너	html 프로그래밍
			프로그래머	• 메타데이터 xml coding • 콘텐츠 Packaging • imsmanifest.xml coding
평 가	• 메타데이터 표준 준용 시험 • SCO 표준 준용 시험 • Package 표준 준용 시험 • 개발 단계별 품질 평가	SCORM Conformance Test	교수설계자	• ADL SCORM 준용 시험 • KERIS 교육용 소프트웨어 품질 인증

■ 개발 인력 및 담당업무

① 추진기관

업무 담당자	사업관리 및 총괄, 지침 및 표준방안 제시, 추진계획 조정 및 승인 등, 산출물 검사 및 탑재
심의 · 검토 위원	콘텐츠 설계 및 개발 자문, 설계 및 개발방향 협의, SB · 시안 콘텐츠 심의, 콘텐츠 심의(검사), 스토리보드, 시안 콘텐츠 검토, 산출물 · 평가문항 검토, 스토리보드 작성 및 콘텐츠 검수

② 업 체

사업 총괄 책임자 · 사업관리		사업지원관리 · 품질관리 및 사업방향 조언
프로젝트 관리 PM		프로젝트수행 총괄, 사업조정 · 통제 · 관리
콘텐츠 개발 관리자 PL		콘텐츠 사업부분별 책임 · 통제 · 관리
제작진	교수설계팀	• 프로토타입 기획, 학습주제 · 학습객체 추출 • 구현서 · 스토리보드 작성, 평가문항 개발 • 애니메이션 스토리 개발
	동영상 제작팀	동영상 촬영 및 편집 · pmp용 미디어 · mp3 개발
	디자이너 · 개발팀	디자인 및 콘텐츠 구조화 개발
	멀티미디어 객체개발팀	멀티미디어 객체 개발(캐릭터, 음향, 효과, 음악 등)
	콘텐츠 품질관리 · 검수팀	콘텐츠 품질관리 및 검수 수행
자문위원		• 검토회의, 검수회의 및 인지 · 학습방향 자문 • 향후 콘텐츠 개발방향 제시
개발위원		교과분석 및 아이디어 도출, 스토리보드 · 평가문항 작성, 콘텐츠 검토
검토위원		스토리보드, 시안 콘텐츠, 산출물 · 평가문항 검토
전사지원팀	행정계약	프로젝트 관련 제반 행정지원 및 계약수행
	기술지원	기술 아키텍처 수립, 각종 기술지원
	품질보증	• 개발방법론 지원, 프로젝트 품질보증 활동 수행 • 프로젝트 일정, 범위, 리스크 관리 • 프로젝트 교육기획, 문서관리 및 보안관리 • 프로젝트 품질관리
	유지보수	유 · 무상 유지보수 지원

■ 학습내용의 특징

① 내용요소제시이론(Merrill)

수행 차원	기 억	이미 저장되어 있는 정보를 재생 또는 회상하기 위하여 기억된 것을 탐색
	활 용	추상적인 사항을 특정 사례에 적용
	발 견	이미 지니고 있는 지식을 바탕으로 새로운 추상성을 도출하거나 창안하는 것
내용 차원	사 실	어떤 특정한 사물이나 사건을 지칭하는 이름이나 그것을 표시하는 기호들과 같은 단편적 정보
	개 념	특정한 속성을 공통적으로 지니고 있는 사물, 사건, 기호들의 집합
	절 차	어떤 목적 달성에 필요한 단계, 문제풀이 절차, 결과물의 제작단계 등의 순서
	원 리	어떤 현상에 대한 해석이나 장차 발생할 현상에 대한 예측에 사용되는 여러 사상들의 인과관계나 상관관계

② 학습내용 유형

원리이해	• 개념과 구조, 사양, 특징, 동작원리 등에 대한 이해를 위한 학습내용 • 콘텐츠 유형 : 교수 · 강사의 현장감 넘치는 직접 동영상 강의형 또는 성우 음성을 이용한 설명형 강의 및 자료제시 등이며, 학습이해를 확인할 수 있는 활동을 제시
기능습득	• 세부기능과 동작, 절차, 명령어, 설정방법 등을 익혀 실제 수행해 보는 학습내용 • 콘텐츠 유형 : 소프트웨어 시연 등을 녹화하거나 자료를 제시하는 형태, 현장 시연 등을 동영상으로 촬영하여 제시하는 것으로 연습을 직접 수행해 볼 수 있도록 시뮬레이션을 개발
응용실습	• 응용적 상황으로 지식을 확장해 기능 활용, 제어, 운용을 실습해 보는 학습내용 • 콘텐츠 유형 : 시뮬레이션 또는 소프트웨어 시연을 통해 학습을 진행한 후 실무 적용형 과제를 제시하고, 학습활동으로는 완성형, 순서배열형, 가상실험 등을 적용 가능
과제수행 및 문제해결	• 구체적인 설계, 구현과제를 실제로 완성해보는 과제 수행형으로 문제중심학습, 실무적용 가능한 가상실험, 과제 제시 후 수행유도형의 콘텐츠를 개발 가능 • 콘텐츠 유형 : 소프트웨어 시연 등을 동영상 녹화하여 제시하거나 연습수행 시뮬레이션을 개발 가능, 학습자 스스로 수행미션 및 해결할 수 있도록 과제를 제시하는 활동을 제시

3 학습시스템 특성분석

■ 이러닝 시스템의 서비스 유형과 특성

① 대학교 이러닝 시스템
- 학기제 수업으로 학점을 부여하며 온라인/오프라인/블랜디드러닝(혼합형) 형태
- 교수자가 강좌를 진행하고 관리자(운영자)가 정규 강좌 콘텐츠를 운영함
- 학위 · 비학위과정, 산업체 위탁교육, 학점교류 등 다양한 수업 형태
- 학사정보시스템과 연동되어 강좌개설, 학사정보, 학기정보, 회원정보, 편람정보 등을 구성하고 학습분석을 접목하여 맞춤형 학습 제공
- 시행요령, 평생교육법 시행규칙, 사이버대학 설립지침서 등의 관련 법률 준수 요망
- OER(Open Educational Resources), OCW(Open Course Ware), MOOC(Massive Open Online Course) 시스템을 공용으로 서비스함

② 기업교육 이러닝 시스템
- 기간제, 상시제, 기수제 수업으로 평가점수를 부여하며 주로 온라인 형태
- 관리자가 강좌를 운영하고 튜터(내용전문가)가 학생관리, 질의응답, 학습독려 등 지원
- 동영상, 저작도구, 플래시 등의 콘텐츠 유형을 사용하며 기업에 축적된 비정형 데이터를 이용해 콘텐츠를 제작 · 학습함
- 인사정보시스템(HRD), 전사적자원관리시스템(ERP)과 연동되어 강좌 개설하고 학사정보 시스템과 연계하여 강좌정보, 회원정보 등 구성
- 고용보험 환급과정, 비환급과정이 있고 고용보험 환급과정은 '인터넷통신훈련 시행요령'을 준수해야 함
- 직무별, 직급별 역량 평가를 통해 학습자 맞춤형 학습 제공
- MOOC 시스템과 연계 가능
- 사용자 기능 중 학습과 관련된 행정업무(회계, 보고, 결제) 프로세스가 포함될 수 있음

③ 원격평생교육 이러닝 시스템
- 기간제, 상시제, 기수제로 운영되며 온라인/특강 · 실습을 통한 블렌디드러닝 형태
- 관리자(운영자)가 강좌, 콘텐츠 관리 · 운영을 주도하고 튜터(내용전문가)가 학생관리, 질의응답, 학습독려 등을 지원함
- 이러닝 시스템을 통해 회원가입, 수강신청, 수강승인, 결제, 학습, 평가, 교육결과관리, 수료증발급 등 전 과정이 이루어짐
- 평생교육법 준수 요망
- MOOC 시스템과 연계 가능하고 국가직무능력표준(NCS) 기반 역량 모델과 접목 가능
- 학습분석(Learning Analytics)을 접목해 학습자 맞춤형 학습 제공 가능

④ B2C 이러닝 시스템
- 기간제, 상시제, 기수제로 운영되며 온라인/오프라인/블렌디드러닝 형태
- 서비스 목적에 따라 전화수업, 화상강의 수업 등과 연계 가능
- 관리자(운영자)가 주도적으로 강좌를 운영함
- 관련법규를 준수해야 할 의무는 없음
- 이러닝 시스템을 통해 회원가입, 수강신청, 수강승인, 결제, 학습, 평가, 교육결과관리, 수료증 발급 등 전 과정이 이루어짐
- 국가직무능력표준(NCS) 기반 역량모델과 접목할 수 있고 학습자 맞춤형 학습 제공이 가능함

⑤ MOOC(Massive Open Online Course) 이러닝 시스템
- 기간제, 상시제, 기수제로 운영되고 학점을 부여하며 온라인/블렌디드러닝 형태
- 관리자가 강좌, 콘텐츠를 주도적으로 운영하고 튜터(내용전문가)가 질의응답, 학습독려 등 전반적인 강좌 운영을 지원함
- 포털, 홈페이지, 학습포트폴리오, 취업포트폴리오, 문자메세지, 이메일, 푸쉬(Push) 시스템, 표절검색, 화상강의, 강의저장, 동영상 뷰어 등을 연계하여 사용함
- 관련법규를 준수해야 할 의무는 없음
- 이러닝 시스템을 통해 회원가입, 수강신청, 수강승인, 결제, 학습, 평가, 교육결과관리, 수료증 발급의 전 과정이 이루어짐
- 학습자 기반의 맞춤형 학습 제공 가능

■ 학습시스템 요소기술

① 증강현실 학습기술

- 의미 : 물리적인 현실 공간에 컴퓨터 그래픽스 기술로 만들어진 가상의 객체, 소리, 동영상 등의 멀티미디어 요소를 증강하고, 학습자와 가상의 요소들이 상호작용하여 학습자에게 부가적인 정보뿐만 아니라 실재감, 몰입감을 제공하여 학습효과를 높이기 위한 기술
- 사례 : 태양계를 설명하는 지구과학책에 가상의 태양계를 증강시키고, 학습자 요구에 따라 태양의 움직임과 모습을 관찰하고, 태양계 행성들의 자전, 공전 움직임뿐 아니라 행성 내부의 모습까지도 들여다볼 수 있음
- 증강현실 학습을 위한 주요 기술

인식기술	적절한 학습 콘텐츠를 불러들이기 위한 인식 방법
자세추정기술	콘텐츠를 증강 시킬 곳에 대한 카메라의 상대적 위치, 자세 추정
증강현실 콘텐츠 저작기술	학습 콘텐츠를 실제 제작하여 학습에 실현하는 기술을 말하며 비전문가도 다양한 효과를 쉽고 빠르게 작성할 수 있도록 지원

② 가상체험 학습기술

- 의미 : 증강가상(AV)과 혼합현실기술(MR)이 융합된 교육기술. 학습자에게 특정 가상공간, 상황에 대한 몰입감을 부여하여 가상 경험을 제공함으로써 학습효율을 높이기 위한 기술
- 사례 : 특정 상황에 대한 몰입이 요구되는 외국어 교육, 안전교육, 기업기술 교육 분야에서 많이 활용됨
- 가상체험 학습기술을 위한 주요기술

학습자 영상추출기술	학습자 영상을 가상공간에 투영시키기 위한 첫 단계로, 카메라 영상을 배경, 인물로 분리함
인체 추적 및 제스처 인식기술	학습자 인체부위를 추적하고 사용자가 의도한 제스처를 인식하여 학습 콘텐츠 진행에 필요한 기초유저 인터페이스 기능을 제공함
영상 합성 기술	가상공간 영상, 실공간 학습자 영상을 합성하여 학습자가 가상공간에 있는 것 같은 느낌을 주기 위한 기술
콘텐츠 관리 기술	콘텐츠 제작 시점부터 사용자 체험 순간까지 발생할 수 있는 각 콘텐츠에 대한 저작, 유통, 재생과 저작도구 콘텐츠 패키징, 콘텐츠 버전 관리, 콘텐츠 재현 유효성 관리 등을 수행하는 기술
이벤트 처리 기술	가상체험 학습 참여자에게 발생하는 다양한 이벤트를 통합 관리하고 가상체험 학습시스템, 콘텐츠가 유연하게 동작하도록 기능함

③ 시뮬레이션 학습기술

- 시뮬레이션 : 현실세계의 물체, 현상 또는 실제 상황에서 할 수 없는 부분들을 컴퓨터 기술을 사용하여 가상으로 수행시켜 보고 결과, 특성을 분석, 예측해 보는 것
- 사례 : 관리, 실험, 훈련, 교육이 필요한 해양, 자동차, 군사, 로봇, 역학 분야에 많이 적용됨
- 가상 교육을 통해 학습자의 이해력, 학습동기, 학습효과를 높이고 학습자의 능동적 참여를 유발함
- 학습자에게 현실에서 제공해 줄 수 없는 학습도구를 가상환경에서 제공해주고, 현실 세계에서 직접 관찰하기 어려운 부분들을 시뮬레이션을 통해 간접 체험하게 함으로써 학습자들에게 다양한 학습활동을 제공함.
- 학습자가 지속적인 관심을 가질 수 있게 동기를 유발하고 능동적으로 참여할 수 있도록 유도한다는 면에서 중요한 기술로 자리잡고 있음

④ 맞춤형 학습기술
- 의미 : 학습자의 학업능력뿐만 아니라 다양한 흥미, 필요를 고려하여 적절한 교수, 학습계획을 수립하고, 학습내용, 학습과정, 학습결과에서 다양하게 접근하는 것
- 학습관리시스템(LMS), 학습콘텐츠관리시스템(LCMS) 기능의 고도화, 지능화를 통해 학생들의 학습능력, 학습방식 등 개인적인 특성을 고려하여 맞춤형 학습콘텐츠와 시나리오를 동적으로 재구성한 학습콘텐츠를 제공하는 것을 목적으로 함
- IRT 또는 규칙장 이론(rule space theory) 등과 같은 학습평가 기술과 학습자의 인지 · 정의적 특성을 고려한 학습자 중심 적응형 학습지원 기술을 활용하여 학습자 능력과 필요한 학습 특성들을 동적으로 정확히 측정하고, 이에 따라 가장 적절한 학습콘텐츠와 평가문제들을 적응적으로 제공함으로써 마치 학생들 각각에 대하여 개인 교사가 제공되는 효과를 얻을 수 있음

⑤ 협력형 학습기술
- 협력학습이란 교수자, 학습자 그룹이 자원을 공유하고 상호작용을 통하여 공동의 학습목표를 성취할 수 있도록 설계된 학습 과정의 한 형태임
- 다수의 참가자들이 협력 학습과정에서 발표자, 청중, 토론의 찬성자, 토론의 반대자 등 다양한 역할을 수행하고 개별 학습목표 및 그룹학습 목표를 달성하기 위해 함께 노력하는 것을 의미함
- 다자간 3D 학습콘텐츠 인터랙션 기술을 활용하여 이기종 단말을 통해 학습에 참여하는 학생들로 하여금 공동의 목표를 이루기 위한 학습을 진행할 수 있는 환경을 제공함
- 개인용 컴퓨터, PDA, Navigation, Mobile Phone 등 다양한 단말기를 통하여 여러 학습콘텐츠를 공유할 수 있음

■ 학습시스템 표준

① 필요성 : 새로운 교육 패러다임이 효과적으로 수행되기 위해서 표준화를 기반으로 질적 수월성이 확보된 콘텐츠와 이러한 콘텐츠를 운용 · 서비스할 수 있는 시스템이 요구됨

② 학습시스템 표준화 목적
- 재사용 가능성(Reusability) : 기존학습 객체, 콘텐츠를 학습자료로 다양하게 응용하여 새로운 학습콘텐츠를 구축할 수 있음
- 접근성(Accessibility) : 원격지에서 학습자료에 쉽게 접근하여 검색, 배포할 수 있음
- 상호운용성(Interoperability) : 서로 다른 도구, 플랫폼에서 개발된 학습자료가 상호 공유되거나 그대로 사용될 수 있음
- 항구성(Durability) : 한 번 개발된 학습자료는 새로운 기술이나 환경변화에 큰 비용부담 없이 쉽게 적응될 수 있음

| e-Learning 표준화 요소와 목적 |

③ 이러닝 국제표준
- ISO/IEC(국제표준화기구/국제전기기술위원회), JTC1/SC36(공동기술위원회/산하 분과위원회)이 이러닝 국제표준화를 주도하여 이러닝 용어, 협력학습기술, 학습자정보, 메타데이터, 품질관리 등 ISO

표준을 제정함
- IMS GLC(Instructional Management System Global Learning Consortium)에서 개발된 표준들이 ISO/IEC JTC1/SC36에 제안되어 국제표준(ISO/IEC)으로 제정되는 사례 증가
- 미국방부 산하 ADL, 유럽 표준개발기구 CEN, IEEE 산하 LTSC 등 약 5개의 주요 단체·기구에서 이러닝 국제표준화 추진

■ 이러닝 표준화 영역

① 서비스 표준
- IMS LTI(Learning Tools Interoperability) : IMS Global에서 개발한 표준으로, 이러닝 학습 도구와 콘텐츠가 학습관리시스템(LMS)에 통합될 수 있도록 함
- 예를 들어 학습자는 Blackboard 등 이러닝 시스템에서 LTI를 사용하면서 사용자 통합환경에서 정보를 교환할 수 있음

② 데이터 표준
- xAPI(Experience API) : 온라인 및 오프라인에서 학습자가 가진 광범위한 경험에 대한 데이터를 수집할 수 있는 이러닝 표준으로, 이러닝 환경에서 학습자 경험데이터를 정의하고 학습기록저장소(Learning Record Store)에 저장하여 서로 다른 학습시스템 간에 데이터를 상호 교환할 수 있음
- xAPI를 통해 표준이 적용되지 않은 학습관리시스템, 학습도구와 상호 데이터 교환이 가능하며, 다양한 학습 활동데이터(학습시간 등)를 추적관리할 수 있음

③ 콘텐츠 표준
- 제작된 콘텐츠는 표준개발 모델에 따라 학습시스템에 포팅하게 되는데 대표적인 표준인 SCORM(Sharable Content Object Reference Model) 기반시스템에서는 시스템의 연동을 위해서 CMI(Computer Managed Instruction) 데이터 분석이 요구됨. CMI 데이터는 학습자의 학습 진행과 관련된 정보를 콘텐츠와 시스템 간에 교환하는 것에 대한 정의로, 이러한 CMI 데이터를 시스템에 누적시켜 저장하고 학습 진행 상황 및 결과를 분석하는 데 사용됨
- SCORM(Sharable Content Object Reference Model) : SCORM은 미국의 ADL(Advanced Distributed Learning)에서 여러 기관이 제안한 이러닝 학습콘텐츠를 관리하는 시스템을 통합한 표준안임. 세계적으로 많이 사용되고 있으며 이러닝 표준으로서 콘텐츠 객체와 학습자의 상호작용에 대한 정보를 전달하기 위한 다양한 API(Application Program Interface)를 제공함. 이러한 정보를 표현하기 위한 데이터모델, 학습콘텐츠의 호환성을 보장하기 위한 콘텐츠 패키징, 학습콘텐츠를 정의하기 위한 표준 메타데이터 요소, 학습콘텐츠 구성을 위한 표준 순열 규칙과 내비게이션이 정의되어 있음

SCORM 구성요소	내 용
개요 (Overview)	ADL, SCORM의 개념적인 정보, 역사, 현재 및 미래의 방향, 주요 SCORM 개념에 대한 소개가 포함
콘텐츠통합모델 (CAM ; Content Aggregation Model)	학습에 사용되는 구성요소, 시스템 간 교환을 위해 구성요소를 패키징 하는 방법, 검색을 위해 구성요소를 설명하는 방법, 구성요소의 시간상 배열 규칙을 정의하는 방법을 설명
실행환경 (RTE ; Run time Environment)	실행시간 환경을 관리할 때의 LMS 요구사항을 설명(콘텐츠 출시 과정, 콘텐츠와 LMS 간 표준화된 커뮤니케이션 및 콘텐츠 학습자 경험에 대한 정보를 전달하는 데 사용하는 표준화된 데이터 모델요소)

시퀀싱, 내비게이션 (Sequencing and Navigation)	학습자 시작 또는 시스템 시작 Navigation 이벤트 집합을 통해 SCORM 준수 콘텐츠를 학 습자에게 시간상으로 배열하는 방법을 설명

- SCORM CMI(Computer Managed Instruction)를 위한 패키징 : CMI 데이터모델은 학습객체와 학습관리시스템 간에 정보를 교환할 수 있도록 정보를 기능에 따라 패키징하는 방법을 정의함. SCORM은 다양한 LMS와 호환성을 위하여 콘텐츠를 학습객체 단위로 정의함. CMI 데이터 모델은 학습자의 정보, 질문과 테스트 상호작용, 상태 정보, 평가 등의 기능을 포함함

■ 정보시스템 구축 · 운영지침

① 행정기관 및 공공기관 정보시스템 구축 · 운영 지침(행정안전부고시 제2023-27호, 2023.4.18. 시행)은 「전자정부법」에 따라 행정기관 등의 장이 정보시스템을 구축 · 운영함에 있어서 준수해야 할 기준, 표준, 절차, 법에 따른 상호운용성 기술평가에 관한 사항을 정함을 목적으로 함

② 하드웨어 및 소프트웨어 도입기준(제6조)

- 행정기관 등의 장은 정보시스템 사업에서 하드웨어를 도입하는 경우 한국정보통신기술협회에서 정한 '정보시스템 하드웨어 규모산정 지침'을 기본으로 하되 정보시스템 용도를 고려하여 조정할 수 있다.
- 소프트웨어 개발 시 전자정부표준개발프레임워크 적용을 우선 고려한다.
- 하드웨어, 상용SW 구매 시 다음의 제품을 우선 구매해야 한다.
  - 「소프트웨어 진흥법」 제20조에 따른 품질인증(GS인증) 1등급 제품
  - 산업기술혁신촉진법 제16조에 따른 신제품인증(NEP) 제품
  - 산업기술혁신촉진법 제15조의2에 따른 신기술인증(NET) 제품

③ 기술적용계획 수립 및 상호운용성 등 기술평가(제7조)

- 행정기관 등의 장은 사업계획서 및 제안요청서 작성 시 '기술적용계획표'를 작성하되 기관의 기술참조모형 또는 사업 특성에 따라 기술적용계획표 항목을 조정 · 사용할 수 있다.
- 사업계획서 확정 이전에 상호운용성 등 기술평가를 수행해야 한다.
- 검토결과를 반영하여 '사업계획서', '제안요청서'를 작성해야 한다.
- 사업자는 기술적용계획표가 포함된 제안서, 사업수행계획서를 제출하되 행정기관 장 등과 상호 협의하여 사업수행계획서 내의 기술적용계획표는 수정할 수 있다.

④ 보안성 검토 및 보안관리(제8조)

- 행정기관 등의 장은 정보시스템을 신 · 증설하는 경우 「국가 정보보안 기본지침」에서 규정한 보안성 검토를 이행하여야 한다.
- 개인정보를 수집 · 처리 · 활용하여 시스템의 구축 또는 운영, 유지관리 등의 사업을 추진할 경우에는 개인정보가 분실 · 도난 · 누출 · 변조 또는 훼손되지 않도록 안전성 확보에 필요한 조치를 강구하여야 한다.

⑤ 사전협의(제14조)

> 행정기관 등의 장은 영 제82조에 따른 사전협의 대상사업에 해당하는 경우 사업계획을 수립한 후 지체 없이 영 제83조의 방법 및 절차에 따라 행정안전부장관에게 사전협의를 요청하여야 하며 세부사항은 행정안전부 고시 「전자정부 성과관리 지침」에 따른다.

⑦ 평가배점(제18조)

> - 행정기관 등의 장은 기술력이 우수한 사업자를 선정하여 정보시스템 사업등의 품질을 확보하기 위해 「국가계약법 시행령」 제43조의2, 「지방계약법 시행령」 제44조에 따라서 협상에 의한 계약체결 방법을 우선적으로 적용할 수 있고, 기술능력평가 배점한도를 90점으로 한다. 다만, 기술능력평가 배점한도 90점을 초과하고자 하는 경우에는 기획재정부 장관과 협의하여야 한다.
> - 행정기관 등의 장은 다음의 어느 하나에 해당하는 정보시스템 사업등은 기술능력평가의 배점한도를 80점으로 할 수 있다.
>   - 추정가격 중 하드웨어의 비중이 50% 이상인 사업
>   - 추정가격이 1억 미만인 개발사업
>   - 그 밖에 행정기관 등의 장이 판단하여 필요한 경우

⑧ 제안요청서 사전공개(제24조)

> - 사전공개 기간은 공개일로부터 5일간으로 하되, 조달청 '나라장터(www.g2b.go.kr)', 행정기관 등 홈페이지, 사회관계망서비스(SNS) 등 정보통신망을 최대한 활용하여 다음의 사항을 공개하여야 한다. 단, 긴급을 요하는 경우 3일간 공개할 수 있다.
> - 사업명, 발주(공고)기관, 실수요기관, 배정예산액, 접수일시(의견등록마감일시), 담당자(전화번호), 납품기한, 제안요청서, 그 밖에 사전공개에 필요한 사항

⑨ 인력관리 금지(제42조)

> - 행정기관 등의 장은 제안요청서에 투입인력 수와 기간에 의한 방식에 관한 요구사항을 명시할 수 없고, 투입인력별 투입기간을 관리할 수 없으나 다음의 경우 예외로 한다.
>   - 정보화전략계획수립, 업무재설계, 정보시스템 구축계획 수립, 정보보안컨설팅 등 컨설팅 성격의 사업
>   - 정보시스템 감리사업, 전자정부사업관리 위탁사업
>   - 데이터베이스 구축 사업, 디지털콘텐츠 개발 사업
>   - 관제, 고정비(투입공수방식 운영비) 방식의 유지관리 및 운영 사업 등 인력관리 성격의 사업

⑩ 표준산출물(제44조)

> - 행정기관 등의 장은 운영, 유지관리 등에 필요한 표준산출물을 지정하여 사업자에게 제출을 요구할 수 있다.
> - 행정기관 등의 장은 산출물을 기관의 정보시스템을 이용하여 체계적으로 관리하고 운영 · 유지관리 또는 고도화 사업 등에 활용될 수 있도록 관리하여야 한다.
> - 한국지능정보사회진흥원장은 표준산출물에 대한 가이드를 정할 수 있다.

⑪ 운영 및 유지관리(제59조)

- 정보시스템의 운영, 유지관리 등으로 인해 변경이 발생하는 경우 표준산출물과 일관성이 유지되도록 관리하여야 한다.
- 구축이 완료되어 서비스가 운영되는 정보시스템에 대하여 행정안전부장관이 고시한 「전자정부 성과 관리 지침」에 따라 운영 성과를 측정해야 한다.
- 사업자는 운영 및 유지관리를 수행하면서 반복적으로 수행하는 사항을 매뉴얼로 작성·관리하고, 행정기관 등의 장이 요구하는 경우 제공하여야 한다.

■ 학습시스템 기능요소

① 이러닝 시스템 학습자 모드와 기능

- 정의 : 학습자들이 로그인하여 학습할 과정에 대해 선택하고 학습을 진행하는 곳이며, 고객의 요구에 따라 기능이 달라질 수 있음
- 주요기능

교육소개	• 교육비전 : 소속 조직, 고객사의 이러닝 교육에 대한 비전, 핵심요소 등의 설명, 조직소개 • 교육체계 : 교육 서비스가 어떤 체계로 제공되는지와 관련된 교육과정 분류, 교육 서비스 형태, 원칙 등
교육과정	• 교육과정 리스트 : 학습자들이 교육과정을 검색하고, 검색 교육과정에 대해 과정의 목적, 회차별 내용, 대상, 정원, 수료조건 등을 확인할 수 있고, 교육과정을 신청할 수 있음
마이페이지	• 교육이력 : 로그인 한 학습자 개인의 교육이력 정보를 확인하는 곳으로 과거학습 이력, 현재 진행 중인 교육과정, 추후 교육과정에 대한 정보 확인 가능 • 과정별 학습창 : 이러닝 학습 시스템의 가장 중요한 부분으로, 학습창에서 학습 진행, 진도현황 확인, 과정 만족도 설문, 과정 평가 및 결과 확인이 가능함 • 개인정보 수정 : 개인정보를 수정, 관리하고 개인정보 활용 동의가 이뤄짐
학습지원	• 공지사항, QnA, 담당자 정보 • FAQ : 가장 많은 질문들에 대한 답변을 미리 등록해 놓아 교육운영의 효율성을 향상함

② 이러닝 시스템 관리자 모드와 기능

- 정의 : 학습자들이 학습을 진행할 수 있도록 학습 지원·관리가 이뤄지는 곳
- 관리자모드 또한 기본적인 구성요소에 더해 고객의 요구에 따라 기능이 달라질 수 있음

교육기획	• 학습자 관리 : 이러닝 교육 학습자들에 대한 정보를 관리하는 기능 • 과정 정보 : 이러닝 교육과정의 정보를 등록하는 곳 • 이러닝 콘텐츠 관리 : 학습 주제에 따라 콘텐츠를 등록하고, 등록된 콘텐츠를 쉽게 검색, 재사용할 수 있도록 관련 메타데이터를 등록 • 설문관리, 평가관리
교육준비	수강신청, 수강승인처리
교육운영	• 진도율 현황 : 이러닝 교육과정에서 각 콘텐츠에 대한 학습진도 현황에 대해 관리 • 과정별 게시판 : 이러닝 교육과정 또는 회차별 사용할 게시판 관리 • 수료처리 : 학습자들에 대해 수료기준을 중심으로 수료처리 여부 결정
교육종료	과정별 교육결과, 학습자별 교육결과, 설문결과, 평가결과 확인

■ 학습시스템 요구사항 분석
  ① 하드웨어 요구사항
    • 대부분 개발될 이러닝 시스템이 설치될 하드웨어에 대한 요구사항이고, 추후 확장될 범위를 고려하여
      하드웨어가 구성되는 경우도 있는데 사양에 따라 추가 비용이 클 수 있기 때문에 면밀한 확인이 필요함
    • 서버 : 웹서버, DB 서버, 스트리밍(Streaming) 서버, 저장용(Storage) 서버 등이 있음
      – 스트리밍 서버 : 이러닝 동영상을 스트리밍으로 서비스하기 위해 필요한 서버
      – 저장용 서버 : NAS(Network-Attached Storage) 서버라는 명칭으로 제시되기도 함
    • 네트워크 장비 : 이러닝 서비스를 진행하기 위해 필요한 스위치, 라우터 등
    • 보안 관련 장비 : 이러닝 서비스의 보안을 위한 방화벽, 관련내용
  ② 소프트웨어 요구사항
    • 이러닝 시스템 개발사업에서 개발소스를 제외한 모든 OS, DBMS 등의 소프트웨어는 이러닝 시스템
      개발 내용과는 별도로 진행되는 내용임
    • 고객사에 대한 OS 유휴 라이센스가 존재하지 않는다면 고객이 구매하거나 이러닝 시스템 개발 발주
      시 발주비용에 포함하여 구매하는 경우가 있으며, 특히 DBMS의 경우 개발비 이상의 비용이 투입될
      수 있으므로 반드시 비용확인을 해야 함
    • 운영체제(OS) : 시스템에 기본적으로 설치되어야 하며 고객의 환경에 따라 MS Window, 리눅스, 유
      닉스 등이 요구됨
    • 데이터 관리 시스템(DBMS) : 이러닝 학습진행에 필요한 데이터에 대해 관리하는 시스템. 고객 기존
      환경에 따라 MS-SQL, ORACLE, My-SQL 등이 요구됨
    • WEB 서버 소프트웨어 : WEB 서버를 제어하기 위한 소프트웨어를 말하며, IIS, Apache, TMax
      WebtoB 등이 있음
    • WAS 서버 소프트웨어 : WAS 서버를 제어하기 위한 소프트웨어를 말하며, Tomcat, TMax Jeus,
      BEA Web logic 등이 있음. 소요되는 비용이 크기 때문에 각 이러닝 시스템의 사용대상, 분야에 따른
      서버 소프트웨어의 선택은 필수임
    • 기타 네트워크 관련 소프트웨어, 보안 관련 소프트웨어, 저작도구 관련 소프트웨어, 리포팅툴 관련
      소프트웨어 등이 있음
  ③ 기능 요구사항
    • 학습방법의 확장 : 고객사는 이러닝이라는 학습방법을 정하고 시스템 개발을 요구하지만 제안요청서
      를 확인해보면 집합교육, 블랜디드러닝, 학습조직, 우편원격학습 등으로 확장방법이 확장될 수 있으
      므로 이에 대한 수용이 가능한지, 구현 기술이 있는지 파악해야 함
    • 사용 대상자에 따른 확장 : 개별 사용자에 따라 웹페이지가 늘어나므로 사용 대상자의 확인이 필요함
      – 기업 : 정규직, 비정규직을 나누어 시스템을 구분하는 경우가 있음
      – 학교 : 교직원, 교수, 학부생, 대학원생을 나누어 사용대상자를 구분할 수 있음
    • 사용 서비스의 확장 : 이러닝 시스템 외의 다른 소프트웨어를 공급해야 하는 경우를 말하며, 로그인
      통합을 위한 SSO 솔루션 공급, 보안 강화를 위한 보안 솔루션 공급, 보고서 출력 품질 강화를 위한
      리포팅 툴 솔루션 공급, 이러닝 콘텐츠 개발 툴 솔루션 공급 등이 있음

■ 학습시스템 개발 프로세스

① 가장 일반적인 이러닝 콘텐츠 개발 프로세스 모형인 ADDIE에 근거하여 이러닝 콘텐츠 개발을 분석, 설계, 개발, 실행, 평가 다섯 단계로 구분할 수 있음

ADDIE 과정	역할(기능)	세부단계(활동)
분석 / 기획 (Analysis)	학습내용(what)을 정의하는 과정	요구분석, 학습자 분석, 내용(직무 및 과제) 분석, 환경 분석
설계 (Design)	교수방법(how)을 구체화하는 과정	학습구조 설계, 교육매체 선정, 교안 작성, 스토리보드 작성, 콘텐츠 인터페이스 설계 명세
개발 (Development)	학습할 자료를 만들어 내는 과정	교수자료 개발, 프로토타입 제작, 사용성 검사, 디자인 제작
운영 (Implementation)	프로그램을 실제의 상황에 설치하는 과정	운영계획 수립, 과정운영, 콘텐츠 사용, 시스템 설치, 유지 및 관리
평가 (Evaluation)	프로그램의 적절성을 결정하는 과정	과정운영 평가, 학습효과 분석, 운영 효율성 평가, 콘텐츠 및 시스템에 대한 총괄평가

■ 학습시스템 리스크 관리

① 이러닝시스템 장애의 요인과 유형
- 이러닝 시스템 장애는 일반 정보시스템 장애와 마찬가지로 발생원인, 발생과정의 시간적 차이, 발생 장소, 장애대상, 피해의 직·간접성 등에 의해 분류 가능

② 장애등급 분류
- TTA 정보통신단체표준의 '정보시스템 장애관리 지침'에 따르면, 장애 식별·접수 → 장애등록·등급지정 → 1차 해결 → 장애배정 → 2차 해결 → 문제관리 → 장애종료 → 프로세스 점검의 8단계로 제시함
- 장애관리의 위험평가 : 1단계 장애 식별·접수, 2단계 장애등록·등급지정 단계에서 이루어짐
- ITIL(정보기술 인프라 라이브러리)에서 장애등급은 업무 프로세스를 지원하는 정보시스템의 장애복구의 우선순위를 의미하며, 장애등급은 장애의 영향도(impact)와 긴급도(urgency)에 따라서 측정됨

> 장애등급 = 장애복구 우선순위 = 영향도 × 긴급도
> = 잠재적 손실의 영향 × 해결 시간의 중요성

따라서, '장애복구 우선순위 = 영향도 × 긴급도 = 잠재적 손실의 영향 × 해결 시간의 중요성' 이라는 개념적 관계식이 성립됨
- 장애등급 측정절차는 1) 장애의 식별, 2) 영향도의 측정, 3) 긴급도의 측정, 4) 장애복구의 우선순위 결정 순서로 진행됨

③ 장애 처리 절차

- 이러닝시스템 자원별 장애처리 절차는 정보시스템을 구성하는 주요 자원에 대해 발생할 수 있는 시스템 장애를 사전에 문서화 함
- 장애처리 절차는 시스템 운영조직 간의 의사소통을 원활히 하고, 주요 장애의 예상 장애 원인 · 복구 시간 등을 추정하는 데 참고됨

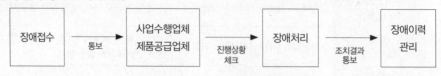

| 장애 처리 프로세스(예시) |

출처 : 정보통신단체표준, 정보시스템 장애관리 지침(2007년)

4 학습시스템 기능분석

■ 요구사항 수집

① **정의** : 고객이 원하는 요구사항을 수집하고 수집된 요구사항을 만족시키기 위해 개발해야 하는 시스템에 대해 시스템 기능 및 제약사항을 식별하고 이해하는 단계

② 방법

인터뷰	• 개발프로젝트 참여자들과의 직접적인 대화를 통하여 정보를 수집하는 일반적인 기법
	• 요구사항 분석자 : 인터뷰 전략을 세우고 전략에 따른 목표를 달성해야 함
	• 획득 가능한 정보
	  – 개발된 제품이 사용될 조직 안에서의 작업 수행과정에 대한 정보
	  – 사용자에 대한 정보

시나리오	• 요구사항 분석자 : 시스템과 사용자 간 상호작용 시나리오를 작성하여 시스템 요구사항을 수집해야 함
	• 필수 포함 정보
	  – 시나리오로 들어가기 이전과 시나리오 완료 후의 시스템 상태에 관한 기술
	  – 정상적인 사건의 흐름과 그에 대한 예외 흐름
	  – 동시에 수행되어야 할 다른 행위의 정보

③ 수집 사항

학습자의 요구사항	필요로 하는 학습콘텐츠, 선호하는 학습방법과 환경
교육자의 요구사항	필요로 하는 기능, 제작하고 싶은 학습콘텐츠
기술적 요구사항	학습매체 준비와 접속 안내, 학습 시 발생하는 기술적 문제에 대한 대처
사업적 요구사항	학습시스템을 개발하는데 필요한 예산, 인력 등
기존 학습 시스템의 문제점	기존 학습시스템의 문제점 파악과 그에 대한 보완점

■ 요구사항 분석

① 정 의

- 이해관계자를 위해 요구사항 분석 기술서를 작성하기 전에 요구사항을 완전하고 일관성 있게 정리하는 단계

- 분석기법을 이용하여 수집된 고객의 요구사항을 식별 가능한 문제들로 도출함으로써 추상적인 요구사항을 구체적으로 이해하는 과정

② 종 류

기능적 요구사항	• 입출력 양식 • 주기적인 자료 출력	• 처리 및 절차 • 명령어의 실행 결과, 키보드의 구체적 조작
비기능적 요구사항	• 성능 : 응답시간, 데이터 처리량 • 환경 : 개발 운용 및 유지보수 환경에 관한 요구 • 신뢰도 : 소프트웨어의 정확성 및 견고성 등 • 개발계획 : 사용자의 요구 • 개발비용 : 사용자의 투자한계 • 운용제약 : 시스템 운용상의 제약 요구 • 기밀보안성 : 불법적 접근금지 및 보안유지 • 트레이드오프 : 개발기간, 비기능 요구들의 우선순위	

③ 분석기법

객체지향 분석	• 요구사항을 사용자 중심의 시나리오 분석을 통해 Usecase Model로 구축하는 것 • 요구사항을 수집하고 유스케이스의 실체화 과정을 통해 수집된 요구사항을 분석하는 것
구조적 분석	• 시스템 기능 위주의 분석 • 프로세스를 도출하여 프로세스 간의 데이터 흐름 정의

■ 요구사항 명세서(SRS ; Software Requirements Specification)

① 정의 : 분석된 요구사항을 소프트웨어 시스템이 수행하여야 할 모든 기능과 시스템에 관련된 구현상의 제약조건 및 개발자와 사용자 간에 합의한 성능에 대한 사항 등을 명세한 프로젝트 산출물 중 가장 중요한 문서

② 기 능
- 공동 목표 제시
- 수행 대상에 관한 기술

■ 프로젝트 요구사항 관리 계획서

① 정의 : 프로젝트의 요구사항에 대한 실행, 감시, 통제하는 방법을 기술한 문서

② 작성 방법

문헌분석	이해관계자가 작성한 요구사항 리스트 또는 제안요청서 등을 확인
인터뷰 또는 회의	이해관계자와 인터뷰를 하거나, 프로젝트 관리자, 프로젝트 스폰서, 선별된 프로젝트 팀원과 이해관계자 등이 함께 모여 회의를 진행하여 관리 계획서 작성
계획서 작성	프로젝트를 이해하고, 관련 경험과 지식을 갖춘 담당 전문가가 프로젝트 요구사항 관리 계획서 작성

■ 학습자 특성 분석

① 학습자의 일반적 특성

성 별	성별 분포를 파악하여 남녀별 콘텐츠에 대한 요구사항 반영
연 령	전 연령층이 사용할 수 있는 범위로 개발
전 공	전공 및 관심 분야에 직접적으로 연관 있는 콘텐츠 개발

② 학습자의 이러닝에 대한 인식조사

- 이러닝 체제 도입에 대한 요구 정도
- 학습 이력 및 경험, 흥미 및 관심 정도
- 이러닝 학습 수행능력, 개발 희망 과정
- 적용관련 제안사항, 학습장소, 인프라 구축
- 교육형태, 상호작용 요구정도, 학습효과 관련 제안사항
- 이전 학습에 참여했던 이러닝의 형태

■ 학습자에 대한 이메일 예절 및 유형별 응대요령

① 학습자에 대한 이메일 예절

- 내용파악을 명확히 할 수 있고 간결한 제목 작성
- 명확한 수신자 표기
- 짧고 논리적인 내용 작성
  - 처음 : 인사말과 함께 소속 및 신분 밝히기
  - 본론 : 메일 발송의 목적과 의도가 나타나도록 하고 세부적인 내용은 붙임문서를 활용
- 맞춤법 오류나 이모티콘 등은 자제
- 메일을 최소 하루 2회 이상 체크하여 신속한 답변 회신
- 형식적인 단체 메일 발송 신중
- 감성적 표현과 문구에 세심하게 신경

② 학습자 유형별 응대요령

학습자 유형	응대요령
충동형 학습자	신속 정확한 응대
의심형 학습자	분명한 증거나 객관적 근거 제시
흥분형 학습자	분명한 사실만을 언급하고 말씨나 태도에 주의하여 논쟁을 피하며 고객의 기분을 거스르지 않도록 응대
온순형 학습자	꼼꼼하며 정중하고 온화하게 대하고 학습자의 목적을 '예, 아니요'로 대답할 수 있도록 유도
거만형 학습자	과시욕이 충족되도록 학습자 칭찬

■ 학습자 요구사항 분석 수행 절차

교수자의 교수학습 모형 분석 → 교수학습 모형에 맞는 수업모델 비교 및 분석 → 수업모델의 사용실태 분석 → 실제 수업에 적용된 수업모델 조사 및 분석

■ 교수자 특성 분석

① 교수자의 일반적 특성
  • 교수 선호도 조사
  • 교수자의 강의 경력 및 이력
  • 교수자 정보

② 교수자의 이러닝에 대한 상황 분석
  • 교수자의 이러닝 체제 도입요구 정도
  • 이러닝 희망 이유

③ 교수자의 교육 역량
  • 학습자 중심의 소통과 통제 능력
  • 다양한 멀티미디어 콘텐츠 제작 및 활용 능력
  • 토의 및 과제 피드백의 효과성
  • 답변의 즉시성
  • 학습자 수료율

■ 교수자 역할

구 분	역 할	내 용
내용전문가 (SME ; Subject Matter Expert)	내용 전문성을 기초로 학습을 안내하는 역할	• 학습내용 분석 • 자료 제작 및 제공 • 평가문제 출제 및 채점, 첨삭지도 제공
교수설계자 (Instructional Designer)	체계적인 교수학습 이론 및 방법론을 이용하여 학습콘텐츠를 개발할 수 있도록 설계하는 역할	• 교과목 기획서 및 수업계획서 작성 • 교수 · 학습 모형 선정 • 도구 및 자료의 준비 • 학습내용의 제시 전략 결정
촉진자	학습활동을 수행하는 과정에서 사회적 상호작용을 기반으로 학습자들이 공동체 의식을 형성하고 이를 기반으로 학습을 촉진하도록 하는 역할	• 학습분위기 조성 : 교수 · 학습 도입과정에서 교수자들은 학습자들의 공동체 의식을 조성하고 학습자들과의 유대를 강화하는 등의 학습분위기 조성 • 학습동기 부여 : 학습동기가 부여될 수 있도록 학습자의 흥미와 관심을 이끄는 전략을 활용 • 상호작용의 촉진 : 상호작용을 중심으로 한 과제 작성 지도, 질의응답 활동, 토론 등의 활동을 적극적으로 활용하여 교수자와 학습자 간, 학습자와 학습자 간 상호작용 촉진 • 학습지원 도구의 적극적 활용 : 사회적 상호작용의 활성화를 위해 메일, 메신저, 전화 등의 다양한 도구를 활용하여 학습자와 소통하는 노력이 필요 • 즉각적인 피드백의 제공 : 촉진자로서의 교수자는 학습자의 요청이나 도움에 즉각적인 피드백 제공

| 안내자 / 관리자 | 교수·학습 과정에서 필요한 정보를 안내하고 학습을 관리하는 역할과 과정 운영이나 행정과 관련된 역할 | • 학습활동에 대한 사전교육 및 오리엔테이션 제공
• 교수·학습의 전체 진행일정 및 학습시간 안내
• 구체적인 학습절차 및 방법에 대한 안내 활동
• 수강과목의 변경 및 취소를 위한 안내활동
• 학습활동에 참여하는 학습자들의 신상정보, 학습이력에 대한 정보, 학업성취도에 대한 정보 및 학습선호도에 대한 정보를 확인하고 관리하는 등의 학습자 정보관리 활동
• 개별 학습진도 등의 학습활동을 모니터하고 학습자의 학습진행 상태에 따라 학습에 적극적으로 참여하도록 독려
• 과정 운영 시 발생한 문제점 및 학습자료, 요구분석 자료 정리
• 과정 종료 후 커뮤니티 개설 및 운용 등의 학습자 사후관리 |
| 기술전문가 | 네트워크, 컴퓨터, 학습지원프로그램, 학습콘텐츠, 학습관리시스템 등을 사용할 때 나타나는 문제점 등을 도와주고 해결해 주는 역할 | • 학습에 필요한 하드웨어 및 소프트웨어 설치
• 학습 운영 관리시스템과 학습콘텐츠 관리시스템의 기능 숙지
• 학습 과정에서 사용될 다양한 학습 도구의 기능 숙지 |

■ 교수자 요구사항 분석 수행 절차

교수학습 방법에 대한 주요 개념과 정의 분석 → 지원하고자 하는 교수학습 모형의 종류 파악 → 실제 교수학습 방법의 사용실태 조사 → 주요 교수학습 방법을 선정하여 비교 및 분석 → 선정된 교수학습 방법이 실제수업에 적용될 가능성이 있는지 조사

■ 직업능력개발훈련을 위하여 훈련생을 가르칠 수 있는 사람(직업능력개발법 시행령 제27조)

• 「고등교육법」 제2조에 따른 학교를 졸업하였거나 이와 같은 수준 이상의 학력을 인정받은 후 해당 분야의 교육훈련 경력이 1년 이상인 사람
• 「정부출연연구기관 등의 설립·운영 및 육성에 관한 법률」, 「과학기술분야 정부출연연구기관 등의 설립·운영 및 육성에 관한 법률」에 따른 연구기관 및 「기초연구진흥 및 기술개발지원에 관한 법률」에 따른 기업부설연구소 등에서 해당 분야의 연구경력이 1년 이상인 사람
• 「국가기술자격법」이나 그 밖의 법령에 따라 국가가 신설하여 관리·운영하는 해당 분야의 자격증을 취득한 사람
• 해당 분야에서 1년 이상의 실무경력이 있는 사람
• 그 밖에 해당 분야의 훈련생을 가르칠 수 있는 전문지식이 있는 사람으로서 고용노동부령으로 정하는 사람

■ 참여자의 역할 정의

학습자	학습에 있어서 가장 능동적인 역할을 하는 자
교수자	교육을 효과적으로 실시하기 위해 가장 중요한 요인으로, 학습자의 참여를 유도하는 역할을 하는 자
튜터	교수자의 일원으로, 학습자의 학습에 도움을 주고 교수자와 학습자 간의 상호작용을 원활히 할 수 있는 학습활동의 역할을 하는 자
에이전트	교수활동과 학습활동을 지원하는 도우미

■ 교수학습 활동 분석

교수(Instruction)	가르치는 활동
학습(Learning)	교수자의 교수활동으로 인하여 학습자의 지식, 행동, 태도에 일어난 변화
교수학습 과정	교수이론과 학습이론의 개념을 포괄하며 상호연계되는 과정
교수학습 활동	교수자가 가르치는 것을 학습자가 배우는 활동으로 상호의존적
교수학습 활동 기능	수업 설계에서 이루어지는 모든 활동을 지원하는 기능

■ 교수학습

① 정의 : 학습자가 기술이나 태도 등을 습득하도록 돕는 교육 과정
② 종 류

교수이론	• 교육자가 어떻게 효과적으로 수업을 할 것인가에 대한 설명 • 학습자의 수행개선을 위한 예방적 측면보다는 학습자에게 가장 적합한 교수설계나 방법 등을 처방하는 측면 우선 • 무엇이 일어나고 일어나야 하는가에 대한 것으로 학습자의 행동변화에 어떻게 영향을 주는지를 설명하고 예측, 통제하는 데 초점
학습이론	• 경험을 통하여 새로운 능력, 행동, 적응능력을 획득하고 습득하게 되는 과정을 설명하기 위해 만들어진 이론 • 학습 형상의 원인 및 과정을 설명하고 학습과 관련된 요인을 이해하도록 하는 이론적 설명 • 학습자에게 지식과 기술을 학습시키는 가장 효과적인 방법에 대한 원리와 법칙을 제시 • 학습자의 행동 변화가 왜, 어떻게 나타나는 것인가를 설명

■ 교수학습 기능 분석

① Glaser의 교수학습 과정 : 수업목표 확정 → 출발점 행동의 진단 → 수업의 실제 → 학습결과의 평가
② 교수학습 모형의 접목기술 및 표준

Learning Design	• 다양한 교수설계들을 지원하기 위한 표준규격으로 특정 교수방법에 한정하지 않고 혁신을 지원하는 프레임워크 개발을 목적으로 개발된 표준 • 학습 객체들로 구성된 콘텐츠 중심보다는 학습활동 자체 • 컴포넌트와 메소드로 구성 • Educational Modeling Language를 활용하여 학습 설계를 A, B, C 3단계로 목적에 따라 기술
SCORM (Sharable Content Object Reference Model)	• 미국 전자학습 표준연구개발 기관인 ADL(Advanced Distributed Learning)의 높은 수준을 충족하기 위한 참조모델로서 교육, 훈련, 수행도 향상 등에서 훨씬 우수하고, 저비용적이며, 시간과 장소에 구속되지 않는 모델에 대한 규격 및 가이드라인 • 학습자원을 관리하는 모델로 학습콘텐츠의 검색과 공유에 사용 • 학습관리시스템을 통해 제공되는 런타임 환경을 정의

■ 이러닝 운영 사이트 점검

① 이러닝 운영 사이트
- 학습자가 학습을 수행하는 학습 사이트와 운영자가 관리하는 학습관리시스템(LMS)으로 구분
- 학습 사이트 점검
  - 학습자의 학습 환경이 이러닝 시스템이나 콘텐츠 개발 시 작업 환경과 다르면 정상적으로 과정을 수강하기 어려움
  - 과정 운영자는 사전에 학습 사이트를 점검하여 학습자가 강의를 이수하는 데 불편함이 없도록 해야 함
  - 학습 사이트 점검항목

주요 점검항목	오류 내용
동영상 재생 오류	이러닝 콘텐츠 제작 시 미디어 플레이어의 버전이 학습자의 미디어 플레이어 버전보다 높으면 학습자 인터넷 환경에서 동영상이 재생되지 않음
진도 체크 오류	• 정상적인 진도 체크는 '미학습', '학습 중', '학습 완료'로 표시 • 강의를 다 들었는데도 '학습 완료'로 바뀌지 않는 경우 • 학습을 진행하는 next 버튼이 보이지 않는 경우
웹 브라우저 호환성 오류	• ID/PW가 입력되지 않는 경우 • 화면이 하얗게 보이는 경우 • 버튼이 눌리지 않는 경우

- 학습 사이트 오류 해결 방안
  - 이러닝 과정 운영자는 테스트용 ID를 통해 로그인 후 메뉴를 클릭해 가면서 정상적으로 페이지가 표현되고 동영상이 재생되는지 확인
  - 문제 될 소지를 발견하면 시스템 관리자에게 알리고 해결 방안을 마련하도록 함
  - 팝업 메시지, FAQ 등을 통해 내용을 공지하여 학습자가 강의를 정상적으로 이수하도록 함

② 학습관리시스템(LMS ; Learning Management System)
- 온라인을 통하여 학습자들의 성적, 진도, 출결사항 등 학사 전반에 걸친 사항을 통합적으로 관리해 주는 시스템
- 학습관리시스템(LMS)의 주요 메뉴

주요 메뉴	기능
사이트 기본정보	중복로그인 제한, 결제방식 등을 선택할 수 있으며, 연결도메인 추가, 실명인증 및 본인인증 서비스 제공, 원격지원 서비스 등을 관리
디자인 관리	디자인스킨 설정, 디자인 상세 설정, 스타일 시트 관리, 메인팝업 관리, 인트로 페이지 설정, 이미지 관리 등의 작업을 수행
교육 관리	과정 운영현황 파악, 과정 제작 및 계획, 수강/수료 관리, 교육 현황 및 결과 관리, 시험출제 및 현황 관리, 수료증 관리 등의 작업을 수행
게시판 관리	게시판 관리, 과정 게시판 관리, 회원 작성글 확인, 자주 하는 질문(FAQ), 용어 사전관리 등의 작업을 수행
매출 관리	매출진행 관리, 고객취소 요청, 고객 취소 기록, 결제 수단별 관리 등의 작업을 수행
회원 관리	사용자 관리, 강사 관리, 회원가입 항목 설정, 회원들의 접속현황 등을 관리

- 학습관리시스템(LMS) 점검
  - 이러닝 과정 운영자는 해당 이러닝 과정의 교수 · 학습전략이 적절한지, 학습목표가 명확한지, 학습내용이 정확한지, 학습분량이 적절한지 수시로 체크해야 함
  - 이러닝 과정 운영자는 수시로 학습 사이트와 학습관리시스템(LMS)을 오가며 점검해야 함
  - 이러닝 과정 운영자는 다양한 기능이 있는 학습관리시스템(LMS)의 메뉴를 파악하고 문제 발생 시 신속히 해결될 수 있도록 해야 함

■ 이러닝 콘텐츠 점검

① 이러닝 콘텐츠
- 학습자가 효과적으로 학습할 수 있도록 제작된 교수 · 학습 프로그램을 의미하며 대부분 동영상으로 제작됨
- 학습자가 멀티미디어 기기(데스크톱 PC, 노트북, 스마트폰, 태블릿 등)를 가지고 있고 인터넷 접속 환경에 있다면 학습에 거의 제약이 없음
- 학습자가 가지고 있는 멀티미디어 기기가 동영상 콘텐츠 구동을 지원하지 않으면 별도의 파일을 받을 수 있도록 해야 함
- 모바일 환경에서는 OS가 서로 다를 수 있으므로 구동 조건을 확인해야 함

② 이러닝 콘텐츠 점검
- 이러닝 콘텐츠 점검 항목

항목	내용
교육 내용	• 이러닝 콘텐츠의 제작 목적과 학습 목표와의 부합 여부 • 학습 목표에 맞는 내용으로 콘텐츠가 구성되는지 여부 • 내레이션이 학습자의 수준과 과정의 성격에 맞는지 여부
화면 구성	• 학습자가 알아야 할 핵심 정보가 화면상에 표현되는지 여부 • 자막 및 그래픽 작업에서의 오탈자 유무 • 영상과 내레이션의 자연스러운 매칭 정도 • 사운드나 BGM이 영상의 목적에 맞게 흐르는지 여부
제작 환경	• 배우의 목소리 크기나 의상, 메이크업이 적절한지 여부 • 최종 납품매체의 영상 포맷을 고려한 콘텐츠인지 여부 • 카메라 앵글의 적절성 여부

- 이러닝 콘텐츠 수정 요청
  - 이러닝 콘텐츠 점검 시 오류가 발생하면 시스템 개발자나 콘텐츠 개발자에게 수정을 요청함
  - 콘텐츠 오류가 학습환경의 설정 변경으로 해결할 수 있는 문제는 이러닝 과정 운영자가 팝업 메시지를 통해 학습자에게 문제해결방법을 알릴 수 있음
  - 이러닝 콘텐츠 수정요청 대상

대상	오류 내용
이러닝 콘텐츠 개발자	콘텐츠상의 오류 예 교육 내용, 화면 구성, 제작 환경에 대해 발생한 오류
이러닝 시스템 개발자	시스템상의 오류 예 콘텐츠가 정상적으로 제작되었음에도 학습사이트에서 재생이 되지 않는 경우, 사이트에 표시되지 않는 경우, 엑스박스 등으로 표시되는 경우

■ **이러닝 교육과정**

① **이러닝 교육과정 특성**
- 이러닝 교육과정은 강의를 진행할 교수설계자가 계획하며, 이를 과정 운영자가 알고 있어야 함
- 학습자가 교과의 학습 목표를 달성하는 것을 최우선으로 삼음
- 교과의 교육과정에는 일반적으로 교과의 성격 및 목표, 내용 체계(단원 구성), 권장하는 교수 · 학습 방법, 평가방법, 평가의 주안점 등이 기술

② **이러닝 교육과정 분석**
- 교과마다 고유한 교육과정 특성이 있음
- 과정 운영자는 교과 운영계획서에서 교과 교육과정의 특성을 볼 수 있는 내용을 확인할 줄 알아야 함
- 교육과정 특성 분석표 : 교과 교육과정의 주요 특성을 표로 제작하면 교육과정의 특성을 분석하기 쉬움

■ **교육과정 등록**

① **관리자 ID로 로그인하기** : 주어진 관리자 ID 및 비밀번호를 이용하여 관리자 모드로 로그인
② **교육관리 메뉴 클릭하기** : 관리자 모드로 로그인 후 교육관리 메뉴 클릭
③ **과정제작 및 계획 메뉴 클릭하기** : 과정을 등록하기 위한 절차 제시
④ **교육과정 등록 진행**
- 일반적으로 '교육과정 분류 → 강의 만들기 → 과정 만들기 → 과정 개설하기' 등의 절차로 진행
- 교육과정 등록 절차

등록 단계	방 법
교육과정 분류	• 대분류 → 중분류 → 소분류 순으로 분류 • 교 · 강사가 제출한 교과 교육과정 운영계획서를 확인하며 등록
강의 만들기	• 동영상 콘텐츠에 목차를 부여하고 순서를 지정 • 동영상을 업로드하면 제작된 콘텐츠가 강의로 등록
과정 만들기	과정목표, 과정정보, 수료조건 등 자세한 정보를 안내
과정 개설하기	수강신청 기간, 수강기간, 평가기간, 수료처리 종료일, 수료 평균점수 등을 지정

⑤ **등록된 교육과정 확인**
- 과정 등록을 마친 후 정상적으로 과정이 등록되었는지 확인
- 교 · 강사가 제출한 교육과정 운영계획서와 일치하는지 확인

■ **교육과정 세부사항 등록**

① **교육과정 세부차시**
- 과정 운영자는 교육과정을 등록할 때 세부 차시도 같이 등록해야 함
- 교육과정의 세부차시는 강의계획서에 포함되기도 하고 강의 세부정보 화면에 표시되기도 함

② **학습자 안내 자료**
- 과정 운영자는 교육과정 외에 학습자에게 안내할 자료를 등록해야 함
- 학습 자료는 학습 전, 학습 중, 학습 후로 구분되며 모두 과정 시작 전 등록해야 함

• 학습자 안내 자료 분류

학습 자료	특 징
학습 전 자료	• 공지사항 : 학습 전에 학습자가 꼭 알아야 할 사항으로, 오류 시 대처 방법, 학습기간에 대한 설명, 수료(이수)하기 위한 필수조건, 학습 시 주의사항 등을 포함 • 강의계획서 : 학습목표, 학습개요, 주별 학습내용, 평가방법, 수료조건 등 강의에 대한 사전정보
학습 중 자료	• 강의 중 도움을 받을 수 있는 자료 • 강의진행 중 자료를 직접 다운로드받을 수 있도록 하거나 관련 사이트 링크를 제시
학습 후 자료	• 강의나 과정 운영의 만족도, 시스템, 콘텐츠의 만족도를 묻는 설문 조사로 학습자가 과정에 대한 소비자 만족도를 평가할 수 있도록 함 • 학습자들이 필수로 하는 평가나 성적 확인 전에 설문을 실시하도록 함

③ 평가문항

• 과정 운영자는 교 · 강사가 제작한 평가문항을 학습 시작 전에 시스템에 등록해야 함

• 평가의 분류

평 가	특 징
진단평가	• 강의 진행 전에 이루어지는 평가 • 선수학습능력, 사전학습능력 등 학습자의 기초능력 전반을 진단
형성평가	• 해당 차시 종료 후 이루어지는 평가 • 학습자에게 바람직한 학습방향 제시 • 강의에서 원하는 학습목표를 달성했는지 확인
총괄평가	• 강의 종료 후 이루어지는 평가 • 학습자의 수준을 종합적으로 확인하는 평가 • 학습자의 성적을 결정하고 학습자 집단의 특성을 분석

• 평가문항 등록 절차

등록 단계	내 용
관련 메뉴 확인	'교육관리 – 모의고사 출제 관리' 메뉴에서 등록
평가문항 등록	• 디자인 관리 메뉴에서 평가 시 화면에 표현되는 디자인 설정(초기 세팅 페이지 활용 가능, 변경을 원할 시 이미지를 등록하거나 해당 html 입력) • 시험출제 메뉴에서 평가정보(시험명, 시간체크 여부, 응시가능 횟수, 정답해설 사용 여부, 응시 대상 안내 등) 입력 • 평가문항 등록

■ 학사일정 수립

① 학사일정의 개념

• 교육기관에서 행해지는 1년간의 다양한 행사를 기록한 일정

• 당해 연도의 학사 일정 계획은 보통 전년도 연말에 수립

• 연간 학사일정 : 1년간의 주요일정(강의신청일, 연수시작일, 종료일, 평가일) 제시

• 개별 학사일정 : 개별 강의의 일정. 강의수강, 평가, 과제제출 등은 학습자가 일정기간 안에 반드시 수행해야 할 항목이므로 강조 · 반복하여 안내해야 함

② 학사일정 수립
- 연간 학사일정을 기준으로 개별 학사일정을 수립
- 과정 개설하기 메뉴를 통하여 이러닝 과정의 수강신청 기간, 수강기간 등을 설정 가능
- 학사일정 수립 절차

등록 단계	방 법
관리자 ID로 로그인	주어진 관리자 ID 및 비밀번호를 이용해서 관리자 모드로 로그인
교육관리 메뉴 클릭	관리자 모드로 로그인한 후 교육관리 메뉴를 클릭
과정제작 및 계획 메뉴 클릭	교육관리 메뉴를 클릭하고 과정제작 및 계획 메뉴를 클릭한 후 '1단계(과정분류 설정), 2단계(강의 만들기), 3단계(과정 만들기)' 작업을 시행
학사일정 수립	• 4단계(과정 개설하기) 작업을 통해 개별 학사일정을 수립 • 해당 과정의 수강신청 기간, 수강정정(취소) 기간, 수강기간, 평가종료일, 수료처리 종료일 등을 설정

■ 학사일정 공지

① 학사공지 대상과 특징

공지 대상	특 징
교 · 강사	실시간 강의, 사전제작 콘텐츠가 사용되는 강의 모두 교 · 강사가 강의를 충실히 준비할 수 있도록 문자, 이메일, 팝업메시지 등을 활용하여 학사일정을 공지
학습자	학습자가 사전정보를 얻고 학습을 준비할 수 있도록 문자, 이메일, 팝업메시지 등을 활용하여 학사일정을 공지
협업부서	• 수립된 학사일정을 협업부서에 공지하여 업무의 효율을 높임 • 통신망 활용 : 주요 학사일정을 조율한 후 조직에서 사용하는 통신망(사내 전화, 인트라넷, 메신저 등)을 활용하여 내부조직에 공지 • 공문서 활용 : 공문서를 활용하여 내부결재를 진행. 연 1~2회 정도 의견 수렴 과정을 거쳐 다음 연도 학사일정 수립에 반영

② 관계기관에 사전 신고
- 이러닝 과정 운영의 관계기관 : 감독기관, 산업체, 학교 등
- 운영 예정인 교육과정이나 학사일정을 관계기관에 신고할 때는 공문서 기안을 통해 사전에 신고
- 교육과정에는 수강신청 기간, 수업기간, 평가기간, 과제제출 기간, 성적 이의신청 기간 등이 표시되며, 표현되는 서식은 운영기관에 따라 다름
- 공문서 기안 절차

방 식	순 서
전자문서 작성	전자문서에 로그인 → 기안문 작성화면으로 이동 → 기안문에 대한 정보 입력 → 기안문 작성 → 첨부파일 첨부결재 올리기 → 결재완료 후 발송
비전자문서 작성	문서양식에 따라 정보(보고기관, 문서번호, 시행날짜, 수신기관 등) 입력 → 기안문 작성(문서제목, 인사말, 문서목적, 문서내용, 기관직인) → 첨부파일 확인한 후 메일 작성 → 메일 전송하기

■ 수강신청 정보 확인

① 수강신청 현황 확인

- 수강신청이 이루어지면 학습관리시스템(LMS)의 관리화면에 수강신청 목록이 나타남
- 수강신청 순서에 따라 목록이 누적되며, 과정명·신청인 정보가 목록에 나타남
- 과정명을 클릭하면 수강신청이 된 과정정보를 확인할 수 있음
- 수강신청 확인 절차

등록 단계	내 용
운영자 아이디 · 패스워드로 로그인	• 시스템 관리자에게 운영자 아이디 · 패스워드 요청 • 운영자 계정을 별도로 제공하는 방식, 일반 계정에 운영자 권한을 부여하는 방식이 있음 • 로그인 방식에는 사이트 사용자화면에서 관리자화면으로 이동하는 방식, 별도의 관리자 사이트를 운영하는 방식이 있음 • 시스템 구성에 따라 방식의 차이가 있으므로 학습관리시스템(LMS) 매뉴얼을 꼼꼼하게 살펴야 함
관리자 메뉴 이동	• 부여받은 계정으로 로그인 • 관리자 화면에서 '회원 관리' 혹은 '수강 관리' 등의 메뉴로 이동
수강신청 목록 확인	• '수강 관리' 화면으로 이동하여 수강생 목록 확인 • 교육과정 설정 시 수강신청이 자동으로 처리되게 설정하거나, 운영자가 수동으로 처리하게 설정할 수 있음 • 과정정보와 운영 매뉴얼을 확인하여 수강신청을 진행해야 함

② 수강승인 처리

- 자동으로 수강신청이 되는 과정을 제외하면 운영자가 목록에서 신청을 승인해야 함
- 수강신청이 자동으로 처리되지 않는 경우 수강 목록에 '미승인' 상태로 표시
- 학습관리시스템(LMS)의 수강승인을 위한 버튼을 클릭하면 승인이 완료
- 수강승인을 하면 신청내역이 '학습 중'인 상태로 변경됨
- 수강신청이 잘못된 경우 쪽지, 메일, 문자, 전화 등을 활용하여 학습자에게 연락하여 내용 확인 후 처리

③ 입과 안내

- 신청된 수강이 승인되면 해당 교육과정에 입과된 것으로 볼 수 있음
- 입과 처리되면 입과 안내메일이나 문자가 자동으로 발송되게 할 수 있음
- 학습자의 수강 참여가 요구되는 과정이면 운영자가 학습자 정보를 확인하여 직접 입과 안내 후 학습 진행 절차를 안내할 수 있음
- 입과 안내 시 학습자에게 별도의 사용매뉴얼, 학습안내 교육자료 등을 제공하기도 함
- 입과 안내 절차

단 계	내 용
최종 수강 승인 학습자 목록 확인	• 수강 승인된 목록에서 학습자 확인 • B2B 방식으로 제공하는 과정은 사전 수강신청 목록과 최종 목록을 비교하여 누락된 사람이 있는지 확인 • 누락된 학습자가 있는 경우 별도로 체크
학습자 연락처 확인	• 수강 승인된 학습자 목록에서 이름이나 아이디 클릭 시 학습자 정보 상세화면으로 이동 • 학습자 연락처를 확인 후 입과 안내를 준비 • 운영정책에 따라 정보 유무가 달라질 수 있으니 정책 숙지 후 학습자 정보 구성요소를 확인

입과 안내	• 입과 안내문구를 마련하고 내용에 맞춰 학습자에게 입과 안내 • 이메일, 문자 등 전달 매체에 맞게 입과 안내문구 작성 • 시스템 매뉴얼 · 운영 매뉴얼을 확인하여 학습관리시스템(LMS)에서 자동으로 이메일 · 문자를 발송하거나 이메일 솔루션을 사용하여 학습자에게 입과를 안내함
최종 입과자 정리 · 보고	• 입과 안내가 끝나면 최종 입과자 목록을 정리 후 보고 • 조직의 특성에 맞게 보고 방법과 양식 조절 • B2B의 경우 최종 입과자 목록이 매출 등 정량적인 지표와 관련이 높으므로 고객사 교육담당자 등에게까지 보고될 수 있음

■ 수강신청 사전관리

① 운영자 등록

- 운영의 효율성을 위해 학습관리시스템(LMS)의 기능을 사용하여 운영자를 등록하여 학습자가 볼 수 없는 관리자 화면에 접속할 수 있도록 함
- 학습관리시스템(LMS)에 운영자 등록 기능이 없으면 시스템 관리자에게 요청하여 운영자 권한을 부여받아야 함
- 운영자 정보를 등록하고, 접속계정을 부여하면 수강신청별로 운영자를 배치할 수 있음
- 운영자 권한이 부여되면 각종 관리자 기능을 사용할 수 있음

② 교 · 강사 등록

- 튜터링을 위해 학습관리시스템(LMS)의 '과정 정보'상에서 교 · 강사를 등록하여 별도의 관리자 화면에 접속할 수 있도록 함
- 교 · 강사 정보를 등록하고, 접속계정을 부여하면 수강신청별로 교 · 강사를 배치할 수 있음
- 일반적으로 과정당 담당할 학습자 수를 지정한 후 자동으로 교 · 강사에게 배정될 수 있도록 세팅함
- 교 · 강사로 지정되면 과정에 대한 현황을 모니터링할 수 있고 과제와 평가 등을 채점할 수 있음

■ 수강신청 사후 관리

① 변경사항 관리

- 수강승인 이후 잘못된 정보가 있다면 수강신청을 취소하거나, 내역을 변경할 수 있음
- 수강신청 내역 · 수강내역 변경 시 반드시 다른 정보들과 함께 비교하여 처리해야 함
- 수강을 취소하는 경우 수강취소 목록 확인 메뉴에서 확인 가능
- 수강취소의 경우 취소이유와 상황을 파악할 필요가 있음
- 수강취소 재등록의 경우 관리자 기능에서 직접 처리 가능
- 수강환불의 경우 PG(Payment Gateway)사와 시스템이 연동되는 경우가 있으므로 PG사의 환불관련 데이터와 비교 후 처리해야 함

② 운영자, 교 · 강사 변경

- 운영자, 교 · 강사의 정보가 틀렸거나, 정보가 변경된 경우 관련 데이터를 수정
- 기존정보 변경 시 학습자의 학습결과에 영향을 미칠 수 있으므로 신중히 판단해야 함

제2과목　이러닝 활동 지원

1　이러닝 운영지원 도구 관리

■ 운영지원 도구의 종류와 특성

① 운영지원 도구는 이러닝의 효과성을 높이기 위한 도구로, 매우 다양한 종류가 있음

② 그 활용도에 따라 학습관리시스템(LMS) 또는 학습콘텐츠관리시스템(LCMS)의 일부로 종속되기도 하며, 그 중요성에 따라 독립적인 시스템으로 운영될 수도 있음

학습관리시스템 (LMS ; Learning Management System)	교육과정을 효과적으로 운영하고 학습의 전반적인 활동을 지원하기 위한 시스템
학습컨텐츠관리시스템 (LCMS ; Learning Contents Management System)	이러닝 콘텐츠를 개발하고 유지 및 관리하기 위한 시스템
학습지원 도구	저작도구와 평가시스템 등 학습 및 운영의 편이성 지원과 질적 제고를 위한 시스템

③ 일반적인 학습지원 도구로는 커뮤니케이션 지원도구, 저작도구, 평가시스템 등이 있음

④ 이러닝 학습지원 도구

구 분	학습지원 도구의 예
과정개발 및 운영지원을 위한 도구	콘텐츠 저작도구, 운영지원을 위한 메시징 시스템(메시저, 쪽지 등), 평가시스템, 설문시스템, 커뮤니티, 원격지원 시스템
사내 학습관련 시스템과의 연계 지원 도구	사내 인트라넷, 지식경영시스템, 성과관리시스템, ERP
개인학습자의 학습지원 도구	역량진단시스템, 개인 학습경로 제시, 개인학습자의 학습이력 관리 시스템

■ 운영지원 도구 활용방법

학습관리시스템(LMS)에는 학습자 지원시스템, 교수자(튜터) 지원시스템, 관리자(운영자) 지원시스템 등이 구축되어 있으며, 이러한 시스템을 잘 활용하기 위해서는 사전에 각각의 기능 및 요소를 파악하고 있어야 함

① **학습자 지원시스템의 주요기능**
- 수강조회 기능 : 수강신청, 수강신청 변경 및 취소, 수강내역 조회 등
- 교과학습 기능 : 학기별 과목조회, 강의수강, 진도 · 성적(학습현황) 확인 등
- 시험응시 · 과제제출 기능 : 시험(평가), 과제제출 및 튜터 평가확인 등
- 커뮤니티 기능 : 학습자료실, 사이트 전반에 대한 Q&A 게시판, FAQ 답변 확인 등

② 교수자(튜터) 지원시스템의 주요기능
- 강의 관리 기능 : 학기별 과목조회 및 추가 기능, 강의자료 업로드 및 수정 기능, 수강생별 학습현황 확인 기능
- 시험 관리 기능 : 과제제출 확인 및 첨삭 기능, 성적조회 등
- 커뮤니케이션 기능 : 게시판 Q&A 관리, 정보 추가·수정, 토론 조회·수정, 학습독려(쪽지 및 SMS) 기능 등

③ 운영자 지원시스템의 주요기능
- 권한 조정 기능 : 학습자, 교수자 등의 권한설정 조정 기능
- 메뉴 관리 기능 : 과정등록 및 변경 관리, 메뉴별 추가설정 및 수정관리 등
- 모니터링 기능 : 접속현황 조회 및 관리, 각종 통계조회, 보안강화 관리 등

■ 운영지원 도구 활용을 위한 분석절차

① 수업과정 관리 분석하기
- 강의단위로 운영이 쉬운가?
- 학생관리의 인터페이스가 쉽게 제공되는가?
- 프로그램 과정 관리자가 모니터링과 분석보고서를 볼 수 있는가?
- 개인 차원의 자료에 접근할 수 있는가?

② 시스템 자원 관리 분석하기
- 교수자의 과도한 부담을 덜어주는 방법으로 구현되었는가?
- 교수자가 적절한 시간에 접근하도록 강제할 수 있는가?

③ 모니터링 기능 분석하기
- 단순한 학습결과 추적 이외에 자체평가와 연습도구를 제공하는가?
- 학습자와 교수자 상호 간의 '대화'를 증진하고 효율적으로 대화를 관리할 방법이 제공되는가?
- 교수자가 학습자의 학습활동에 대하여 자세한 다양한 방식으로 피드백을 제공할 수 있는가?

④ 학습자 중심에서 분석하기
- 개인 역량향상 도구가 연계되어 있는가?
- 서브 커뮤니티 등의 관리가 허락되는가?
- 학습자를 위한 일정관리가 있는가?
- 다양한 도구 등을 활용한 능동적 학습을 지원하는가?

⑤ 유연성/적응성 분석하기
- 새로운 내용과 프로세스를 수용할 능력이 있는가?
- 강의실 구성에 유연성이 있는가?
- 서브 그룹을 만들고 모니터링하는 과정이 쉽게 구성되는가?

⑥ Communication 도구 분석하기
게시판, 전자메일, SMS, 채팅 등의 기능이 주제별, 과목별로 구성되어 있는가?

■ 학습 단계별 운영지원 도구 선정

단 계	학습 흐름	운영지원 도구 선정
준 비	학습준비, 학습자 능력검사, 팀구성 및 배치 등	일정관리 도구, 참여자 표시도구 등
도 입	학습목표 인식, 교수자 강의 및 학습자료 제공	공지도구, 저작도구 등
전 개	개별학습, 팀 내 협력학습	공통의견 도출 도구(투표, 설문 도구), 메시징 및 채팅 도구, 게시판 도구 등
정 리	평가 및 성찰, 결과 공유 및 정리	학습결과물 관리 도구, 학습평가 도구 등

2 이러닝 운영 학습활동 지원

■ 학습환경 확인

학습환경은 학습자가 이러닝을 통해 학습을 진행하기 위해 사용하는 인터넷 접속환경, 기기, 소프트웨어 등을 의미

① 인터넷 접속환경
  • 학습자가 사용하고 있는 인터넷 접속환경에 따라 학습환경은 달라질 수 있음
  • 유선 인터넷 접속환경인지, 무선 인터넷 접속환경인지에 따라 다를 수 있고, 각 환경별 네트워크의 속도에 따라 이러닝 사용에 제약이 있을 수도 있음

② 기 기
  • 학습자가 소유하고 있는 기기에 따라 학습환경은 달라질 수 있음
  • 개인용 컴퓨터(PC)

데스크톱 PC - 윈도우 설치	• 우리나라는 90% 이상의 데스크톱에 윈도우가 설치되어 있음. 윈도우의 버전도 아주 오래된 버전부터 최신버전까지 다양 • 윈도우의 경우 오래된 버전과 최신버전의 사용메뉴와 동작되는 소프트웨어가 다를 수 있기 때문에 학습자가 사용하는 윈도우 버전을 알아보는 것이 중요
데스크톱 PC - 맥, 리눅스 등 설치	• 맥이나 리눅스를 데스크톱 PC로 사용하는 경우는 적지만 그래도 점차 그 비중이 높아지고 있음 • 특히 미국 등의 외국에서는 맥의 사용률이 적지 않기 때문에 해외 서비스를 목표로 하는 이러닝 서비스의 경우 맥과 리눅스 등에서 동작될 수 있도록 구현하는 것이 필요
노트북(랩톱)	• 데스크톱 PC는 고정된 공간에 놓여 있기 때문에 인터넷을 유선으로 연결하는 경우가 많음. 그러나 노트북은 이동식으로 활용하는 경우가 많기 때문에 인터넷을 무선으로 연결하는 경우가 많음 • 인터넷을 무선으로 연결할 때 공용 와이파이를 연결하지 못하여 이러닝 서비스를 원활하게 이용하지 못하는 사례가 있을 수 있기 때문에 노트북 사용 여부의 확인이 중요 • 최근에는 교육용으로 제작되어 판매되는 크롬북이라고 하는 노트북의 종류가 있음. 이는 OS가 크롬 웹 브라우저와 유사한 방식으로 되어 있기 때문에 윈도우에서 동작하는 것과는 다른 방식으로 사용하는 경우가 있음. 노트북이면서 크롬북인 경우에는 학습지원 방식을 다르게 적용할 필요가 있음

• 모바일 기기

스마트폰	• 스마트폰을 동작하는 데 사용되는 OS는 크게 iOS(애플에서 공급)와 안드로이드(구글에서 공급)로 구분 • 안드로이드의 경우 오픈소스 소프트웨어인데, 기본 안드로이드 이외에 제조사별로 자사의 스마트폰에 맞게 맞춤형으로 수정하여 사용하기 때문에 안드로이드의 버전은 다양하게 파편화되어 있음 • 스마트폰 기기를 구분하기보다는 설치되어 있는 OS의 종류에 따라 구분하는 것이 현실적이라고 할 수 있음. 그러나 이러한 구분은 기술적인 구분이지, 학습자를 위한 구분은 아님 • 학습자는 아이폰이나 안드로이드폰이냐 등으로만 구분하고, 세부적인 사항은 잘 모르는 경우가 많기 때문에 스마트폰의 종류에 따라 각기 다른 대응 시나리오를 만들어 놓아야 함
태블릿	• 태블릿을 학습용으로 활용하는 비율은 높지 않음. 태블릿도 스마트폰과 유사하게 설치되어 있는 OS의 종류에 따라 지원 정책을 세워야 함 • 태블릿은 화면이 넓고 크기 때문에 스마트폰과는 다른 사용성을 제공 • 대표적으로 많이 사용하고 있는 태블릿의 종류를 파악하는 것이 필요

③ 소프트웨어

OS	• 이러닝을 사용하는 기기에 어떤 OS가 탑재되어 있느냐에 따라서 서로 다른 특성이 있을 수 있음. 윈도우, 맥, 리눅스 등의 데스크톱 OS와 더불어 최근에는 스마트폰 OS인 iOS, 안드로이드 등에 대한 특성을 모두 파악하고 있어야 함 • OS의 특성에 따라서 학습에 활용되는 애플리케이션의 종류가 달라지기 때문에 OS를 파악하는 것이 가장 우선되어야 함
웹 브라우저	• OS 종류를 파악한 이후에는 사용하고 있는 웹 브라우저의 종류를 파악 • 우리나라에서 가장 점유율이 높은 웹 브라우저는 인터넷 익스플로러(IE)이며, 크롬, 사파리 등이 뒤를 잇고 있음 • 컴퓨터 활용 능력이 높지 않은 학습자의 경우에는 웹 브라우저라는 용어를 이해하지 못하는 경우가 있어 윈도우가 설치되어 있는 컴퓨터에 '인터넷 익스플로러가 곧 인터넷이다'라고 인지하는 경우도 많기 때문에 학습지원을 위해서는 웹 브라우저에 대한 사전정보 파악이 중요 • 인터넷 익스플로러(IE)는 버전별로 기능이 확연하게 다른 경우가 있기 때문에 IE7~11 등과 같이 현재 학습자가 사용하고 있는 인터넷 익스플로러 버전을 정확하게 파악해야 함
플러그인	• 최근에는 웹 표준기술만을 활용하여 콘텐츠를 제작하려는 노력이 많아지고 있으나 아직까지 웹 표준기술이 아닌 특정 기업에서 만든 플러그인 기반으로 콘텐츠와 플랫폼을 제작하는 사례들도 적지 않음 • 대표적인 것이 바로 '플래시(flash)'인데, 플래시의 경우 웹 표준기술이 아님에도 불구하고 전 세계적으로 널리 알려진 플러그인이라 모든 컴퓨터에 당연하게 설치된 것으로 인지하는 경향이 있음 • 동영상 서비스를 하는 경우 웹 표준에서 널리 활용하는 동영상 포맷이 아니라 특정 기술로만 사용할 수 있는 기술을 적용한 사례가 있으며, 이를 위해 액티브 엑스(Active-X)라고 하는 기술이 있어야만 동작하는 경우가 있음

■ 학습자의 학습환경 확인 수행

① 학습환경별 특징 숙지
- 학습환경별 특징은 필요 지식에 있는 내용과 이와 관련된 각종 정보를 수집하여 정리할 필요가 있음
- 학습환경은 다양하게 증가하고 있고, 시간이 지남에 따라서 발전하면서 변경되는 부분이 있기 때문에 지속적으로 관심을 갖는 것이 필요

② 학습자로부터 연락이 왔을 때 어떤 학습환경에서 학습을 진행하는지 파악
- 개인용 컴퓨터 사양 확인 방법 : 컴퓨터에서 제어판 메뉴 클릭 → 시스템 및 보안 메뉴 클릭 → 시스템 메뉴 클릭 → 운영체제 종류, 프로세서와 메모리 사양 등 확인
- 모바일기기 사양 확인 방법 : 안드로이드의 경우 환경설정 → 디바이스 정보 메뉴를 클릭하며, 아이폰의 경우 설정 → 일반 → 정보 메뉴를 클릭하여 확인

③ 학습자에게서 확인이 불가할 경우 원격지원 등을 통해 확인

■ 원격지원 진행에 대한 문제 상황 대처

① 원격지원 방법을 모르는 경우
- 일반적으로 원격지원을 위해 웹사이트의 '고객센터', '학습지원센터' 등의 메뉴를 만들어 관련 정보를 공개하는 경우가 많음
- 이곳에 원격지원을 위한 절차와 방법을 설명해 놓는 경우가 많은데 컴퓨터 활용 능력이 부족한 학습자의 경우 이 메뉴를 찾는 것부터 어려움이 있을 수 있음
- 이런 경우를 대비하여 대응매뉴얼을 만들어 친절하게 학습자 안내를 할 필요가 있으며, 웹사이트에 원격지원을 할 수 있는 안내를 눈에 잘 띄는 곳에 배치

② 원격지원 진행 시 어려움을 겪는 경우
- 원격지원에 사용되는 소프트웨어의 경우 학습자와 운영자가 같은 시간에 동시에 소프트웨어를 사용해야 함
- 학습자가 원격제어를 위한 소프트웨어를 우선 설치하고, 접속을 위한 비밀번호 등을 소프트웨어에 입력함으로 이루어지는 경우가 많음
- 원격제어 소프트웨어 자체를 설치하지 못하는 경우와 비밀번호를 잘못 입력한 경우 등이 있을 수 있으니 전화 등과 같은 별도의 의사소통 방법을 병행해서 사용하는 것이 필요

■ 학습자 컴퓨터에 의한 문제상황 대처

① 동영상 강좌를 수강할 수 없는 경우
- 동영상 강좌의 수강이 안 되는 경우는 크게 동영상을 제공하는 서버에 사람이 많이 몰리는 경우, 동영상 수강 소프트웨어가 없는 경우, 동영상 파일이 아예 없는 경우, 동영상 재생을 위한 코덱이 없는 경우 등 다양함
- 이러닝 서비스를 공급하는 곳에서 다양한 학습환경에 최적화되도록 동영상을 제공하는 경우라면 대부분의 학습자 컴퓨터에 의한 문제상황은 코덱문제와 관련 소프트웨어가 제대로 설치되지 않은 경우가 많음
- 과거에는 윈도우 전용 동영상 코덱을 사용하는 경우가 많았지만, 최근에는 웹 표준 중심으로 기술이 평준화되고 있기 때문에 동영상 코덱문제로 서비스가 안 되는 경우는 많이 줄고 있음

- 동영상 서버에 트래픽이 많이 몰려 대기시간이 오래 걸리거나, 동영상 주소오류가 있는 경우를 파악해 볼 필요가 있음

② 학습창이 자동으로 닫히는 경우
- 학습을 위해 별도의 학습창을 띄우는 경우가 있는데, 이 경우 팝업창차단 옵션이 활성화되어 있거나, 별도 플러그인 등과 학습창이 충돌되는 경우가 있음
- 웹 브라우저의 속성을 변경하거나 충돌되는 것으로 추정되는 플러그인을 삭제함으로써 해결할 수 있는 경우가 많음

③ 학습진행이 원활하게 이루어지지 않는 경우
- 인터넷 속도가 느리거나 학습을 진행한 결과가 시스템에 제대로 반영되지 않는 경우가 있음
- 이 경우 학습자의 학습환경을 다각도로 파악할 필요가 있으며, 학습진행 결과가 반영되지 않은 경우에는 학습관리시스템(LMS)의 오류를 의심해 볼 필요가 있음

■ 학습관리시스템에 의한 문제 상황 대처

① 웹사이트 접속이 안 되거나 로그인이 안 되는 경우
- 웹사이트 접속 자체가 안 되는 경우는 콜센터 등에 학습자 문의가 빗발치게 들어올 것이기 때문에 적절하게 대응해야 함. 도메인이 만료되거나, 트래픽이 과도하게 몰려 웹사이트를 운영하는 서버가 셧다운되는 경우도 있으니 기술지원팀과 상의할 필요가 있음. 이런 경우에는 원격지원 자체가 필요한 상황은 아니라고 할 수 있음
- 로그인이 안 되는 경우는 로그인 기능에 오류가 있거나 인증서가 만료되어 로그인을 못 하거나 하는 경우가 있음. 원격지원 자체의 문제보다는 기술지원팀에 문의를 해야 함

② 학습을 진행했는데 관련정보가 시스템에 업데이트가 안 되는 경우
- 학습관리시스템에 문제가 있는 경우 학습진행 상황이 제대로 업데이트 안 될 수 있음. 이때 학습자의 실수인지, 시스템의 오류인지 판단하는 것이 중요
- 원격지원을 통해 확인해 본 결과 학습자의 실수가 아니라고 판단되면 기술지원팀과 협의하여 학습관리시스템상의 오류를 수정

■ 기타 문제상황 대처방법

① FAQ 메뉴 등에 학습지원 프로그램 안내
- FAQ에 대처 가능한 다양한 경우를 기록해 놓는 것이 필요
- 원격지원과 관련한 내용은 학습자가 쉽게 인지하여 접속할 수 있도록 안내하는 것이 필요

② 문제상황 대처를 위한 방법을 강좌로 안내
- 글로 설명하는 것에 그치지 않고 별도의 강좌로 문제상황 대처법을 제공할 수도 있음
- 정기적인 교육과정으로 운영하면서 이러닝의 문제상황을 이러닝으로 해결하는 시도를 해 보는 것도 좋음

■ 학습절차 안내

① 학습절차 확인

운영계획서에서 확인	• 운영계획서에는 이러닝 운영에 관한 전략과 절차가 모두 담겨 있기 때문에 운영계획서상의 학습절차를 확인하여 숙지해야 함 • 학습절차는 초보학습자가 궁금해하는 내용 중 하나이기 때문에 올바른 절차와 해당 절차에서 수행해야 하는 학습활동을 이해해야 함
웹사이트에서 확인	• 운영계획서에 담겨 있는 세부내용은 학습자에게 전달되기 위해 웹사이트에도 안내되어 있음 • 실제 학습자는 웹사이트에 게재되어 있는 내용을 확인하고 그에 따라 학습을 진행하기 때문에 웹사이트 어느 위치에 학습절차가 있는지 확인해야 함

② 일반적학습절차

로그인 전	• 학습자는 웹 브라우저 주소창에 이러닝 서비스 도메인을 입력하거나, 저장되어있는 즐겨찾기 링크를 클릭하여 웹사이트에 접속 • 웹사이트에서 원하는 과정을 찾고, 과정명을 클릭하여 과정의 상세 정보를 확인 • 과정의 상세정보에는 과정명, 학습기간, 비용, 강사명, 관련 도서명, 학습목표, 학습목차, 수강후기, 기타 과정관련 정보 등이 기재되어 있음 • 대부분의 이러닝 과정은 로그인 후 수강할 수 있지만 간혹 로그인 없이 수강할 수 있는 경우가 있으니 사전에 파악해 놓으면 좋음
로그인 후	• 일반적으로 과정을 수강하기 위해서는 과정 상세 정보상에 있는 버튼을 클릭하여 수강신청을 해야 함 • 수강신청을 위해서는 로그인을 요구하는 경우가 많기 때문에 로그인을 해야 하며, 로그인 전에 회원가입 절차가 진행되어야 함 • 회원가입의 경우 본인인증을 하는 경우가 있으며, 14세 이상과 미만에 따라서 인증절차가 다르기 때문에 사전에 해당 이러닝 서비스의 특성과 회원정책을 확인해야 함 • 로그인 후 수강신청을 할 수 있으며, 수강신청 결과는 일반적으로 마이페이지 등과 같은 메뉴에서 확인할 수 있음 • 과정 수강 여부는 과정 운영일정에 따라 다른데, 수강신청 즉시 수강할 수 있는 수시수강도 있고, 특정 시간에 열리고 닫히는 등의 기간수강도 있을 수 있음 • 어떤 경우에는 수강신청을 위한 별도의 조건을 요구하는 경우가 있으니 이러한 정책도 사전에 파악해 놓아야 함 • 수강할 수 있는 일정이 되면 수강 절차에 따라서 수강을 진행
학습절차	• 수강신청이 완료되면 마이페이지 등에서 수강신청한 과정명을 찾을 수 있음 • 일반적으로 과정명을 클릭하여 강의실 화면으로 이동하는 경우가 많은데, 강의실 화면상에 있는 안내와 학습지원 관련 정보를 꼼꼼하게 확인할 필요가 있음 • 일반적으로 학습을 위해 차시(혹은 섹션) 등으로 구성된 학습내용을 클릭하여 확인해야 함 • 학습을 구성하는 요소는 일반안내, 학습강좌 동영상, 토론, 과제, 평가, 기타 상호작용 등이 있음 • 차시(혹은 섹션)별로 구성되어 있는 커리큘럼에 따라서 학습을 진행하면 되는데, 학습진행 방법이 순차적으로만 진행해야 하는지, 아니면 랜덤하게 진행해도 되는지 등의 정보를 확인해야 함 • 순차진행의 경우 진도율 체크에 크게 문제되는 경우가 적지만, 랜덤진행의 경우에는 학습자 스스로가 자신이 접속했던 차시(혹은 섹션)를 잊는 경우가 생겨 진도율 반영상 문제가 되는 경우가 있으니 학습관리시스템을 관리하는 기술지원팀 등에 요청하여 학습자가 보는 화면에도 차시(혹은 섹션)별 진도 표시를 할 수 있도록 요청하는 것이 필요 • 일반적으로 학습자의 관심사 중 우선순위가 높은 것이 바로 진도율이기 때문 • 최종 성적을 통해 인증과 수료 등의 결과가 나오는 경우에는 과제와 평가 등의 절차에도 신경을 써야 함

■ **과제의 종류와 수행 방법**

① 성적과 관련된 과제

- 성적이 나오는 경우 학습자는 성적에 민감할 수밖에 없기 때문에 성적과 관련된 과제에 신경을 많이 쓰는 편임
- 과제의 경우 수시로 제출할 수 있는 과제가 있고, 특정 기간 동안에만 제출할 수 있는 과제가 있으니 과정별 정책을 확인할 필요가 있음
- 과제를 제출했을 때에 제출 자체에 의미가 있는 것도 있고, 튜터(혹은 교·강사)가 채점을 한 후에 피드백해야 하는 경우가 있음
- 튜터링이 필요한 과제의 경우에는 학습관리시스템상에서 튜터 권한으로 접속하는 별도의 화면이 있어야 하며, 과제가 제출되면 해당 과제를 첨삭할 튜터에게 알림이 갈 수 있도록 구성되어야 함
- 과제의 점수에 따라서 성적결과가 달라지고, 성적에 따라서 수료 여부가 결정되기 때문에 과제 평가 후 이의신청 기능이 있어야 하며, 이의신청 접수 시 처리방안도 정책적으로 마련해 놓아야 함
- 객관적인 과제 채점을 위해 모사답안 검증을 위한 별도의 시스템을 활용하는 경우도 있음

② 성적과 관련되지 않은 과제

- 성적과 관련되지 않은 과제라고 할지라도 학습자에게 관심을 유발하거나, 학습에 큰 도움이 되는 경우에는 참여도가 높을 수 있음
- 아무리 성적과 관련 없다고 할지라도 과제제출을 요구한다는 것 자체가 학습자의 시간과 노력을 요구하는 것이므로 체계적이고 객관적인 운영이 필요
- 과제 첨삭 여부에 따라서 튜터링 진행할 사람을 사전에 구성할 필요가 있음
- 최근 해외 MOOC 등에서는 과제채점을 인공지능시스템이 하는 경우, 동료 학습자들이 함께 채점하는 경우 등의 다양한 시도가 나오고 있다는 사실을 염두에 둘 필요가 있음

■ **평가 기준**

① 평가 종류

- 일반적인 이러닝 환경에서는 평가를 형성평가, 총괄평가 등으로만 구분하는 경우가 있는데, 조금 더 큰 범위로 본다면 성적에 반영되는 요소를 검증하는 것 자체가 평가라고 볼 수 있음
- 일반적으로 성적에 반영되는 요소는 진도율, 과제, 평가가 있음
- 진도율은 학습관리시스템에서 자동으로 산정하는 경우가 많은데, 학습자가 해당 학습 관련 요소에 접속하여 학습활동을 했는가 여부를 시스템에서 체크하여 기록하게 되며, 진도율 몇 % 이상 등의 내용이 필수조건으로 붙게 됨
- 과제는 첨삭 후 점수가 나오는 경우가 많음
- 평가는 차시 중간에 나오는 형성평가와 과정 수강 후 나오는 총괄평가로 구분되는 경우가 많은데, 형성평가의 경우 성적에 반영되지 않는 경우가 많음
- 학습관리시스템에서 성적 반영 요소와 각 요소별 배점 기준을 설정하게 되어 있는 경우가 있으니, 학습관리시스템 매뉴얼을 숙지하고 운영에 임해야 함

② 평가 방법

진도율	• 진도율은 전체 수강범위 중 학습자가 어느 정도 학습을 진행했는지 계산하여 제시하는 수치임 • 학습관리시스템에서 자동으로 계산하여 강의실 화면에서 보여주는 경우가 많음 • 일반적으로 학습을 구성하는 페이지별로 접속 여부를 체크하여 진도를 처리하는데, 특정 학습관리시스템의 경우에는 페이지 내에 포함되어 있는 학습활동 수행 여부를 진도에 반영하는 경우가 있음 • 특히 동영상 강좌를 수강해야 하는 페이지의 경우 해당 페이지를 접속하기만 해도 진도가 체크되는 경우도 있고, 해당 페이지 속에 있는 동영상 시간만큼 학습을 해야 체크되는 경우도 있는 등 학습관리시스템의 기능적인 특성에 따라서 진도체크 방법이 달라질 수 있다는 점을 유념 • 진도율은 일반적으로 최소 학습조건으로 넣는 경우가 있는데, 이는 오프라인 교육에서 출석을 부르는 것과 유사한 개념이기 때문 • 진도율은 일정 수치 이상으로 올라가야 과제와 평가를 진행할 수 있는 등의 전제 조건으로 사용되는 경우가 많음
과 제	• 과제는 제출 후 튜터링하여 점수를 산정하는 절차가 중요 • 이를 위해 튜터(혹은 교·강사)를 별도로 관리하며, 튜터링을 위해 별도의 시스템이 구현되기도 함 • 학습자가 과제를 제출하면 튜터에게 과제제출 여부를 알려주고, 과제가 채점되면 학습자에게 채점 여부를 알려주는 등의 상호작용이 필요
총괄평가	• 과정을 마무리하면서 총괄평가를 치르는 경우가 있는데, 총괄평가의 경우 문제 은행 방식으로 구현될 수 있음 • 총괄평가를 진행할 때 시간제한을 두는 경우도 있고, 부정시험을 방지하기 위해서 별도의 시스템적인 제약을 걸어 놓는 경우도 있으니 이러한 정책을 사전에 파악해 놓아야 함 • 총괄평가를 진행하다가 갑자기 컴퓨터 전원이 꺼지거나, 웹사이트에 문제가 생기는 등으로 인해 학습자의 불만사항을 접수받는 경우가 많이 있는데, 이는 총괄평가를 실시했는지 여부와 어느 정도의 점수가 나왔는지 여부가 수료에 영향을 주기 때문 • 특히 총괄평가를 학습할 수 있는 거의 마지막 기간에 몰려서 하는 경우가 많은데, 성적에 중요한 과정으로 총괄평가가 있는 과정인 경우에는 해당 일정에 트래픽이 엄청나게 몰려 시스템장애가 발생하는 경우도 있음. 따라서 과정의 특성과 일정 상황에 맞춰 사전준비를 철저하게 할 필요가 있음 • 경우에 따라서 총괄평가 후 성적표시 시간을 따로 두고 이의신청을 받을 수도 있으니 과정별 운영정책을 확인할 필요가 있음

■ 학습에 필요한 상호작용 방법

① 상호작용의 개념
  • 상호작용이란 학습과 관련된 주체들 사이에 서로 주고받는 활동을 의미
  • 상호작용 기준에 따라서 다양하게 구분할 수 있지만, 일반적으로 학습자-학습자 상호작용, 학습자-교·강사 상호작용, 학습자-시스템/콘텐츠 상호작용, 학습자-운영자 상호작용 등으로 구분할 수 있음

② 상호작용의 종류
  • 학습자-학습자 상호작용
    - 학습자가 동료 학습자와 상호작용하는 것을 의미
    - 토론방, 질문답변 게시판, 쪽지 등을 통해 상호작용을 할 수 있음
    - 학습이 꼭 교·강사의 강의내용이나 콘텐츠내용으로 이루어지는 것이 아니라 동료학습자와의 의사소통 사이에서도 일어날 수 있다는 사실이 최근에는 중요하게 부각되고 있는 상황임
    - 이러한 트렌드를 일반적으로 '소셜러닝'이라고 부르며, 학습상황에 소셜미디어와 같은 방식을 도입하여 학습자-학습자 상호작용을 강화시키려는 노력임

- 학습의 진행절차 속에 학습자-학습자 상호작용을 얼마나 다양하고 유연하게 적용시키느냐에 따라서 학습의 성과가 달라질 수 있음
- 학습자-학습자 상호작용은 자발적으로 일어나는 경우도 있지만, 교·강사가 의도적으로 이를 만들어나가도록 노력해야 할 수 있기 때문에 무턱대고 상호작용할 수 있는 공간만 만들 것이 아니라 적절하게 설계해야 함
- 학습자-교·강사 상호작용
  - 학습자-교·강사 상호작용은 첨삭과 평가 등을 통해 이루어지는 경우가 많고, 학습진행상의 질문과 답변을 통해서 이루어지기도 함
  - 학습자는 무언가를 배우고자 이러닝 서비스에 접속했기 때문에 배움에 가장 큰 목적이 있을 것이고, 학습의 과정 속에서 모르거나 추가 의견이 있는 경우 학습자-교·강사 상호작용이 활발하게 일어남
  - 학습자-교·강사 상호작용을 위해서는 튜터링에 필요한 정책과 절차가 미리 마련되어 있어야 하며, 학습관리시스템에서도 이와 관련된 기능이 구현되어 있어야 함
- 학습자-시스템/콘텐츠 상호작용
  - 이러닝은 학습자가 이러닝 시스템(사이트)에 접속하여 콘텐츠를 활용하여 배우기 때문에 시스템과 콘텐츠와의 상호작용이 가장 빈번하게 일어나기 마련임
  - 일반적인 이러닝 환경에서는 시스템과 콘텐츠가 명확하게 분리되어 운영되는데, 시스템은 웹사이트, 마이페이지, 강의실 등까지의 영역이고, 콘텐츠는 학습하기 버튼을 클릭하여 새롭게 뜨는 팝업창 속의 영역인 경우가 많음
  - 그러나 최근 이러닝 트렌드는 시스템과 콘텐츠의 경계가 점점 없어지는 추세이며, 특히 모바일 환경에서 학습을 진행하는 경우가 많기 때문에 시스템과 콘텐츠의 상호작용이 서로 섞여 이루어지는 경우가 많음
  - 학습자는 자신이 하는 행동이 시스템과의 상호작용인지, 콘텐츠와의 상호작용인지 구분하지 않고 원하는 학습활동을 하는 것이기 때문에 학습진행 중간에 문제가 발생하는 경우 혼란스러운 경우가 종종 발생함
- 학습자-운영자 상호작용
  - 학습활동 중 혼란스러운 상황이 발생하면 시스템상에 들어가 있는 1:1 질문하기 기능이나 고객센터 등에 마련되어 있는 별도의 의사소통 채널을 통해 문의를 하는 경우가 있음
  - 경우에 따라서는 전화를 바로 걸거나 운영자와의 채팅을 통해 문제를 풀기 위해 운영자와 접촉하는 경우가 있는데 이 경우 학습자-운영자 상호작용이 발생함
  - 학습자는 주로 이러닝 시스템과 콘텐츠를 통해 학습이 이루어지기 때문에 운영자와의 상호작용을 통해 신속하고 맞춤형으로 문제를 해결하고 싶어하는 경우도 있음
  - 휴먼터치가 부족한 이러닝 환경의 특성에 맞춰 학습자-운영자 상호작용을 운영의 특장점으로 내세울 수도 있기 때문에 운영자의 역할과 책임이 더더욱 커지고 있다고 볼 수 있음

■ 자료 등록 방법

① 자료의 종류

- 학습에 필요한 자료는 교·강사와 운영자가 공유하는 경우가 더 많음. 그러나 최근에는 학습자의 지식과 노하우를 학습에 활용하려는 사례가 늘고 있기 때문에 학습자가 보유하고 있는 자료를 공유할 수 있도록 하는 곳들이 늘고 있는 추세임
- 자료는 미디어의 종류와 관련이 있는데, 이미지, 비디오, 오디오, 문서 등이 대표적인 학습자료로 활용될 수 있음

② 자료별 특징

이미지	• 이러닝 학습자료로 활용할 수 있는 이미지는 웹에서 활용할 수 있는 이미지여야 하며, 웹에서 사용할 수 있는 이미지로는 jpg, gif, png 등이 있음 • jpg는 일반적으로 사진을 저장할 때에 많이 활용되며, 스마트폰이나 디지털카메라 등으로 사진을 촬영하면 저장되는 포맷임. 해상도가 높고, 거의 실제와 비슷한 정도의 색감을 나타내면서도 용량이 적기 때문에 널리 활용됨 • gif는 256가지 색만을 가지고 이미지를 표현하는 포맷인데, 움직이는 화면을 구현할 수 있기 때문에 웹에서 재미있는 이미지를 만들어 공유하는 데에 많이 활용됨 • 단순한 정지화면은 jpg를 사용하지만 움직이는 애니메이션 효과를 줄 수 있는 이미지를 사용하고 싶을 때에는 gif를 이용할 수 있으며 gif로 움직이는 애니메이션 효과를 주기 위해서는 별도의 소프트웨어를 사용하여 제작해야 함 • png는 jpg와 비슷한 정도의 색감과 이미지 품질을 제공할 수 있으면서도 배경을 투명하게 만들 수 있기 때문에 웹에서 널리 활용되는 이미지 포맷임. 예를 들어, 사진 중에서 흰색바탕이 있다면 jpg는 투명하게 만들지 못하지만, png는 투명하게 만들 수 있기 때문에 배경색상과 잘 어울리는 효과를 줄 수 있는 장점이 있음 • 이미지는 너무 고해상도로 업로드되지 않도록 안내해야 하는데, 최신형 스마트폰으로 촬영한 이미지의 경우 파일 1개당 수 MByte 혹은 수십 MByte까지 용량을 차지하기 때문에 서비스에 부담을 줄 수도 있음 • 특히 모바일 환경에서 고해상도로 등록된 이미지 파일을 사용하게 되면 학습자의 사용성이 크게 떨어질 수 있기 때문에 주의해야 함
비디오	• 이러닝 학습자료로 활용할 수 있는 비디오는 웹에서 활용할 수 있는 비디오여야 함. 웹에서 사용할 수 있는 비디오의 대표적인 포맷은 mp4이며, 이는 모바일 환경도 고려해야 하기 때문에 최근에는 대부분 mp4 포맷을 활용 • mp4 비디오의 경우에도 제작하는 방식에 따라서 모바일기기에서는 활용하지 못하는 경우가 있는데 이를 고려하여 웹에 자료를 등록하도록 안내하는 것이 필요 • 스마트폰에서 촬영하는 동영상의 경우 아이폰 계열은 mov라는 포맷으로 저장되고, 안드로이드의 경우 mp4로 저장. 그 외에 avi 등과 같은 포맷으로 저장되는 경우도 있기 때문에 주의해야 함 • 웹에서 활용할 수 있는 mp4 동영상 변환 소프트웨어를 참고하면 운영상에 도움이 될 수 있음. 무료이면서도 간편한 조작만으로 웹(모바일 포함)에서 활용할 수 있는 mp4 동영상을 만들어 주는 것이 있으니, 이러한 도구를 학습지원메뉴 등에 공유해 놓으면 도움이 됨
오디오	• 이러닝 학습자료로 활용할 수 있는 오디오는 웹에서 활용할 수 있는 오디오여야 함. 웹에서 사용할 수 있는 비디오의 대표적인 포맷은 mp3이며, 이는 모바일 환경도 고려해야 하기 때문에 최근에는 대부분 mp3 포맷을 활용 • 아이폰 계열의 경우 m4a로 저장되는 경우가 있고, 특정 앱의 경우에는 오디오 파일을 wav 포맷으로 저장하는 경우가 있음. 이런 경우 모두 mp3로 변환해야 웹(모바일 포함)에서 활용 가능 • 웹에서 활용할 수 있는 mp3 오디오를 변환해 주는 소프트웨어가 있으며, 이는 mp4 동영상 변환 소프트웨어에서 옵션 조정으로 해결할 수 있음

| 문 서 | <ul><li>학습자료로 많이 활용되는 것이 문서인데, 문서는 html 형식이 아닌 다음에야 웹에서 바로 볼 수 있는 경우는 드묾</li><li>문서 포맷은 컴퓨터에서 사용하는 오피스 소프트웨어 종류에 따라 달라질 수 있는데 단순 보기만을 원하면 뷰어 성격의 소프트웨어만 있으면 되며, 모바일 앱의 경우 다양한 문서 포맷을 지원하는 것들이 많이 나오고 있기 때문에 뷰어로 사용 수 있음</li><li>MS오피스
– 마이크로소프트사가 제작한 오피스 소프트웨어
– 워드(doc, docx), 엑셀(xls, xlsx), 파워포인트(ppt, pptx) 등이 대표적
– 해외와 일반 기업에서는 대부분 MS오피스를 사용한다고 보면 됨</li><li>아래아한글
– 한글과컴퓨터사가 제작한 오피스 소프트웨어
– 대표적인 문서가 한글(hwp)
– 공무원, 학교, 공공기관 등은 대부분 hwp 파일로 문서를 제작한다는 점을 참고</li><li>오픈오피스
– 누구나 무료로 사용할 수 있는 오피스 소프트웨어
– 워드, 엑셀, 파워포인트 등의 파일을 읽고 쓸 수 있으면서도 무료이기 때문에 부담 없이 사용할 수 있는 장점이 있지만, 사람들에게 아직 익숙하지 않기 때문에 거부감이 있고, 사용법이 널리 알려져 있지 않아 불편해 보인다는 단점이 있음</li><li>PDF(Portable Document Format)
– 웹에서 문서를 주고받을 때 사용하는 거의 표준에 가까운 포맷이라고 할 수 있음
– MS오피스, 아래아한글, 오픈오피스 등에서 작성한 문서를 PDF 파일로 저장할 수 있음
– 일반문서를 PDF로 변환해 주는 무료 소프트웨어도 많이 있음</li></ul> |

③ 자료등록 방법
- 등록 위치
  - 자료를 등록하는 위치는 일반적으로 강의실 내의 자료실 등과 같이 학습 관련된 위치
  - 강의실 내의 자료실이 아니라고 한다면 커뮤니티 공간 등에 있는 별도의 자료 등 공간을 찾아야 함
- 등록 방법
  - 자료만 따로 등록하기보다는 게시판에 첨부파일 기능으로 활용하는 경우가 많음
  - 자료를 등록하는 게시판에 첨부파일 용량을 제한하는 경우가 있기 때문에 문서제작 시에 용량을 감안
  - 용량제한이 있는 경우에는 게시물을 쪼개서 나누어 등록할 수도 있음

■ 학습활동 촉진을 위한 학습 진도관리
① 학습진도의 개념
- 학습진도는 학습자의 학습 진행률을 수치로 표현한 것
- 일반적으로 학습내용을 구성하고 있는 전체페이지를 기준 삼아서 몇 퍼센트 정도를 진행하고 있는지 표현
- 전체 페이지수 분의 1을 하나의 단위로 생각하고, 페이지를 진행할 때마다 진도율 1단위를 올리는 방식으로 구성
② 학습진도 관리
- 학습진도는 학습관리시스템에서 확인 가능. 학습관리시스템의 학습현황 정보에서 과정별로 진도 현황을 체크할 수 있음

- 일반적으로 진도는 퍼센트로 표현되며, 진도 진행상황에 따라서 독려를 할 것인지 여부를 확인할 수 있음
- 진도관리를 차시단위로 할 수 있도록 시스템이 구축되어 있다면 등록된 차시별로 진도 여부를 체크할 수 있음. 진도체크가 승인되는 조건을 필요 학습시간을 달성했는지로 판단할 수도 있으니 이러한 부분은 학습관리시스템 매뉴얼과 운영 정책을 통해 확인해야 함
- 학습진도의 누적 수치에 따라서 수료와 미수료 기준이 결정되는데, 이러한 조건은 과정을 생성할 때 수강기간 옵션 설정에 따라 다르게 적용될 수 있음

③ 학습진도 오류대처 방법
- 학습자가 민감하게 생각하는 정보가 바로 학습진도인데, 그 이유는 진도 여부에 따라서 수료 결과가 달라질 수 있기 때문
- 과정을 생성할 때에 수료와 관련된 값을 설정하고, 수료조건에 영향을 주는 각각의 옵션을 지정하도록 되어 있는 경우가 많기 때문에 사전에 이에 대한 확인이 반드시 필요

■ 학습참여 독려

① 독려 방법
- 학습진도가 뒤떨어지는 학습자에게는 다양한 방법을 활용하여 독려해야 함
- 독려 방법은 시스템에서 자동으로 독려하는 방법이 있고, 운영자가 수동으로 독려하는 방법이 있음
- 학습관리시스템에 자동독려할 수 있는 기능이 있는 경우 설정된 진도율보다 낮은 수치를 보이는 학습자에게 자동으로 문자나 이메일을 전송하도록 할 수 있음
- 이 경우 자동독려 설정에 대한 값을 학습관리시스템에 사전에 세팅해 놓고 문자발송업체와 이메일 발송솔루션 등과 연동을 해야 함

② 독려 수단

문자 (SMS)	• 이러닝에서 전통적으로 많이 사용하고 있는 독려 수단 • 회원가입 후나 수강신청 완료 후에 문자로 알림을 하는 경우도 있고, 진도율이 미미한 경우 문자로 독려하는 경우도 있음 • 단문으로 보내는 경우 메시지를 압축해서 작성해야 하고, 장문으로 보내는 경우에는 조금 더 다양한 정보를 담을 수 있음 • 최근에는 장문에 접속할 수 있는 링크정보를 함께 전송해서 스마트폰에서 웹으로 바로 연결하여 세부 내용을 확인할 수 있도록 하는 경우도 있음 • 대량문자 혹은 자동화된 문자를 전송하기 위해서는 건당 과금된 요금을 부담해야 함
이메일 (e-mail)	• 문자와 마찬가지의 용도로 많이 활용하는 대표적인 독려 수단 • 문자보다는 더 다양하고 개인에 맞는 정보를 담을 수 있음 • 독려를 위한 이메일 내용에 진도에 대한 세부적인 내용과 학습자에게 도움이 될만한 통계자료 등도 함께 제공할 수도 있음 • 안정적인 대량 이메일 발송을 위해서는 대량 이메일 발송솔루션 등을 활용할 수 있음

푸시알림 메시지	• 모바일러닝이 활성화되면서부터 네이티브 앱(App)을 제공하는 경우가 많음 • 이러닝 서비스를 위한 자체 모바일앱을 보유하고 있는 경우 푸시알림을 보낼 수 있음 • 푸시알림은 문자와 유사한 효과를 얻을 수 있지만 알림을 보내는 비용이 무료에 가깝기 때문에 유용한 측면이 있음 • 그러나 자체 앱의 설치비중이 낮은 경우에는 마케팅효과가 떨어지기 때문에 푸시알림을 보내는 것에만 집중하지 말고 앱 자체를 설치한 후 계속 유지할 수 있도록 관리하는 것이 중요 • 최근에는 자체 앱 이외에 카카오톡 등과 같은 모바일서비스와 연동하여 푸시알림을 보내는 경우도 있기 때문에 이러닝서비스의 특징에 따라서 취사 선택하면 됨
전화	• 문자, 이메일, 푸시알림 등의 독려로도 진도를 나가지 않는 경우, 마지막 수단으로 활용 • 사람이 직접 전화해서 독려하면 친근함도 생기고 미안함도 들고 하기 때문에 효과가 좋다는 평 • 그러나 한 사람의 운영자가 하루에 전화를 할 수 있는 양에는 한계가 있을 수밖에 없기 때문에 대량 관리 수단으로는 적합하지 않음

■ 학습 참여 독려 시 고려사항

① 너무 자주 독려하지 않아야 함
- 요즘 사람들은 많은 알림과 안내를 받으면서 살고 있기 때문에 이런 정보의 홍수 속에서 독려문자, 독려이메일이 효과를 발휘하기 위해서는 귀찮은 존재로 인식되지 않는 것이 중요
- 독려정책은 꼭 필요한 경우로 설정해서 독려 자체 때문에 피곤함을 느끼지 않도록 해야 함
- 그렇다고 너무 독려하지 않아서 수료율에 영향을 주면 안 되기 때문에 적절한 균형점을 찾는 것이 필요

② 관리 자체가 목적이 아니라 학습을 다시 할 수 있도록 함이 목적임을 기억
- 독려하는 이유는 관리했다는 증거를 남기기 위함이 아니라 학습자의 학습을 도와주기 위한 것임을 기억
- 학습자가 다시 학습을 진행할 수 있도록 돕고 안내하기 위한 것이 독려이지 으레 하는 그런 관리 행위가 아님을 기억

③ 독려 후 반응을 측정
- 독려를 하고 끝나는 것은 목적 달성을 위한 행동이 아니며, 독려했다면 언제 했고, 학습자가 어떤 반응을 보였는지 기록해 놓았다가, 다시 학습으로 복귀를 했는지 반드시 체크해야 함
- 독려메시지에 따라서 어떤 반응들이 있는지 테스트를 하면서 학습자 유형별, 과정별 최적의 독려메시지를 설계할 필요가 있음
- 기계적으로 비슷한 메시지를 학습자에게 전달하기보다는 독려 후 반응에 대한 데이터를 기반으로 최적화된 맞춤형 메시지 설계로 학습자의 마음을 사로잡을 필요가 있음

④ 독려 비용효과성을 측정
- 독려를 자동화해서 진행하는 것도 자원을 사용하는 것이고, 운영자가 직접 전화 또는 수동으로 독려를 진행하는 것 모두 비용을 쓰는 업무에 해당
- 독려 방법에 따른 최대효과를 볼 수 있는 방법을 고민하여 비용효과성을 따져가면서 독려를 진행할 필요가 있음
- 적은 수의 학습자인 경우에는 큰 차이가 나지 않더라도, 대량의 학습자 집단을 대상으로 하게 된다면 작은 차이가 큰 비용의 차이로 나타날 수 있기 때문에 최적화는 반드시 필요

■ 학습소통 관리

① 소통채널을 통한 상호작용의 활성화

- 이러닝의 경우 자기주도 방식으로 학습이 진행되는 경우가 많고, 원격으로 웹사이트에 접속하여 스스로 컴퓨터, 스마트폰 등을 조작하면서 학습해야 하기 때문에 다른 학습자나 운영자 등과 소통할 수 있는 빈도가 높지 않음
- 따라서 학습자의 원활한 학습을 지원하고 같은 공간에 함께 존재하면서 배우고 있다는 현존감(presence)을 높이기 위해서는 학습과 관련된 소통을 관리하는 것이 중요

② 소통채널 종류

웹사이트	• 웹사이트에 있는 학습지원센터, 고객센터 등과 같은 메뉴를 통해 학습자와 소통 가능 • 학습자가 원하는 정보를 일목요연하게 웹사이트에 잘 정리하고, 이러한 정보에 쉽게 접근할 수 있도록 배려하는 것이 웹사이트를 통한 소통의 기본이 됨 • 자주 하는 질문(FAQ) 등과 같은 메뉴를 세세하게 구성하고, 최신정보로 업데이트하는 것도 중요 • 학습자가 궁금해하는 것을 통합적으로 관리할 수 있는 통합게시판 등의 운영도 중요한 요소임 • 문자, 이메일, 푸시알림 등의 경우 단방향 소통에 특화되어 있기 때문에 웹사이트를 통해 양방향 소통이 될 수 있는 장치를 마련하는 것이 중요
문 자	• 학습자가 이러닝 사이트에서 진행하는 각종 활동에 대한 피드백으로 문자를 보내는 경우가 많음 • 이러닝 사이트들은 회원가입, 수강신청완료, 수료 등과 같이 중요한 활동에 대해서 문자로 전달하면서 학습자에게 적절한 정보를 전달하려고 노력함 • 문자는 짧고 간결한 형식으로 전달되는 소통채널이기 때문에 간단하면서도 명확하게 메시지를 작성하는 것이 필요 • 학습자가 조금 더 세부적으로 확인할 필요가 있는 경우에는 웹링크를 문자에 포함시켜 웹사이트의 특정 설명페이지로 이동할 수 있도록 유도할 수도 있음
이메일	• 학습자가 원하는 상세한 정보를 이메일로 전달할 수 있음 • 전달하려는 정보의 양과 수준에 따라 이메일 내용과 구조의 설계를 다르게 해야 함 • 특정한 조건이 달성되면 학습관리시스템에서 자동으로 전송하는 자동발송 이메일도 있을 수 있고, 운영자가 수동으로 보내는 수동발송 이메일도 있을 수 있음
푸시 알림	• 푸시알림은 별도의 네이티브 앱(App)을 만들어서 제공하거나, 카카오톡 등과 같은 메시징앱과 연계하여 활용하는 경우 사용하는 소통 방식에 해당 • 다른 앱들의 알림과 섞여서 제대로 정보를 전달하기 어려울 수도 있다는 점을 고려
전 화	• 전화는 자주 사용하는 쌍방향 소통채널로 학습자와 운영자가 만나는 소중한 접점임 • 전화를 통해 소통을 하는 경우에는 전화예절에 유의해야 함 • 전화는 얼굴이 보이지 않고 목소리로만 정보, 감정 등이 전달되기 때문에 오해발생률이 높을 수 있으니 이 점을 유념하여 소통해야 함
채 팅	• 채팅은 문자, 음성, 화상 등의 방식으로 채팅을 진행할 수 있음 • 쌍방향 소통 채널의 대표적으로 활용할 수 있는데, 학습자가 많은 경우 원활하게 소통을 하기 어렵다는 단점이 있음 • 채팅을 소통 채널로 선택하여 운영하는 경우에는 수강인원의 수 등을 감안하여 충분히 대응할 수 있도록 인력과 장비를 갖추어 놓아야 함
직접 면담	• 오프라인에서 직접 학습자와 만나서 소통하는 경우도 있음 • 오프라인에서의 만남을 통해 이러닝 서비스를 극대화시킬 수 있는 경우라면 적극적으로 고려해 볼 만함

■ 학습 커뮤니티 활동 관리

① 학습 커뮤니티 개념
- 커뮤니티(공동체)는 같은 관심사를 가진 집단을 의미
- 학습 커뮤니티는 배우고 가르치는 것에 관심을 갖고 모인 집단으로 해석할 수 있음
- 포털사이트의 카페 등과 같은 형식의 커뮤니티와 다르게 학습 커뮤니티는 학습에 특화되어 있음
- 학습자 자신이 원하는 주제와 관련된 배움을 원하는 사람들의 모임이기 때문에 학습 커뮤니티에 오는 사람들의 목적을 달성할 수 있도록 지원해야 함

② 학습 커뮤니티 관리 방법
- 주제와 관련된 정보 제공
  - 배우고자 하는 주제와 관련된 정보를 제공
  - 학습자는 자신이 관심 있는 주제에 반응하기 때문에 주제 선정과 집중에 신경 써야 함
  - 커뮤니티를 운영할 때에 모든 학습자를 하나의 공간에서 관리하려고 하지 말고, 주제별로 구분하여 운영하는 것이 좋으며, 주제와 관련된 정보를 제공하고 그와 연관된 하위주제로 확장하는 등의 방식으로 정보를 제공하는 것이 적절함
- 예측 가능하도록 정기적으로 운영
  - 커뮤니티 회원들이 예측할 수 있는 활동을 정기적으로 진행하는 것이 필요
- 회원들의 자발성 유도
  - 커뮤니티가 폭발적으로 성장하느냐 여부는 회원들의 자발적인 참여를 어떻게 이끌어내느냐에 따라 달라짐
  - 자발성을 유도할 수 있는 운영전략을 수립하여 지속적으로 꾸준하게 추진할 필요가 있음
- 운영진의 헌신 없이는 성장하기 어려움
  - 커뮤니티는 운영진의 헌신을 먹고 성장한다고 함
  - 일반회원의 자발성도 운영진의 헌신이 바탕이 되어야 발현될 수 있기 때문에 커뮤니티를 운영하려는 운영진의 열심과 노력이 무엇보다 중요

■ 학습 과정 중의 학습자 질문 대응

① 게시판을 활용한 질문 대응
- 우선 FAQ 게시판에 내용을 충실하게 작성해 놓는 것이 중요
- FAQ에 다양한 질문유형에 따라 미리 등록해 놓아야 학습자들이 스스로 원하는 답을 미리 찾고 해결할 수 있음
- FAQ의 역할이 학습자 스스로 정보를 찾는 것 이외에도 운영자들이 학습자에게 정보를 안내할 때에 FAQ 어느 곳에 있다라고 알려주면서 자연스럽게 웹사이트의 다른 곳에 접속하여 찾아보도록 하는 효과도 있음

② 채팅을 활용한 질문 대응
- 학습자의 질문에 실시간으로 대응할 필요가 있는 경우 채팅을 활용할 수 있음
- 채팅전문 소프트웨어를 사용할 수도 있고, 모바일메신저를 활용할 수도 있음
- 채팅으로 학습자문의를 대응하는 것은 실시간으로 인력이 붙어 있어야 함을 의미하므로 채팅을 대응전략으로 수립하기 위해서는 그에 맞는 기술적인 지원도 필요

- 채팅기능을 외부 서비스나 솔루션으로 해결하지 않고, 자체기술로 해결하기 위해서는 투자가 필요함. 따라서 조직 내의 준비상황을 고려하여 채팅을 활용한 대응전략을 수립할 필요가 있음

③ 기타 다른 채널을 활용한 질문 대응
- 이메일, 문자, 전화 등의 채널을 활용하여 대응하기 위해서는 운영매뉴얼을 준비가 기본적으로 필요
- 운영매뉴얼에 있는 내용에 따라 사례별로 대응할 필요가 있음

■ 학습자 동기부여

학습동기는 이러닝 효과의 핵심요소로, 학습자가 동기를 부여받으면 학습자료에 몰입하고 활동에 참여하며 정보를 유지할 가능성이 높아짐

① 외재적 동기와 내재적 동기

외재적 동기	• 보상이나 처벌, 경쟁과 같은 외부요인에서 비롯 • 결과에 관심
내재적 동기	• 수행하는 과제 그 자체와 학습자의 흥미, 호기심, 자기만족감 및 성취감 등에서 비롯 • 지속력이 강함

→ 외재적 동기와 내재적 동기 모두 필요하기는 하나, 내재적 동기가 외재적 동기보다 학습 성과를 촉진하는 데 더 효과적임. 따라서 내재적 동기를 유발할 수 있는 학습전략이 중요

② Keller의 ARCS이론
- 교수설계의 미시적 이론으로, 수업에서 학습동기를 유발하고 유지할 수 있는 전략을 제시
- ARCS 4요소와 학습동기 전략

주의집중 (Attention)	• 지각적 주의환기 전략 : 시청각 자료 사용, 비일상적, 흔하지 않은 사례 제시 • 탐구적 주의환기 전략 : 능동적 반응을 유도, 질문에 답을 하도록 하게 함 • 다양성의 전략 : 다양한 교수방법 활용(애니메이션 등)
관련성 (Relevance)	• 친밀성 전략 : 친밀하고 친숙한 사례를 제공 • 목표지향성 전략 : 실제적 과제 제시 • 필요나 흥미와 부합성을 강조한 전략 : 미래 욕구와 연관시키기, 비경쟁적 학습상황 선택하게 함
자신감 (Confidence)	• 학습에 필요한 조건제시 전략 : 수업목표 및 평가기준을 제시, 시험의 조건 등을 확인하게 함 • 성공의 기회제시 전략 : 난이도가 쉬운 것에서 어려운 것 순으로 과제 제시 • 개인적 조절감 증대 전략 : 스스로 학습속도 조절, 난이도 높을 경우 회귀 가능, 내적 요인으로 귀인

만족감
(Satisfaction)
	• 공정성 강조 전략 : 수업목표, 내용, 연습과 시험내용의 일치
	• 자연적 결과 강조 전략 : 연습문제를 통한 적용기회 제공
	• 긍정적 결과 강조 전략 : 내적+외적 보상 제공
	  – 내적보상 : 새로운 과제에 적용
	  – 외적보상 : 강화물 제공

■ 학습 중 자주 발생하는 질문 유형

회원가입 관련 문의사항	• 회원가입은 어떻게 하나요? • 아이디/비밀번호를 잊어버렸어요. • 회원정보 수정은 어떻게 하나요? • 공동인증서는 무엇인가요?
수강신청 관련 문의사항	• 고용보험환급과정으로 수강신청하고 싶은데 대상은 어떻게 되나요? • 수강신청을 변경하거나 취소하고 싶어요. • 교재신청 시 입력한 배송지 주소를 바꾸고 싶어요. • 고용보험 환급제도는 무엇인가요?
학습 및 평가 관련 문의사항	• 온라인시험의 종류는 주관식인가요, 객관식인가요? • 온라인과제 분량과 제출기간은 어떻게 되나요? • 진도는 매일 일정하게 수강해야 하나요? • 수료조건은 어떻게 되나요?
장애 관련 문의사항	• 동영상 강의가 진행되지 않는데 어떻게 해야 하나요? • 수강하고 있는 콘텐츠 하단에서 NEXT 창이 안 보이는데 어떻게 하나요? • 동영상이 소리만 나오지 않는데 어떻게 해야 하나요?
서비스 관련 문의사항	• 모바일로 수강을 하기 위한 준비사항이 있나요? • 단체수강의 혜택과 수강신청 방법은 어떻게 되나요? • 할인수강권을 얻었는데 어떻게 활용할 수 있나요? • 포인트는 얼마를 주고 언제까지 사용할 수 있나요?

■ 이러닝 학습전략

① 자기주도 학습전략
  • 학습자가 메타인지적, 동기적, 행동적으로 적극적으로 참여하는 것
  • 자기조절 능력이 뛰어난 학습자는 지식 획득과정에서 계획, 목표설정, 조직, 자기모니터, 자기평가를 실천하는 메타인지 능력이 뛰어나고, 고도의 자기효능감, 과제에 대한 내적 흥미도 및 고도의 노력과 끈기를 보이며 적극적으로 학습을 주도해 나감
  • 이에 자기주도 학습능력이 중요한 이러닝 학습에서는 자기조절 학습을 활성화할 수 있도록 학습자의 동기와 자기효능감을 높이기 위한 설계전략이 필요
  • 학습자가 학습결과에 대해 만족하고 긍정적인 태도를 갖도록 하고 학습결과와 과정에 대해 스스로 가지는 판단과 반응을 확인하여 자기평가가 긍정적인 것이 되도록 설계할 필요가 있음

② 학습관리 전략
  • 학습활동을 수행하는 과정에서 학습자가 자신의 학습결과를 향상시키기 위해 학습활동 전반에 대한 관리를 의도적으로 수행하는 전략을 의미함
  • 이러닝 환경에서 학업성취에 영향을 주는 학습관리 전략들은 자기주도 전략, 표현전략, 다중토론 관리전략, 사회성, 과부하 관리전략, 정보처리 전략, 비동시성 관리전략, 시간관리 전략, 정보해독 전략, 자신감 입증, 긍정적 태도 수립 등이 있음

③ 웹 기반 협동학습 전략
  • 인터넷을 활용한 원격교육의 형태로서, 컴퓨터를 매개로 한 통신 네트워크를 기반으로 학습자, 운영자, 학습내용 간의 상호작용을 통해서 집단에 부여된 공동의 학습목표를 달성하고, 그 집단의 구성원 전체가 유용한 학습효과를 달성하는 방법을 말함

- 웹 기반 협동학습은 긍정적 상호의존성, 동시적 상호작용, 개인적 책임, 동등한 참여 기회를 가지며, 공존, 인식, 협동 단계를 거쳐 진행됨

■ 이러닝 학습촉진 방법

① 학습자 중심의 다양한 학습지원과 학습자의 적극적인 참여 촉진
- 학습자는 이러닝의 주체자로 능동적이고 자기 주도적임
- 이에 성공적인 이러닝과 학습촉진을 위해서는 학습자에게 초점을 두고 학습이 진행되어야 하며, 지속적인 학습과 동기부여를 가능하게 하는 학습자 지원과 보다 다양한 관점에서의 학습자 지원방법이 필요
- 이를 위해 학습자의 적극적인 인지활동을 촉진하고, 깊은 수준의 이해를 촉진할 수 있어야 할 뿐만 아니라 학습자에게 도움을 줄 수 있는 다양한 형태의 도구를 제공해야 함
- 또한, 학습자의 적극적인 참여를 촉진하고, 동등한 학습참여 기회를 제공함으로써 참여를 유도해야 함

② 교수자는 촉진자 역할을 수행
- 이러닝에서 교수자는 학습의 성패를 좌우하는 주요요소임
- 교수자는 정보와 자원의 제공보다는 관리와 촉진의 역할이 점차 더 부각되어 역할이 다변화되어야 함
- 교수자는 학습자가 학습목표를 달성할 수 있도록 도와주는 지적 촉진활동, 우호적이면서도 좋은 관계 속에서 학습이 일어날 수 있도록 도와주는 사회적 촉진활동, 학습활동을 조직하고 운영하는 관리적 촉진활동, 사용자가 하드웨어나 소프트웨어에 적응하도록 지원하는 기술적 촉진활동을 담당해야 함

③ 다양한 유형의 상호작용 촉진
- 이러닝에서의 상호작용은 학습을 촉진시키므로 상호작용을 증가시키기 위한 다양한 방법들이 제공되어야 함
- 상호작용을 촉진시키기 위해서는 학습자들 간에 적극적인 게시물 등록과 피드백 제공을 권장하거나 학습자들의 작은 참여 또는 작은 기여라도 인정해 주고 재미있거나 활력을 주는 멘트를 제공해 주는 것이 좋음
- 학습자들 간의 상호작용 외에도 교수자와 학습자 간의 상호작용 증진도 중요

④ 학습과정에 대한 지속적인 모니터링
- 성공적인 이러닝이 되기 위해서는 학습과정에 대해 다양한 형태로 지속적으로 모니터링이 되어야 함
- 모니터링은 학습과정 중에 이루어지는 학습자의 학습활동에 대한 상황을 파악함으로써 이루어지며, 모니터링 정보는 학습자의 반성적인 성찰을 유도하는 데 긍정적인 작용을 함
- 또한, 교수자가 계속해서 학생들의 활동을 관심 있게 지켜보고 있다는 표현을 통해 학습자들은 교수자에게 신뢰감을 가질 수 있음

⑤ 학습자의 감성적 측면에서 긍정적인 학습환경을 조성
- 이러닝이 재미있고 흥미로워야 학습을 성공적으로 성취할 수 있고, 학습자들은 긍정적으로 격려되면서 학습 만족이 느낄 수 있음
- 이러닝의 경우 중도탈락 비율이 더 높기 때문에 학습자들의 동기를 유지시키기 위해서는 수업이 흥미로워야 함
- 또한, 사람들은 편안하고 격려하는 분위기의 긍정적인 학습환경에서 학습을 가장 잘하기 때문에 학습자들은 개인화된 긍정적인 격려를 받아야 함

⑥ 학습자에게 사회적 관계 형성의 기회 제공
- 이러닝에서 학습이 촉진되기 위해서는 학습자들이 친밀하고 인간적인 사회적 환경을 만들 수 있도록

인간관계를 조성해 주고, 학습자 집단의 단결을 도모하는 활동들이 마련되어야 함
- 이러한 사회적 환경은 학습자들이 배우고자 노력하면서 서로를 지지해주는 학습 공동체를 통해 서로 협력하게 만들며, 공동체 의식의 조성을 극대화할 수 있음
- 공동체 의식의 조성은 사교적 활동, 개인적 대화나 개인적 정보를 교환하는 것과 같은 학습활동들을 최대한 독려함으로써 얻을 수 있는 것임

■ 수강오류 원인

수강오류는 학습자에게 가장 민감한 오류 중 하나로, 수강오류가 발생하는 원인은 다양하나 크게 학습자에 의한 원인과 학습관리시스템에 의한 원인으로 구분할 수 있음

① 학습자에 의한 원인
- 학습자의 학습환경상에서 문제가 발생하는 경우로 기기 자체에 의해 발생할 수도 있고, 인터넷 접속 상태에 의해 발생할 수도 있음
- 학습자의 수강기기에 문제가 있는 경우에는 기기가 데스크톱 PC인지, 스마트폰 등과 같은 이동식 기기인지에 따라 대응방법이 다르기 때문에 기기의 종류를 파악하는 것이 필요

② 학습관리시스템에 의한 원인
- 학습관리시스템에 의한 원인은 크게 웹사이트 부문과 관리자 부문으로 구분할 수 있음
- 웹사이트 부문은 사이트 접속이 안 되거나 로그인이 안 되거나, 진도체크가 안 되는 등의 사용상의 문제들이 대부분이라고 할 수 있음
- 관리자 부문은 일반 학습자가 알기는 어려운 부분이지만, 학습자의 오류가 관리자와 연동되어 움직이기 때문에 운영자 입장에서는 관리자 부문도 고려할 필요가 있음
- 웹사이트 사용에 따른 문제들이 발생하면 가장 먼저 대응해야 하는 사람들이 운영자들임
- 학습자는 기술지원팀에 연락하는 것이 아니라 바로 고객센터나 학습지원센터에 연락하기 때문에 오류 원인에 대한 신속한 파악과 안내가 필요

■ 수강오류 해결방법

① 관리자 기능에서 직접 해결하는 방법
- 학습관리시스템 관리자 기능에 각종 오류로 인해 발생한 내역을 수정하는 기능이 있음
- 오류의 수준에 따라서 운영자가 관리자 기능에서 직접 해결할 수 있는 것들이 있으니 학습관리시스템 매뉴얼을 숙지한 후 직접 처리 가능한 메뉴에는 어떤 것이 있는지 확인해야 함
- 관리자 기능에서 직접 해결하는 경우에는 기존데이터에 영향을 주는 것인지 면밀하게 검토할 필요가 있음

② 기술지원팀에 요청하여 처리하는 방법
- 운영자가 관리자 기능에서 직접 처리하지 못 하는 경우에는 기술지원팀에 요청하여 처리
- 이때 문제가 있다는 단편적인 정보만 전달하기보다는 육하원칙에 맞게 정리하여 전달하면 의사소통의 오류도 적고 처리도 빠르게 진행될 수 있음

3 이러닝 활동관리

■ 운영활동 계획

① 이러닝 운영 단계 및 수행

운영 과정		수행 내용
운영 준비	운영 기획	운영요구 분석, 운영제도 분석, 운영계획 수립
	운영 준비	운영환경 분석, 교육과정 개설, 학사일정 수립, 수강신청 관리
운영 실시	학사관리	학습자 관리, 성적처리, 수료 관리
	교 · 강사 활동 지원	교 · 강사 선정 관리, 교 · 강사 활동 안내, 교 · 강사 수행관리, 교 · 강사 불편사항 지원
	학습활동 지원	학습환경 지원, 학습과정 안내, 학습촉진, 수강오류 관리
	고객 지원	고객 유형 분석, 고객채널 관리, 게시판 관리, 고객 요구사항 지원
	과정평가 관리	과정만족도 조사, 학업성취도 관리, 과정평가 타당성 검토, 과정평가 결과 보고
운영 종료	운영성과 관리	콘텐츠 평가관리, 교 · 강사 평가관리, 시스템 운영 결과관리, 운영활동 결과관리, 개선사항 관리, 최종 평가보고서 작성
	유관부서 업무 지원	매출업무 지원, 사업기획업무 지원, 콘텐츠업무 지원, 영업업무 지원

② 단계별 평가 준거

• 운영준비 활동

활동	수행 여부에 대한 고려사항
운영환경 준비	• 이러닝 서비스를 제공하는 학습 사이트를 점검하여 문제점을 해결하였는가? • 이러닝 운영을 위한 학습관리시스템을 점검하여 문제점을 해결하였는가? • 이러닝 학습지원 도구의 기능을 점검하여 문제점을 해결하였는가? • 이러닝 운영에 필요한 다양한 멀티미디어 기기에서의 콘텐츠 구동 여부를 확인하였는가? • 교육과정별로 콘텐츠의 오류 여부를 점검하여 수정을 요청하였는가?
교육과정 개설	• 학습자에게 제공 예정인 교육과정의 특성을 분석하였는가? • 학습관리시스템에 교육과정과 세부차시를 등록하였는가? • 학습관리시스템에 공지사항, 강의계획서, 학습관련자료, 설문, 과제, 퀴즈 등을 포함한 사전자료를 등록하였는가? • 학습관리시스템에 교육과정별 평가문항을 등록하였는가?
학사일정 수립	• 연간 학사일정을 기준으로 개별 학사일정을 수립하였는가? • 원활한 학사 진행을 위해 수립된 학사일정을 협업부서에 공지하였는가? • 교 · 강사의 사전운영 준비를 위해 수립된 학사일정을 교 · 강사에게 공지하였는가? • 학습자의 사전학습 준비를 위해 수립된 학사일정을 학습자에게 공지하였는가? • 운영예정인 교육과정에 대해 서식과 일정을 준수하여 관계기관에 절차에 따라 신고하였는가?
수강신청 관리	• 개설된 교육과정별로 수강신청 명단을 확인하고 수강 승인처리를 하였는가? • 교육과정별로 수강승인된 학습자를 대상으로 교육과정 입과를 안내하였는가? • 운영예정 과정에 대한 운영자 정보를 등록하였는가? • 운영을 위해 개설된 교육과정에 교 · 강사를 지정하였는가? • 학습과목별로 수강 변경사항에 대한 사후처리를 하였는가?

- 운영 실시 활동
  - 학사관리 지원

활동	수행 여부에 대한 고려사항
학습자 정보 확인	• 과정에 등록된 학습자 현황을 확인하였는가? • 과정에 등록된 학습자 정보를 관리하였는가? • 중복신청을 비롯한 신청오류 등을 학습자에게 안내하였는가? • 과정에 등록된 학습자 명단을 감독기관에 신고하였는가?
성적 처리	• 평가기준에 따른 평가항목을 확인하였는가? • 평가항목별 평가 비율을 확인하였는가? • 학습자가 제기한 성적에 대한 이의신청 내용을 처리하였는가? • 학습자의 최종성적 확정 여부를 확인하였는가? • 과정을 이수한 학습자의 성적을 분석하였는가?
수료 관리	• 운영계획서에 따른 수료기준을 확인하였는가? • 수료기준에 따라 수료자, 미수료자를 구분하였는가? • 출결, 점수미달을 포함한 미수료사유를 확인하여 학습자에게 안내하였는가? • 과정을 수료한 학습자에 대하여 수료증을 발급하였는가? • 감독기관에 수료결과를 신고하였는가?

  - 교 · 강사 지원 활동

활동	수행 여부에 대한 고려사항
교 · 강사 선정 관리	• 자격요건에 부합되는 교 · 강사를 선정하였는가? • 과정 운영전략에 적합한 교 · 강사를 선정하였는가? • 교 · 강사 활동평가를 토대로 교 · 강사를 변경하였는가? • 교 · 강사 정보보호를 위한 절차와 정책을 수립하였는가? • 과정별 교 · 강사의 활동이력을 추적하여 활동결과를 정리하였는가? • 교 · 강사 자격심사를 위한 절차와 준거를 마련하여 이를 적용하였는가?
교 · 강사 사전교육	• 교 · 강사 교육을 위한 매뉴얼을 작성하였는가? • 교 · 강사 교육에 필요한 자료를 문서화하여 교육에 활용하였는가? • 교 · 강사 교육목표를 설정하여 이를 평가할 수 있는 준거를 수립하였는가?
교 · 강사 활동의 안내	• 운영계획서에 기반하여 교 · 강사에게 학사일정, 교수학습환경을 안내하였는가? • 운영계획서에 기반하여 교 · 강사에게 학습평가지침을 안내하였는가? • 운영계획서에 기반하여 교 · 강사에게 교 · 강사 활동평가 기준을 안내하였는가? • 교 · 강사 운영매뉴얼에 기반하여 교 · 강사에게 학습촉진 방법을 안내하였는가?
교 · 강사 활동의 개선	• 학사일정에 기반하여 과제출제, 첨삭, 평가문항 출제, 채점 등을 독려하였는가? • 학습자 상호작용이 활성화될 수 있도록 교 · 강사를 독려하였는가? • 학습활동에 필요한 보조자료 등록을 독려하였는가? • 운영자가 교 · 강사를 독려한 후 교 · 강사 활동의 조치 여부를 확인하고 교 · 강사 정보에 반영하였는가? • 교 · 강사 활동과 관련된 불편사항을 조사하였는가? • 교 · 강사 불편사항에 대한 해결방안을 마련하고 지원하였는가? • 운영자가 처리 불가능한 불편사항을 실무부서에 전달하고 처리 결과를 확인하였는가?

– 학습활동 지원

활 동	수행 여부에 대한 고려사항
학습환경 지원	• 수강이 가능한 PC, 모바일 학습환경을 확인하였는가? • 학습자의 학습환경을 분석하여 학습자의 질문 및 요청사항에 대처하였는가? • 학습자의 PC, 모바일 학습환경을 원격지원하였는가? • 원격지원상에서 발생하는 문제상황을 분석하여 대응 방안을 수립하였는가?
학습 안내	• 학습을 시작할 때 학습자에게 학습절차를 안내하였는가? • 학습에 필요한 과제수행 방법을 학습자에게 안내하였는가? • 학습에 필요한 평가기준을 학습자에게 안내하였는가? • 학습에 필요한 상호작용 방법을 학습자에게 안내하였는가? • 학습에 필요한 자료등록 방법을 학습자에게 안내하였는가?
학습 촉진	• 운영계획서 일정에 따라 학습진도를 관리하였는가? • 운영계획서 일정에 따라 과제와 평가에 참여할 수 있도록 학습자를 독려하였는가? • 학습에 필요한 상호작용을 활성화할 수 있도록 학습자를 독려하였는가? • 학습에 필요한 온라인 커뮤니티 활동을 지원하였는가? • 학습과정 중에 발생하는 학습자의 질문에 신속히 대응하였는가? • 학습활동에 적극적으로 참여하도록 학습동기를 부여하였는가? • 학습자에게 학습 의욕을 고취하는 활동을 수행하였는가? • 학습자의 학습활동 참여의 어려움을 파악하고 해결하였는가?
수강오류 관리	• 학습진도 오류 등 학습활동에서 발생한 각종 오류를 파악하고 이를 해결하였는가? • 과제나 성적 처리상의 오류를 파악하고 이를 해결하였는가? • 수강오류 발생 시 내용과 처리방법을 공지사항을 통해 공지하였는가?

– 과정평가 관리

활 동	수행 여부에 대한 고려사항
과정만족도 조사	• 과정만족도 조사에 반드시 포함되어야 할 항목을 파악하였는가? • 과정만족도를 파악할 수 있는 항목을 포함하여 과정만족도 조사지를 개발하였는가? • 학습자를 대상으로 과정만족도 조사를 수행하였는가? • 과정만족도 조사결과를 토대로 과정만족도를 분석하였는가?
학업성취도 관리	• 학습관리시스템의 과정별 평가결과를 근거로 학습자의 학업성취도를 확인하였는가? • 학습자의 학업성취도 정보를 과정별로 분석하였는가? • 유사 과정과 비교했을 때 학습자의 학업성취도가 크게 낮은 경우 그 원인을 분석하였는가? • 학습자의 학업성취도를 향상하기 위한 운영전략을 마련하였는가?

• 운영 종료 활동 - 운영 성과관리

활동	수행 여부에 대한 고려사항
콘텐츠 운영 결과관리	• 콘텐츠의 학습내용이 과정 운영의 목표에 맞게 구성되어 있는지 확인하였는가? • 콘텐츠가 과정 운영의 목표에 맞게 개발되었는지 확인하였는가? • 콘텐츠가 과정 운영의 목표에 맞게 운영되었는지 확인하였는가?
교·강사 운영 결과관리	• 교·강사 활동의 평가기준을 수립하였는가? • 교·강사 평가기준에 적합하게 활동하였는지 확인하였는가? • 교·강사의 질의응답, 첨삭지도, 채점 독려, 보조자료 등록, 학습 상호작용, 학습참여, 모사답안 여부 확인을 포함한 활동의 결과를 분석하였는가? • 교·강사의 활동에 대한 분석 결과를 피드백하였는가? • 교·강사 활동평가 결과에 따라 등급을 구분하여 다음 과정운영에 반영하였는가?
시스템 운영 결과관리	• 시스템 운영결과를 취합하여 운영성과를 분석하였는가? • 과정 운영에 필요한 시스템의 하드웨어 요구사항을 분석하였는가? • 과정 운영에 필요한 시스템 기능을 분석하여 개선 요구사항을 제안하였는가? • 제안된 내용의 시스템 방영 여부를 확인하였는가?

③ 단계별 필요 문서
- 이러닝 준비과정 관련 문서 : 과정 운영계획서, 운영 관계법령, 학습과목별 강의계획서, 교육과정별 과정 개요서
- 이러닝 실시과정 관련 문서 : 학습자 프로파일 자료, 교·강사 프로파일 자료, 교·강사 업무 현황 자료, 교·강사 불편사항 취합자료, 학습활동지원 현황자료, 고객지원 현황자료, 과정만족도 조사자료, 학업성취도 자료, 과정평가 결과 보고자료
- 이러닝 운영 종료과정 관련 문서 : 과정 운영계획서, 콘텐츠 기획서, 교·강사 관리자료, 시스템 운영 현황 자료, 성과 보고자료, 매출보고서

■ 운영 활동 진행

① 학습자 관점의 효과적인 운영 활동

운영 활동	세부 내용
학습환경 지원	학습자의 학습환경을 분석하여 학습자의 질문 및 요청에 대응하고, 문제상황을 분석하여 대응 방안을 수립하는 활동
학습 안내	원활한 학습을 위해 학습절차와 과제수행 방법, 평가기준, 상호작용 방법 등을 학습자에게 안내하는 활동
학습 촉진	일정에 따라 학습진도를 관리하고 학습자가 과제와 평가에 참여할 수 있도록 독려하며, 학습자의 학습 의욕이 고취되도록 지원하는 활동
수강오류 관리	학습활동에서 발생한 각종 오류를 파악하고 해결하며, 수강오류 발생 시 처리방법을 학습자들에게 공지하는 활동

② 운영자 관점의 효과적인 운영 활동

운영 활동	세부 내용
운영환경 준비	학습사이트, 학습관리시스템, 학습지원 도구 기능을 점검하여 문제를 해결하고 다양한 멀티미디어 기기에서의 콘텐츠 구동 여부를 확인하는 활동
교육과정 개설	교육과정의 특성을 분석하고 학습관리시스템에 세부차시, 사전자료, 평가문항을 등록하는 활동
학사일정 수립	연간 학사일정을 기준으로 개별 학사일정을 수립하고, 원활한 학사진행을 위해 협업부서, 교 · 강사, 학습자에게 공지하며 절차에 따라 운영예정 교육과정을 관계기관에 신고하는 활동
수강신청 관리	과정별 수강신청 명단을 확인한 후 수강 승인처리를 하고, 승인된 학습자를 대상으로 입과안내를 하며 운영예정 과정에 운영자, 교 · 강사를 지정하는 활동
학습자 정보 확인	과정에 등록된 학습자 현황과 정보를 확인하고 신청오류 등을 학습자에게 안내하며 등록된 학습자 명단을 감독기관에 신고하는 활동
성적처리	평가 기준에 따른 평가항목을 확인하고 평가항목별 평가비율을 확인 후 학습자가 제기한 성적에 대한 이의신청 내용을 처리하며 최종 성적을 확인 · 분석하는 활동
수료 관리	운영계획서에 따른 수료기준을 확인 후 미수료자를 확인하여 학습자에게 안내하며, 수료한 학습자에게 수료증을 발급하고 수료결과를 감독기관에 신고하는 활동
교 · 강사 선정 관리	자격요건에 부합하고 과정 운영전략에 적합한 교 · 강사를 선정하고 교 · 강사 활동 평가를 토대로 교 · 강사를 변경하며 교 · 강사의 활동이력을 추적하여 활동 결과를 정리하는 활동
교 · 강사 사전교육	교 · 강사 교육을 위한 매뉴얼을 작성하고 교육에 필요한 자료를 문서로 만들어 교육에 활용하며 교 · 강사 교육목표를 설정하여 이를 평가할 수 있는 준거를 수립하는 활동
교 · 강사 활동의 안내	운영계획서에 기반하여 교 · 강사에게 학사일정, 교수학습환경, 학습평가지침, 활동평가 기준, 학습촉진 방법을 안내하는 활동
교 · 강사 활동의 개선	학사일정에 기반하여 교 · 강사에게 과제출제, 첨삭, 평가문항출제, 채점, 학습자 상호작용 등을 독려하고 교 · 강사 활동과 관련된 불편사항을 조사하여 그에 대한 해결방안을 마련 · 지원하는 활동

③ 시스템 관리자 관점의 효과적인 운영활동

시스템 운영 결과를 취합하여 운영성과를 분석하고 운영에 필요한 시스템의 하드웨어 요구사항과 기능을 분석하여 개선 요구사항 제안과 그 반영 여부를 확인하는 활동

④ 학습만족도 향상을 위한 운영활동

운영활동	세부 내용
과정만족도 조사	과정만족도를 파악할 수 있는 항목을 포함하여 과정만족도 조사지를 개발하고 만족도 조사를 수행한 후 결과를 분석하는 활동
학업성취도 관리	학습관리시스템의 과정별 평가결과를 기반으로 학습자의 학업성취도를 확인하고, 이를 과정별로 분석하여 학업성취도 향상을 위한 운영전략을 마련하는 활동

■ 운영활동 결과보고

① 운영활동 결과보고서

이러닝 운영활동 결과보고서를 작성하기 위해서 운영 준비, 운영 실시, 운영 종료 시 활동에 대한 지원이 운영계획서에 맞게 수행되었는지 확인

구 분	세부 수행 확인
운영 준비	운영환경 준비, 교육과정 개설, 학사일정 수립, 수강신청 관리
운영 실시	학사관리, 교 · 강사 활동 지원, 학습활동 지원, 고객 지원, 과정평가 관리
운영 종료	운영 성과 관리

② 결과보고에 따른 후속 조치

- 과정 운영성과 결과관리
  - 이러닝 운영성과 관련자료 확보
  - 이러닝 운영성과 관련자료를 통한 운영내용 확인
- 과정 운영 개선사항 도출

과 정	개선사항 도출
운영 준비과정	과정 운영 준비활동 및 지원사항을 검토하여 미흡하거나 개선해야 할 사항이 있는지 확인
운영 실시과정	과정 운영계획에 따라 학사관리, 교 · 강사 지원, 학습활동 지원, 평가관리 관련 자료와 결과를 분석하고 미흡한 부분이 있는지 체크하고 정리
운영 종료과정	콘텐츠, 교 · 강사, 시스템, 운영활동의 성과를 분석하고 개선사항을 관리하는 업무를 수행한 관련 자료 · 결과를 분석하고 미흡한 부분이 있는지 체크하고 정리

③ 결과에 따른 피드백

- 이러닝 운영자는 운영관련 자료 · 결과물에 근거하여 운영결과를 분석하고 향후 운영을 위한 개선사항을 도출, 활용함
- 최종 평가보고서에 반영될 개선사항 분석 기준
  - 과정 운영상에서 수집된 자료를 기반으로 운영 성과결과를 분석했는가?
  - 운영 성과결과 분석을 기반으로 개선사항을 도출했는가?
  - 도출된 개선사항을 실무 담당자에게 정확하게 전달했는가?
  - 전달된 개선사항이 실행되었는가?

4 **학습평가설계**

■ 과정 평가전략 설계

① 과정 성취도평가의 개요
- 과정 성취도평가는 이러닝 교육결과 학습자에 대한 지식, 기술, 태도 영역의 향상도를 측정하는 것

영 역	특 징
지식 영역	• 업무수행 시 필요한 지식의 학습정도를 평가 • 사실, 개념, 절차, 원리 등에 대한 이해정도를 평가 • 지필고사, 사례연구, 과제 등의 평가도구를 활용
기능 영역	• 업무수행 시 필요한 기능의 보유 정도를 평가 • 업무수행, 현장 적용 등에 대한 신체적 능력 평가 • 실기시험, 역할놀이, 프로젝트, 시뮬레이션 등을 활용
태도 영역	• 업무수행 시 필요한 태도의 변화 정도를 평가 • 문제상황, 대인관계, 업무해결 등에 대한 정서적 감정 평가 • 지필고사, 사례연구, 문제해결 시나리오, 역할놀이 등을 활용

- 과정 성취도 평가는 평가준비 단계, 평가실시 단계, 평가 결과관리 단계로 구분

단계 구분	세부 활동
평가준비	평가계획 수립, 평가문항 개발, 문제은행 관리
평가실시	평가유형별 시험지 배정, 평가유형별 실시
평가 결과관리	모사관리, 채점 및 첨삭 지도, 평가결과 검수, 성적 공지 및 이의신청 처리

② 과정 성취도 측정을 위한 평가유형

평가 유형	세부 내용
정성적 평가	• 주관적인 평가지표를 활용하는 주관적인 평가로, 논문 작성, 발표, 논리력 평가 등이 해당 • 자세한 피드백을 제공할 수 있지만, 표준화된 평가지표가 부족할 수 있음
정량적 평가	• 정량적인 평가지표를 활용하는 객관적인 평가로, 퀴즈, 시험, 과제물 평가, 프로젝트 평가 등이 해당 • 이러닝에서 주로 활용되며, 객관적이며 표준화된 지표를 활용할 수 있으나, 자세한 피드백 제공이 어려움
포트폴리오 평가	• 학습자가 수업에서 학습한 내용을 정리하여 제출하면 이를 평가하는 방식 • 전반적인 학업성취도 파악이 가능하지만 주관적인 요소가 작용됨 • 평가 대상이 자신의 학업성취도를 정확하게 파악하지 못할 수 있음
자가평가	• 학습자가 스스로 학습 내용을 평가하고 이를 개선하는 방식 • 학습자 스스로 자신의 학업성취도를 파악하여 개선 방안을 제시 • 주관적인 요소가 작용할 수 있으며, 다른 평가자들의 피드백이 부족

③ 과정 성취도 측정을 위한 시기 및 주체
- 과정 성취도 측정시기
  - 평가시기는 교육 전, 교육 중, 교육 후 일정 기간 경과 등으로 구분
  - 학업성취도 평가 결과 분석을 위해서는 평가에 적용된 설계방법을 파악한 후 해당 설계방법의 특성을 이해하는 과정이 필요함

• 과정 성취도 측정시기별 구분

평가 구분	특 징
진단평가	• 교육이 시작되는 시기에 학습자들의 수준을 파악하기 위해 실시하는 평가 • 학습자의 특성을 파악하여 적절한 수업을 전개할 수 있고, 학습장애 요인을 밝힐 수 있음 • 평가도구 : 준비도 검사, 적성검사, 자기보고서, 관찰법 등
형성평가	• 학습이 진행되고 있는 상태에서 학습자에게 피드백을 주고 교육과정과 수업방식을 개선하기 위해 실시하는 평가 • 수업 진행 중 가벼운 질문을 하거나 쪽지시험, 수시로 학습결과를 점검 • 평가도구 : 교·강사의 자작검사가 주로 쓰이나 교육전문기관에서 제작한 검사도 이용됨
총괄평가	• 학습이 끝난 후 교수목표의 달성, 성취 여부를 종합적으로 판정하는 평가 • 종합적인 성과 및 효율성을 다각적으로 판단하기 위해 실시 • 평가도구 : 교육목표의 성격에 의해 결정되며, 교강사 자작검사, 표준화 검사, 작품 평가 방법 등이 있음

• 과정 성취도 측정 주체별 구분 : 교·강사 평가, 학생 평가, 동료 평가, 외부전문가 평가

④ 과정 평가유형에 따른 과제 및 시험방법
• 평가유형별 과제 및 시험

평가유형	과제 및 시험방법
정량적 평가	객관식 문항, 주관식 문항
정성적 평가	프로젝트, 포트폴리오, 토론, 사례연구, 과제물
포트폴리오 평가	작품 제작, 보고서 작성, 발표자료 제작
자가 평가	학습일지 작성, 학습계획서 작성

• 평가관리 프로세스
  – 평가유형별 시험지 배정
  – 평가유형별 실시 : 공정한 평가를 위해 동일 기관·시점의 학습자에게는 서로 다른 유형의 시험지가 자동으로 배포되도록 관리함
  – 평가 결과관리

채점, 첨삭지도	지필고사는 시스템에 의해 자동으로 채점되며, 서술형은 교·강사가 직접 채점하는 방식으로 진행
모사 관리	서술형 평가에서 발생할 수 있는 내용 중복성을 검토하는 작업으로, 교·강사의 채점 이전에 모사 여부를 먼저 판단

⑤ 과정평가의 활용성과 난이도 파악 및 콘텐츠 개발 피드백
• 과정평가의 활용성 : 학습효과 파악, 적극적인 참여 유도, 학습자의 학습수준 파악, 과정 난이도 파악, 콘텐츠 개발 피드백 제공
• 과정 난이도 파악

구 분	세부내용
문항 난이도	• 문항의 어렵고 쉬운 정도를 나타내는 지수 • 교육생 중 정답을 맞힌 학생의 비율을 의미하여 정답률이라고도 함 • 난이도 지수가 높을수록 문항이 쉽다는 뜻 • 문항 난이도 지수 = 정답자 수 / 전체 반응자 수

문항 변별도	• 문항이 교육생의 능력을 변별하는 정도를 나타내는 지수 • 상위능력집단과 하위능력집단 간의 정답률의 차이로 산출
문항 곤란도	• 개개 문항의 어려운 정도를 뜻하며, 문항 형식이 선택형이냐, 서답형이냐에 따라 곤란도 산출 공식이 달라짐 • 실제 계산된 곤란도 지수가 높을수록 쉬운 문항이고 곤란도 지수가 낮을수록 어려운 문항임

■ 단위별 평가전략 설계

① 단위별 성취도 측정을 위한 평가유형

평가유형	세부내용
평가시험	과정의 중간 또는 끝에 시행하며, 학습자의 학습성취도를 정량적으로 평가
프로젝트	• 과정 내에 수행하며, 학습자의 학습성취도를 정성적으로 평가 • 학습자의 참여도와 창의성을 도출할 수 있음
포트폴리오	과정 내에서 수행한 과제 및 프로젝트를 종합하여 작성하는 문서로, 학습자의 학습성취도를 정성적으로 평가
토 론	• 과정 내에서 수행하며, 학습자의 학습성취도를 정성적으로 평가 • 의견을 나누고 토의하는 과정에서 학습자의 학습 태도와 참여도를 평가할 수 있음

② 단위별 성취도 측정을 위한 시기 및 주체

- 단위별 성취도 측정을 위한 시기
  - 평가시험 : 과정의 중간 또는 끝에 시행
  - 프로젝트 : 과정의 중간 또는 끝에 시행
  - 포트폴리오 : 과정의 끝에 시행
  - 토론 : 과정 내에서 수시로 시행
- 단위별 성취도 측정을 위한 주체
  - 평가시험 : 교 · 강사가 시행
  - 프로젝트 : 학생이 주체
  - 포트폴리오 : 학생이 주제가 되어 작성
  - 토론 : 교 · 강사가 주도

③ 단위별 평가유형에 따른 과제 및 시험방법

단위 구분	과제 및 시험방법
지식 단위	• 기본적인 개념과 지식 습득에 중점을 두는 단계 • 평가시험(객관식, 서술형, 주관식 등)을 시행하는 것이 적절함 • 다양한 유형의 문제로 학습자의 이해도와 학습성취도를 측정
적용 단위	• 지식을 바탕으로 한 문제해결과 실생활 활용 능력에 중점을 두는 단계 • 프로젝트나 과제를 시행하는 것이 적절함 • 지식을 활용하여 문제를 해결하거나 주어진 주제에 대한 연구 · 발표 활동을 수행
분석 단위	• 복잡한 문제나 상황을 분석 · 해결하는 능력에 중점을 두는 단계 • 포트폴리오를 시행하는 것이 적절함
종합 단위	• 지식과 능력을 종합하여 응용할 수 있는 능력에 중점을 두는 단계 • 프로젝트, 과제, 평가시험, 포트폴리오 등으로 학습자의 종합적인 학습성취도를 평가

■ 평가문항 작성

① 성취도 측정 평가도구

- 성취도 측정항목 : 평가항목은 지식, 이해, 응용, 분석, 종합으로, 학습자의 학습활동에 따라 달라지
므로, 항목에 맞게 평가방법 선택
- 성취도 요소별 측정 평가도구

성취도 요소	평가도구
지식	객관식, 주관식, 단답형, 서술형 문제 등
이해도	개념 맵, 요약문, 비교 분석, 설명 등
응용력	사례연구, 문제해결, 프로젝트 수행 등
분석력	구조화된 문제, 사례연구, 실험, 문제해결 등
종합력	포트폴리오, 프로젝트, 시험 등

② 평가문항 작성지침

- 평가문항의 유형별 분류

선택형 문항	서답형 문항
진위형, 선다형, 연결형	논술형, 단답형, 괄호형, 완성형

- 유형별 장·단점

유형 구분		장점과 단점
객관식 문제	장점	• 다양한 주제에 대한 학습자의 지식 평가가 가능 • 분명한 정답을 기준으로 객관적인 채점이 가능
	단점	• 문제 형식의 제약으로 다양한 측면에서의 학습자 성취 측정이 어려움 • 정답이 아니라고 분류되는 경우 창의적·비판적 태도를 억압할 수 있음 • 문제 출제에 많은 시간과 노력이 소요됨
진실·거짓 문제	장점	학습자의 내용 이해도를 간단하게 측정할 수 있음
	단점	50%는 정답이 될 수 있으므로 다른 유형보다 타당도가 낮음
연결하기 문제	장점	단어와 뜻, 항목과 예시 관계에 대한 지식을 간단하게 측정할 수 있음
	단점	분석, 종합과 같은 높은 수준의 성취도를 측정하기 어려움
서술형 문제	장점	지식을 정리·통합·해석하여 학습자의 언어로 표현하는 능력을 측정할 수 있음
	단점	• 문항 수가 적으므로 내용 타당도가 낮을 수 있음 • 객관적인 채점이 어려움

- 평가문항 작성지침

문항	작성지침
지필평가	• 선다형, 진위형, 단답형 등의 유형으로 출제 • 실제 출제문항의 최소 3배수를 출제하여 문제은행 방식으로 저장 • 문항별 오탈자 등을 검토, 수정
과제, 토론	• 서술형 유형으로 출제 • 과제의 경우 5배수를 출제여 문제은행 방식으로 저장 • 문항별 오탈자 등을 검토, 수정

- 유형별 작성지침

문항 유형	작성지침
진위형 문항	• 주어진 진술문의 정오를 확인하게 하는 유형 • 문제의 요점을 정확히 파악할 수 있도록 명확하게 진술해야 함 • 절대적인 의미의 표현이나 막연한 용어의 사용을 자제 • 참 또는 거짓 진술 문항의 길이를 비슷하게 작성
선다형 문항	• 몇 개의 보기 중에서 정답을 선택하게 하는 유형 • 정답과 오답의 위치를 무작위로 배치하여 연속된 번호형태, 일정한 번호 패턴을 유지하지 않도록 주의함
연결형 문항	• 관련된 것을 서로 연결하게 하는 유형 • 좌측 항목과 우측 항목의 수를 동일하게 하지 말고 한쪽 항목의 수를 더 많게 작성
논술형 문항	• 주어진 과제를 논리적 과정을 통해 해결하고 그 과정을 언어로 서술하는 유형 • '비교하라', '분석하라', '평가하라' 같은 분석, 종합, 평가능력을 측정하는 문항을 개발 • 지시문을 구체적으로 작성
서술형 문항	• 주어진 주제나 요구에 대해 자유로운 형식으로 서술하는 유형 • '열거하라', '기술하라' 같은 종합적인 지식을 측정하는 문항을 개발 • 지시문을 명확하고 구체적으로 작성
단답형 문항	• 진술문의 일부분을 비우고 채우게 하거나 어떤 물음에 대해 한 가지로 답하게 하는 유형 • 한 문장에 1~2개 정도의 빈칸을 두도록 작성
완성형 문항	• 중요한 내용을 여백으로 하고 정답이 가능한 단어나 기호로 응답되도록 질문하는 유형 • 교재에 있는 문장을 그대로 사용하지 않으며, 질문 뒤의 조사가 정답을 암시하지 않게 함

1 이러닝 운영 교육과정 관리

■ 요구분석의 중요성과 의미

① 요구분석의 중요성

- 요구분석은 이러닝 운영기획을 위한 중요한 활동이자 첫 번째 단계
- 이러닝 운영에 대한 기초적인 자료를 확보하는 역할을 수행
- 요구분석 결과는 교육과정을 설계하고 개발하는 측면과 이러닝 과정을 개설하고 운영하는 측면에서 모두 활용

② 요구분석의 의미

- 일반적으로 요구(needs)는 현재상태(what it is)와 바람직한 상태(what it should be) 또는 미래의 상태 간의 차이(Gap)를 의미
- 학습자가 이러닝을 통해 학습하게 될 과정을 개설하고 운영하는 데 필요한 세부사항을 수렴하고 분석하는 과정

■ 요구분석의 주요 내용

① 학습자 분석

- 학습대상이 누구인지를 파악하는 것
- 학습자가 가지고 있는 학습스타일, 학습동기, 학습태도 등도 포함
- David Kolb의 학습스타일이 고등교육 연구와 기업교육훈련 분야에서 가장 많이 활용
- 콜브(Kolb의 학습스타일)
  - 학습스타일을 정보처리 방식에 따라 능동적인 실험과 반성적인 관찰로 구분하였고 정보인식 방식에 따라 구체적인 경험과 추상적인 개념화로 구분
  - 학습자 구분

발산자 (Diverger)	• 구체적인 경험과 반성적인 관찰을 통해서 학습하는 학습자 • 뛰어난 상상력을 가지고 있고 아이디어를 창출하고 브레인스토밍을 즐김
조절자 (Assimilator)	• 추상적인 개념화와 반성적인 관찰을 선호하는 학습자 • 이론적 모형을 창출하는 능력을 가지고 있고 아이디어나 이론 자체의 타당성에 관심을 가짐
수렴자 (Converger)	• 추상적인 개념화와 능동적인 실험을 선호하는 학습자 • 발산자와는 반대입장을 가지며 문제나 과제가 제시될 때 정답을 찾기 위해 아주 빠르게 움직이고 사람보다는 사물을 다루는 것을 선호함

동화자 (Accommodator)	• 구체적인 경험과 능동적인 실험을 선호하는 학습자 • 조절자와는 반대입장을 가지며 일을 하는 것과 새로운 경험을 강조하고 실제문제를 해결하기 위한 개념이나 원리를 활용하는 방법에 관심을 가짐

② 고객의 요구
- 학습자가 속해 있는 조직과 관리자들이 어떤 요구를 갖고 있는가를 파악하는 것
- 학습자가 이러닝 운영을 통해 도달하기를 바라는 목표와도 연관됨

③ 교육과정 분석
- 학습자와 조직의 요구를 충족시키기 위해 필요한 학습내용이 무엇인지 파악하는 것
- 학습 내용을 어떻게 구성하고 개발할 것인지에 대한 기초자료가 됨

④ 학습환경 분석
- 교육과정인 학습콘텐츠가 서비스되기 위해서 구비되어야 하는 시스템이나 교육여건 등이 포함됨
- 학습환경 분석에서 가장 중요한 요소는 학습관리시스템(LMS)의 점검임

■ 교육 수요 예측
① SWOT 분석 : SWOT 분석은 기업의 내부환경과 외부환경을 분석하여 강점(Strength), 약점(Weakness), 기회(Opportunity), 위협(Threat) 요인을 규정하고 이를 토대로 전략을 수립하는 기법으로 사업계획이나 영업전략에 활용되고 있음

② STP 전략 : Segmentation(시장세분화), Targeting(목표시장 설정), Positioning(포지셔닝)의 머리글자를 의미함
- 시장세분화
  - 특정한 교육프로그램에 대하여 비슷한 성향을 가진 학습자들을 다른 성향을 가진 학습자들과 구분하여 하나의 집단으로 묶는 것
  - 시장세분화의 준거 : 지리적 조건, 인구통계 조건, 학습자들의 생활양식이나 행동양식 등 이용
  - 필립 코틀러(P. Kotler)의 시장세분화 성공조건 : 측정 가능, 충분한 시장성, 접근 용이, 차별화, 실행가능성
- 목표시장 설정 : 특정기관이나 프로그램에 적절한 표적집단과 시장을 선정
- 포지셔닝 : 표적시장 안에 있는 학습자들의 마음속에 우리 기관과 다른 기관을 서로 비교해서 어떻게 인식되느냐 하는 것

③ 4P 전략
- Product : 상품 ·서비스·포장·디자인· 브랜드·품질 등의 요소로 제품의 차별화와 서비스의 차별화를 어떻게 할 것인가 따져 보는 것
- Price : 상품의 가격정책을 어떻게 책정하고 판매할 것
- Place : 재화나 서비스를 판매하거나 유통시키는 장소와 유통경로와 관리
- Promotion : 광고, 마케팅, 판매촉진 등 고객과의 커뮤니케이션을 의미

■ 이러닝 운영 기획의 운영계획 수립
① 운영계획 수립 의의 : 이러닝 과정을 개설하고 운영하기 위한 목적으로 운영 전부터 운영 후까지의 전반적인 계획안을 작성하는 활동

② 운영계획 수립 역할
- 특정 교육과정을 대상으로 학습자, 고객의 요구, 교육내용, 학습환경에 대한 요구분석 결과를 반영
- 해당 교육과정에 적용될 이러닝 법제도를 검토하고 이러닝 운영에 필요한 제반사항을 계획하는 역할
- 운영계획 활동은 성과중심의 기업교육훈련 목표를 달성하기 위한 핵심활동이고 수행정도에 따라 운영결과에 영향을 줄 수 있는 중요한 역할임

③ 운영계획 수립 주요활동
- 운영전략 수립 : 이러닝 기획 및 요구분석 반영
- 일정계획 수립 : 이러닝 운영에 대한 계획
- 홍보계획 수립 : 이러닝 과정 안내
- 평가계획 수립 : 이러닝 운영의 질적 제고

■ 이러닝 운영계획 수립 체계

① 운영전략 수립
- 운영전략 수립은 이러닝 운영계획 수립에서 운영에 대한 구체적인 방향과 체계적인 운영 절차를 결정하는 활동이기 때문에 매우 중요한 요소임
- 운영전략 수립을 통해 해당 과정 운영의 특성을 살리고 학습자의 만족을 향상시킬 수 있는 방법들이 모색될 수 있음
- 운영전략 수립은 연간 수행할 과정 운영규모를 파악하고 과정 운영 요구분석 결과와 관련 최신 동향에 의한 요구를 반영하여 효과적인 과정 운영 전략을 수립함
- 과정 운영 매뉴얼을 작성한 후 워크숍, 연수 등을 실시하여 전달하는 활동

② 일정계획 수립
- 일정계획 수립은 운영할 과정에 대한 전반적인 운영활동과 그에 따른 학사일정을 계획하는 것
- 운영자는 일정계획 수립을 위해 학사운영에 대한 최신동향, 학습관리시스템(LMS) 활용방법, 스케줄 관리능력 등이 필요함
- 운영 전에는 수강신청, 학습 콘텐츠 등록 등이 포함되고, 운영 중에는 학습 진도 관리, 평가일정, 상호작용 일정 등이 포함되며 운영 후에는 성적처리 및 수료처리 일정, 운영 결과 분석 일정 등이 포함됨

③ 홍보계획 수립
- 홍보계획 수립은 운영될 과정의 특성을 분석하고 그에 적합한 마케팅(홍보) 포인트를 설정한 후 적절한 제안(홍보) 전략을 수립하여 자료를 제작하고 온ㆍ오프라인을 통해 홍보를 전개하기 위한 과정을 계획하는 활동
- 과정기획자가 담당하고 과정 운영담당자가 참여하기도 하며 과정 규모와 중요도에 따라 홍보부서와 같은 전담인력이 참여하기도 함

④ 평가전략 수립
- 평가전략 수립은 이러닝 운영의 품질관리 측면에서 매우 중요한 활동임
- 이러닝 운영의 학습결과와 함께 이러닝 운영과정에서 수행한 학습활동도 포함
- 운영결과로는 학습성적이 대표적이고 운영과정으로는 학습콘텐츠, 학습참여 활동, 학습관리시스템(LMS) 활용, 운영지원 활동 등에 대한 만족도 등이 포함됨

■ 이러닝 운영계획 수립 시 고려할 사항

- 교육과정 운영 일정
- 수강신청 일정
- 교육대상의 규모 및 분반, 차수 등의 결정
- 평가기준 및 배점
- 수료기준
- 과정 운영자 배정
- 과정튜터 배정
- 학습콘텐츠에 대한 검토
- 요구분석 대상(학습자, 운영자, 튜터)에 대한 분석결과 반영

■ 이러닝 운영의 사업기획 요소

① 이러닝 운영 프로세스와 구성요소

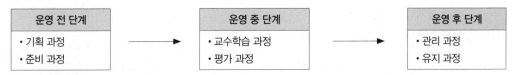

운영 전 단계	운영 중 단계	운영 후 단계
• 기획 과정 • 준비 과정	• 교수학습 과정 • 평가 과정	• 관리 과정 • 유지 과정

② 운영 전 단계의 사업기획 요소
- 과정을 개설하고 과정을 등록하고 학습자 등록을 설정하며 안내메일이 발송됨
- 학습 내용에 대한 오리엔테이션 실시, 전화, 이메일, 홈페이지 공지가 이루어지며 교·강사에 대한 사전교육이 매뉴얼을 활용하여 실시됨
- 사업기획 요소는 과정 선정 및 구성전략, 과정등록의 고용보험 매출계획, 과정홍보 및 마케팅 전략, 교·강사 인력관리 전략 등이 고려됨

③ 운영 중 단계의 사업기획 요소
- 과정운영을 위해 공지사항을 등록하고 진도관리를 실시하며 헬프데스크를 운영함
- 교·강사 관리, 자료실 및 커뮤니티 관리, 과제 관리, 학습진행 경과보고 등이 이루어짐
- 이러닝 운영의 구체적인 교수학습 활동이 진행되는 단계
- 파악되는 개선사항이나 의견은 사업기획의 세부 운영계획 수립에 영향을 미침
- 사업기획 요소는 학습진행 안내 및 독려 전략, 학습진행 문제발생 대응전략, 학습자료 제작 방향, 사업 및 시장분석을 위한 학습대상 선정, 학습자 특성 및 과정 등의 선정, 교·강사, 운영자, 시스템 관리자를 포함한 인력관리 전략 등이 고려됨

④ 운영 후 단계의 사업기획 요소
- 과정이 완료된 후 평가처리, 설문분석, 운영 결과보고 등이 이루어짐
- 과정운영에 대한 전반적인 자료분석 실시
- 자료의 활용 목적에 맞게 분석하는 것이 중요함
- 사업기획 요소는 과정 유지 및 개선, 마케팅 및 홍보기법 개선, 매출계획 수립, 인력 선발 및 관리 등이 고려됨

■ 운영전략 수립 주요 내용 확인

① 학습을 촉진하고 독려하며 참여를 높이는 요소로 구성되었는지를 확인함

② 온라인에서 학습 일정관리와 학습독려를 학습 진도 상황에 맞게 스케줄에 따라 이메일, 전화 등을 활용하여 제공하였는지를 점검

③ 교·강사와 학습자, 학습자와 학습자 간의 상호작용을 경험하게 하고 커뮤니케이션 기회를 제공해 줄 수 있고 이벤트, 학습포인트 제도 등을 통해 학습에 대한 보상을 제공하였는지를 확인

■ 일정계획 수립 주요 내용 확인

① 과정운영을 위한 실제적인 스케줄을 수립하는 것으로 월별, 주별, 일별 등 기간을 구분하여 수립되었는지를 확인

② 일반적으로 이러닝 운영 기획단계에서는 운영 전, 중 후 단계에 따라 주단위 기간으로 세부 활동을 포함한 일정계획을 수립

③ 이러닝 사업기획 업무에서 일정계획 수립은 콘텐츠 개발 계획, 운영에 참여하는 인력관리 등의 방향 수립과 협의하여 반영

④ 운영 프로세스의 일정계획

운영 전	운영 중				운영 후
- 2W	1W	2W	3W	4W	2W
▶ 준비단계	▶ 학습시작	▶ 학습관리	▶ 점검/독려	▶ 과정마무리	▶ 학사관리
· 콘텐츠 검수 (업데이트) · 고용보험신고 [신규(매월 13일/ 추가일정(교육시 작 5일 전)] · 과정 등록 · 과제 등록 · 평가 등록 · 토론 등록 · 설문 등록 · 수강신청 안내 – 사내 공지 – 메일발송 · 과정진행을 위한 사전필요작업	· 수강대상자 확정 · 학습시작 안내 · 주차권장 진도 안내메일 발송 및 공지	· 주차권장 진도 안내메일 발송 및 공지 · 과정이수기준 및 평가응시방법 등 안내 · 과정별 학습자 모니터링	· 주차권장 진도 안내메일 발송 및 공지 · 학습부진자 집중 관리 · 과제 제출, 평가 응시 등 이수기 준 사항들 집중 안내	· 주차권장 진도 안내메일 발송 및 공지 · 학습부진자 독려 · 과제 미 제 출 자 독려 · 평 가 미 응 시 자 독려 · 설문참여 공지	· 과정종료 안내 및 설문조사 · 강사에 과제 채 점 의뢰 · 교육결과 반영 (수료판정) · 교육종료 14일 후 수료자 보고 (HRD Net) · 자체 결과보고 : 수료율, 과정만 족도, 설문결과, 월별 학습자 추 이, 인당 교육시 간 등 월별 e러 닝 교육에 대한 학습자 현황 분 석)

튜터링 / 모니터링

발생 후 최대 1일 이내 처리
[Q&A] 문의사항(사내메일, 메신저) 등으로
접수된 내용에 대한 오류신고 처리 및 질의응답

출처 : 한국직업능력개발원(2008). 기업 E-Learning 시스템·운영 가이드라인

■ **홍보계획 수립 주요 내용 확인**

① 과정의 운영계획과 운영전략을 수립할 때 함께 모색하고, 과정특성에 적합한 홍보대상, 방법, 자료를 마련하고 학습자 모집 및 마케팅에 활용하는 내용을 확인함

② 사업기획 업무에서 마케팅 전략, 홍보전략, 매출계획 등을 수립할 때 홍보계획을 검토해야 효과적임

③ 홍보계획 수립의 주요 내용 반영을 위한 체크리스트

- 운영과정의 특성 분석을 실시하였는가?
- 운영과정에 대한 학습자, 고객사 요구분석 결과를 반영하였는가?
- 홍보 마케팅포인트를 설정하였는가?
- 홍보대상을 선정하였는가?
- 과정 및 운영특성에 적합한 홍보방법(우편물, 리플렛, 플랜카드, 전화, 지인추천, 인터넷포털광고, SNS 활용 등)을 선정하였는가?
- 홍보목적에 적합한 자료(온라인 과정개요서, 팝업공지, 홈페이지광고, 샘플강의 등)를 제작하였는가?
- 홍보 이벤트전략(우수학습사례, 사전등록할인, 연계강좌 추천등록 등)을 수립하였는가?

■ **이러닝 운영계획 수립을 위한 확인 사항**

필수사항	• 교육운영 일정은 결정되었는가? • 수강친정 일정은 결정되었는가? • 교육대상의 규모, 분만 및 차수 등은 결정되었는가? • 평가기준 및 배점은 결정되었는가? • 수료기준은 결정되었는가? • 과정 운영자는 결정되었는가? • 과정 튜터는 결정되었는가? • 고용보험 적용과 비적용에 대한 고려는 되었는가? • 학습콘텐츠에 대한 검토는 이루어졌는가?
권고사항	• 교육 수요에 대한 분석결과는 확인되었는가? • 비용—효과에 대한 분석결과는 반영되었는가? • 요구분석대상(학습자, 운영자, 교육담당자, 교수자, 튜터)에 대한 분석결과는 반영되었는가?

■ **학습관리시스템(LMS ; Learning Management System)**

① **개념** : 온라인을 통하여 학습자들의 성적, 진도, 출결사항 등 학사 전반에 걸친 사항을 통합적으로 관리해 주는 시스템

② **LMS 주요 메뉴**

- 사이트 기본 정보 : 중복로그인 제한, 결제방식 등을 선택할 수 있으며, 연결도메인 추가, 실명인증 및 본인인증 서비스 제공, 원격지원 서비스 등을 관리할 수 있음
- 디자인 관리 : 디자인 스킨 설정, 디자인 상세 설정, 스타일 시트 관리, 메인팝업 관리, 인트로 페이지 설정, 이미지 관리 등의 작업을 수행할 수 있음
- 교육 관리 : 과정운영 현황파악, 과정제작 및 계획, 수강/수료 관리, 교육현황 및 결과 관리, 시험 출제 및 현황 관리, 수료증 관리 등의 작업을 수행할 수 있음
- 게시판 관리 : 게시판 관리, 과정 게시판 관리, 회원작성글 확인, 자주 하는 질문(FAQ), 용어 사전관리 등의 작업을 수행할 수 있음

- 매출 관리 : 매출 진행관리, 고객 취소요청, 고객 취소기록, 결제 수단별 관리 등의 작업을 수행할 수 있음
- 회원 관리 : 사용자 관리, 강사 관리, 회원가입 항목 설정, 회원들의 접속 현황 등을 관리할 수 있음

③ LMS 점검을 통한 이러닝 과정 품질 유지
- 이러닝 과정 운영자는 해당 이러닝 과정의 교수 · 학습 전략이 적절한지, 학습목표가 명확한지, 학습 내용이 정확한지, 학습분량이 적절한지를 수시로 체크해야 함
- 체크해야 하는 이유는 모두 이러닝 과정의 품질을 높이기 위한 방법임
- 이러닝 과정 운영자는 수시로 LMS와 학습 사이트를 오가며 확인
- 다양한 기능이 있는 LMS의 메뉴를 파악하고 문제가 발생할 시 신속히 해결될 수 있도록 해야 함

■ 운영전략 수립하기

① 조직의 비전, 인재상, 교육훈련 목표, 이러닝 최신동향, 요구분석, 결과분석, 과정특성에 따른 운영지원 요소 등을 반영
② 이러닝 운영에서 활용되는 운영전략 : 자기주도학습 지원, 맞춤서비스 지원, 체계적 운영관리 지원 등

자기주도학습 지원	• 자기주도학습의 개념 : 학습자 스스로 학습참여 여부부터 목표 설정, 프로그램의 선정, 학습평가에 이르기까지 학습의 전 과정을 자발적으로 선택하고 결정하여 수행하는 학습형태 • 지원의 역할 : 이러닝은 인터넷을 기반으로 스스로 학습하는 자기주도적 학습 환경이므로 이러한 학습을 진행하고 관리할 수 있는 지원이 운영과정에 중요한 역할을 함 • 자기주도학습 지원의 세부활동 예시 : 학습계획 수립, 학습각오 다짐, 학습진단 및 역량진단 지원, 학습 및 관련자료 제공, 학습동기 부여 및 독려, 이러닝 포인트제도 활용, 학습질문에 대한 즉각적인 피드백, 알림서비스, 수강후기 및 학습경험 공유, 연간학습계획서 작성
맞춤서비스 지원	• 이러닝 운영에서 맞춤 서비스는 학습자 개인이든 기업단위의 고객이든 한 단계 높은 수준의 교육서비스를 제공하고자 하는 것 • 동일한 운영지원 요소일지라도 학습자 특성과 고객사의 교육과정 운영 목적에 따라 지원되는 방식은 다를 수 있기 때문에 제공 • 맞춤서비스 지원의 세부활동 예시 : ASP 운영요청서 작성 및 분석, 고객사 및 개별학습자 요구조사, 분석, ASP별 맞춤형 홈페이지 구성, 교육대상의 역량체계에 따른 진단서비스, 기업담당자의 관리기능 강화 및 운영매뉴얼 제공, 기업담당자에 대한 전담관리자 배정, 교육결과 보고 및 피드백 제공
체계적 운영관리 지원	• 안정적이고 효율적인 이러닝 운영을 수행하기 위해서는 체계적인 운영관리 지원이 필요 • 운영과정에서 도출된 문제나 개선사항은 수시로 분석되고 반영되어야 만족도가 높은 운영이 이루어질 수 있기 때문 • 체계적 운영관리 지원의 세부활동 예시 : VOC(고객의 소리 등) 활용 운영프로세스 개선, 운영매뉴얼 업데이트 및 공유, 운영관련 각종 통계자료 관리 및 분석, 운영품질 모니터링 및 담당자 배정, 월간 운영회의 및 운영보고서 관리, 학습자별 학습 스케줄 관리 및 시스템 지원

■ 이러닝 콘텐츠 품질기준

① 이러닝 콘텐츠에 대한 품질관리 기준
- 콘텐츠 개발 기관이나 품질인증 기관에 따라 조금씩 다름
- 학습내용, 교수설계, 디자인 제작, 상호작용, 평가방법 등이 영역에 포함

② 콘텐츠 점검 요소에 적용되는 평가 기준

학습내용 구현	• 학습 목표를 달성할 수 있는 주제를 중심으로 적절한 체계를 갖추어 구성 • 텍스트 철자 등의 기본문법이 정확하고, 내용이 간결하고 명확하게 기술, 정리 • 설계된 교수학습 전략에 따라 내용 요소가 적합하게 구성 • 텍스트와 그래픽, 애니메이션 등의 요소를 학습내용의 특성을 고려하여 적절히 구현 • 학습내용을 페이지별로 적절한 학습 분량으로 구성
교수설계	• 학습목표를 달성하는 데 적합한 교수학습 전략을 채택 • 학습에 대한 지속적 흥미와 동기를 유지할 수 있도록 다양한 동기유발 전략을 적용 • 학습 진행 중 학습자의 능동적 반응을 유도하거나 의견공유의 기회를 제공하는 등의 상호작용 전략을 적절히 적용 • 기획의도에 부합하는 학습주제를 논리적이고 적절한 단위로 구성 • 학습목표, 학습대상, 내용특성을 적절히 고려
디자인 제작	• 프레임 구성, 색감 등 화면구성이 과정특성을 잘 반영하고 있으며, 전체적으로 조화롭고 일관성이 있음 • 텍스트가 읽기 쉽게 디자인됨(크기, 모양, 색상, 핵심 내용의 포인트 등) • 학습관련 아이콘을 기능에 맞게 적절한 이미지로 표현 • 목차 학습지원 메뉴, 페이지 이동 등이 편리하게 구성 • 학습내용 중 삽입되는 이미지, 애니메이션 등의 시각적 요소와 전체 UI 간 조화를 고려하여 일관성 있게 표현 • 현재의 학습내용과 자신의 위치를 파악하는 것이 용이하게 구성 • 학습 중 내용 간의 이동 시 에러가 발생하지 않음(내비게이션 버튼, 목차, Open Window 등) • 하이퍼링크 내용의 이동과 복귀가 용이 • 삽입된 멀티미디어 요소가 오류 없이 작동하며 음질/화질 및 제시형태 등이 양호 • 학습과정에서 학습자가 참조할 수 있도록 전반적인 학습가이드(학습안내, 도움말, 부교재 등)가 편리하게 잘 제시되어 있음

출처 : 박인우(2004), 교과별 콘텐츠 제작 지침 개발 연구(NCS)

■ 교육과정 운영결과 분석

① 운영과정에 대한 결과를 분석의 의미 : 과정운영 중에 생성된 자료를 수집하고 분석하여 그 결과의 의미를 파악하기 위함

② 과정운영 결과를 분석하는 활동에 포함되는 영역 : 학습자의 운영만족도 분석, 운영인력의 운영활동 및 의견분석, 운영실적자료 및 교육효과 분석, 학습자 활동 분석, 온라인 교 · 강사의 운영활동 분석 등

③ 과정운영 결과분석을 위한 체크리스트

필수사항	• 만족도 평가결과는 관리되는가? • 내용이해도(성취도) 평가결과는 관리되는가? • 평가결과는 개별적으로 관리되는가? • 평가결과는 과정의 수료기준으로 활용되는가?

권고사항	• 현업적용도 평가결과는 관리되는가? • 평가결과는 그룹별로 관리되는가? • 평가결과는 교육의 효과성 판단을 위해 활용되는가? • 동일과정에 대한 평가결과는 기업 간 교류 및 상호인정이 되는가?

출처 : 박종선 외(2003b), E-learning 운영표준화 가이드라인(NCS)

■ 운영결과 양식과 내용

① 과정 운영결과 보고서는 해당 과정운영에 대한 과정명, 인원, 교육기간 등이 운영 개요로 포함되고 교육결과로 수료율이 제시되며 설문조사 결과, 학습자 의견, 교육기관 의견 등이 포함됨

② 과정 운영결과 보고서 작성은 교육결과로 나타난 기본적인 통계자료를 정리하여 작성하면서 동시에 운영결과에 대한 해석의견과 피드백이 포함되어야 함

③ 교육기관 입장에서 작성하는 의견은 교육을 의뢰한 고객사에 추후 교육참여를 결정하는 중요한 정보가 될 수 있기 때문에 긍정적이든 부정적이든 전문가 입장에서 의견을 제시하여야 함

④ 과정 운영결과 보고서는 하나의 과정에 대해 작성하기도 하지만 여러 과정을 종합하여 제공하는 경우도 있음

⑤ 연간 또는 분기별로 여러 과정을 종합 분석함으로써 과정운영 및 참여에 대한 경영진의 의사결정을 도와주는 기초자료로 활용이 가능

⑥ 과정 운영결과 보고서는 학업성취도 평가를 포함하고 있기 때문에 교육적 효과성을 판단하는 자료가 될 수 있음

3 이러닝 운영 평가관리

■ 학습자 만족도 조사 개념 및 평가영역

① 학습자 만족도 조사의 개념

• 학습자 만족도 조사는 교육 프로그램에 대한 느낌이나 만족도를 측정하는 것

• 학습자 만족도 조사는 교육의 과정과 운영상의 문제점을 수정, 보완함으로써 교육의 질을 향상시키기 위해 실시

• 학습자 만족도 조사는 교육과정에 대한 학습자의 전반적인 만족도를 조사하는 것

• 만족도 조사는 학습자의 반응 정보를 다각적으로 분석, 평가하는 것

• 학습시스템 만족도 조사는 현재 시스템에 대한 만족도 조사뿐 아니라 기능과 메뉴에 대한 개선 사항도 함께 조사하여 추후 학습시스템 관리에 반영하도록 함

② 학습자 만족도 조사 평가영역

학습자 평가 영역	• 학습동기 : 교육 입과 전 관심·기대 정도, 교육목표 이해도, 행동변화 필요성, 자기계발 중요성 인식 • 학습준비 : 교육 참여도, 교육과정에 대한 사전인식
교·강사 평가 영역	열의, 강의 스킬, 전문지식

교육내용 및 교수설계 평가 영역	• 교육내용 가치 : 내용만족도, 자기개발 및 업무에 유용성·적용성·활용성, 시기 적절성 • 교육내용 구성 : 교육목표 명확성, 내용구성 일관성, 교과목편성 적절성, 교재구성, 과목별 시간 배분 적절성 • 교육수준 : 교육전반에 대한 이해도, 교육내용의 질 • 교수설계 : 교육흥미 유발방법, 교수기법 등
학습위생 평가 영역	피로 : 교육기간, 교육일정 편성, 학습시간 적절성, 교육흥미도, 심리적 안정성
학습환경 평가 영역	• 교육 분위기 : 전반적 분위기, 촉진자의 활동 정도, 수강인원의 적절성 • 물리적 환경 : 시스템 만족도

출처 : 백석대 김종표 교수자료(NCS 자료)

③ 학습자 만족도 수행 순서
- 교육과정의 내용, 분량을 포함한 학습자 만족도를 조사
- 학습안내를 포함한 운영자 지원활동에 대한 학습자 만족도를 조사
- 학습촉진을 포함한 교·강사 지원활동에 대한 학습자 만족도를 조사
- 학습과정에 대한 전반적인 학습자 만족도를 조사
- 학습자 시스템 사용의 용이성을 포함한 시스템 사용에 대한 학습자 만족도를 조사

■ **학습자 만족도 조사 방법**

① 학습자 만족도 조사 방법 : 개방형 질문(Open-Ended Question), 체크리스트, 단일 선택형 질문(2-Way Question), 다중 선택형 질문(Multiple Choice Question), 순위작성법(Ranking Scale), 척도제시법(Rating Scale) 등

② 반응도 평가 유형

개방형 질문 (Open-Ended Question)	• 질문 : 본 과정에서 다루지 않았지만 귀하의 업무와 관련된 중요한 주제를 다룬다면 어떤 것입니까? • 답변 : 서술형으로 기술
체크리스트 (Check List)	• 질문 : 다음 중에서 귀하가 사용하고 있는 소프트웨어는 어떤 것입니까? • 답변 : Word Process - Graphics - Spreadsheet
단일 선택형 질문 (2-Way Question)	• 질문 : 현재 업무 중 평가기법을 사용하고 있습니까? • 답변 : 예/아니요
다중 선택형 질문 (Multiple Choice Question)	• 질문 : Tachometer는 ( )를 나타낸다. • 답변 : a. Road speed, b. Oil pressure ......
순위작성법 (Ranking Scale)	• 질문 : 다음의 감독자가 행하여야 할 중요한 업무 5가지를 중요 순서대로 5(가장 중요함)에서부터 1(가장 중요하지 않음)까지 숫자를 입력하시오. • 답변 : 1~5번까지 순위가 있는 업무기술
척도제시법 (Rating Scale)	• 질문 : 새 데이터 처리시스템은 사용하기에 • 답변 : 매우 쉽다 매우 어렵다 　　　 1 2 3 4 5

출처 : 김은정, 박종선, 임영택(2009), 최고의 이러닝 운영 실무, (사)한국 이러닝 산업협회(NCS)

■ 이러닝 학습자의 특성

① 이러닝은 시공간에 구애받지 않고 제공될 수 있어 문화적으로 다양한 배경을 지닌 학습자들의 참여가 가능

② 이러닝 학습자는 매우 다양한 인적, 문화적, 사회적 특성을 가지고 있고 학습하는 방식도 매우 다양함

③ 기업교육에서 이러닝 학습자는 대부분 성인으로 풍부한 삶의 경험과 직장경력을 가지고 학업을 병행하는 경우가 많음

④ 이러닝 학습자들은 학습할 때 자신의 경험과 연계하여 접근하려는 경향이 강함

⑤ 이러닝 학습자는 대학이나 직업영역에서 성취추구를 하고 있어 학습에 대한 동기에도 영향을 미침

⑥ 성인 이러닝 학습자는 자발적이고 강한 학습동기를 가지고 있고, 스스로 생애주기 설계에 부합하는 학습을 수행하고자 하는 특성을 보임

■ 이러닝 학습 콘텐츠 특성

① 이러닝 콘텐츠는 교수학습활동을 목적으로 한 학습내용 및 자원을 다양한 멀티미디어 형태로 표현한 것

② 이러닝 콘텐츠는 일반 오프라인 학습의 '수업(Instruction)'에 해당하는 것으로서 이러닝의 핵심 요소임

③ 어떠한 콘텐츠가 제공되느냐에 따라 이러닝의 질을 좌우할 수 있으므로 이러닝 콘텐츠의 질은 매우 중요함

④ 이러닝 콘텐츠는 학습목표를 달성할 수 있는 내용으로 구성되고, 학습을 돕기 위한 각종 예제와 연습문제 풀이 같은 교수전략들이 사용됨

⑤ 이러닝 콘텐츠는 이러닝의 장점을 살려 학습내용 제시 시 텍스트뿐 아니라, 그림, 사진, 동영상, 오디오, 애니메이션 등 멀티미디어적 요소를 넣어 학습의 이해를 도움

■ 이러닝 학습운영 프로세스

① 개 념

- 이러닝 학습운영 프로세스는 이러닝 학습과정의 진행과 흐름에 따라 고려되어야 할 운영과 관리측면에서의 모든 사항들을 추출한 것
- 하나의 이러닝 과정을 운영하는 데는 이러닝 과정 운영자뿐 아니라, 교·강사 등 많은 인력과 노력이 요구됨
- 이러닝 학습운영 프로세스는 이러닝 학습과정 실시 전·중·후에 맞추어 체계적인 전략이 요구됨
- 이러닝 과정의 성패는 전략들을 전문적이고 세심하게 수행하는 것에 달려 있음
- 이러닝 과정 시작 전에 수강관리나 오리엔테이션 관리는 매우 중요함
- 교·강사로 대표되는 이러닝 운영요원에게 이러닝 교육의 특성에 대한 교육과 학사관리 등 학습진행 방법 등을 사전에 숙지시킴으로써 보다 효과적인 이러닝 과정 운영을 할 수 있음

② 교육과정

교육과정 전 관리	• 교육을 시작하기 전에 수행해야 하는 과정 관리 • 과정 홍보 관리, 과정별 코드나 이수학점 관리, 차수에 관한 행정관리, 수강신청 등 수강여부 결정, 강의 로그인을 위한 ID 지급, 학습자들의 테크놀로지 현황관리 등
교육과정 중 관리	• 교육과정 운영담당자가 매일 또는 매주 과정진행이 원활한지 확인하고 문제점이 발견되면 즉각적으로 해결 • 학사일정, 시스템상에서 관리되어야 하는 공지사항, 게시판, 토론, 과제물 등이 포함됨

교육과정 후 관리	• 수강생의 과정 수료 처리 • 미수료자의 사유에 관한 행정처리, 과정에 대한 만족도 조사, 운영결과 및 평가결과에 대한 보고서 작성, 업무에 복귀한 교육생들에게 관련 정보제공, 교육생 상호 간 동호회 구성 여부 확인 등

■ 이러닝 운영인력

① 주요인력 : 이러닝 과정 운영자, 교·강사, MS 운영지원을 위해 시스템 관리자
② 운영인력의 역할

이러닝 과정 운영자	• 이러닝 학습과정을 총괄·관리하는 인력으로 학습자의 학사관리, 학습시작 전·중·후 프로세스에 따른 운영을 담당 • 학사일정 전반에 대한 안내, 학습독려일정을 계획, SMS·이메일·전화 등을 통해 학습자를 독려를 진행하는 등 학습자 관리에 매우 중요한 역할을 함 • 인바운드 학습자 질의 상담, 원격지원 등 기술 지원 • 학습자의 학습방향 유도 및 과제안내 등 학습방향을 제시
이러닝 교·강사	• 기본적으로 학습자의 학습 질의응답 • 평가문제 출제 및 채점 • 과제 출제 및 첨삭지도 • 학습활동(주차별 진도학습, 시험, 과제)의 내용관리 • 지속적인 과정 내용분석 • 학습자 수준별 학습 자료 제작 및 제공 등의 역할
시스템 관리자	LMS 운영을 지원하고, 사이트의 유지보수 및 R&D의 역할을 수행

■ 조사 수행

① 교육과정의 내용, 분량을 포함한 학습자 만족도를 조사
② 학습안내를 포함한 운영자 지원활동에 대한 학습자 만족도를 조사
③ 학습촉진을 포함한 교·강사 지원활동에 대한 학습자 만족도를 조사
④ 학습과정에 대한 전반적인 학습자 만족도를 조사
⑤ 학습자 시스템 사용의 용이성을 포함한 시스템 사용에 대한 학습자 만족도를 조사

■ 이러닝 평가를 위한 커크패트릭(Kirkpatrick) 4단계 평가모형

단계구분	개 념	평가내용	평가방법	평가조건
1단계 반응 (Recation)	참가자들이 프로그램에 어떻게 반응했는가를 측 정하는 것으로 고객만족 도를 측정	교육내용, 강사 등	설문지, 인터뷰 등	교육목표
2단계 학습 (Learning)	프로그램 참여결과 얻어 진 태도변화, 지식증진, 기술향상의 정도를 측정	교육목표 달성도	• 사전/사후 검사비교 • 통제/연수 집단비교 • 지필평가, 체크리스크 등	• 반응검사 • 구체적 목표 • 교육내용과 목표의 일치

3단계 행동 (Behavior)	프로그램 참여결과 얻어진 직무행동 변화를 측정	학습내용의 현업적용도	• 통제/연수 집단비교 • 설문지, 인터뷰 실행계획, 관찰 등	• 반응, 성취도평가의 긍정적 결과 • 습득한 기능에 대한 정확한 기술 • 필요한 시간, 자원
4단계 결과 (Result)	훈련결과가 조직의 개선에 기여한 정도를 투자회수율에 근거하여 평가	교육으로 기업이 얻은 이익	• 통제/연수 집단비교 • 사전/사후 검사비교 • 비용/효과 고려	이전 3단계 평가에서의 긍정적 결과

※ 1~3단계 : 개인차원, 4단계 : 조직차원

- **이러닝 운영 평가관리의 학업성취도 평가**
  ① 개념
    - 학업성취도는 이러닝을 통한 교육훈련의 결과로 학습자의 지식, 기술, 태도 측면이 어느 정도 향상되었는지를 측정하는 것
    - 이러닝 과정이 시작하기 전에 제시된 학습목표를 어느 정도 달성하였는지를 확인 가능
    - 교육과정이 종료된 후에 전체적인 학습 효과를 학습목표 달성을 중심으로 평가하는 것이어서 형성평가보다는 총괄평가 성격을 지님
    - 학교교육, 기업교육, 평생교육 등 교육훈련이 이루어지는 대부분의 교육현장에서 대부분 실시하는 평가로써 교육프로그램의 효과성을 결정하는 자료로 활용
    - 커크패트릭(Kirkpatrick)의 4단계 평가모형에서 2단계인 학습(Learning)에 해당하므로 학습자가 이해하고 습득한 원리, 개념, 사실, 기술 등의 정도를 파악하는 것이 주요 내용임
    - 학업성취도 평가는 평가절차에 따라 평가계획을 수립하고 진행하여야 시행착오를 줄일 수 있으므로 평가절차의 단계별 주요 활동을 반드시 확인하고 의사결정을 하도록 함
    - 학업성취도 평가는 해당 과정에 실시한 모든 평가방법을 포함하여 제공한 결과로써 평가방법의 우선순위를 고려해서 분석하면 효과적임
    - 학업성취도 평가 결과가 낮거나 높은 경우 모두 원인을 분석하되 개별 학습자 원인을 분석할 때 가급적 전체 학습자 평균결과를 고려하여 해석하는 것이 도움이 됨
  ② 평가의 필요성
    - 학습자 개개인의 학습성취 수준 파악
    - 교육프로그램의 수료 여부 결정
    - 교육프로그램의 효과성 검증
    - 프로그램의 수정 및 개선 실시

- **학업성취도 평가 절차**
  ① **평가준비 단계** : 평가계획 수립, 평가문항 개발, 문제은행 관리
  ② **평가실시 단계** : 평가유형별 시험지 배정, 평가유형별 실시
  ③ **평가결과 관리 단계** : 모사관리(서술형 평가에서 발생할 수 있는 내용중복성을 검토하는 것), 채점 및 첨삭지도, 평가결과 검수, 성적공지 및 이의신청처리

■ 이러닝 운영 학업성취도 평가 문항 개발

① 학업성취도 평가 문항은 평가문항 출제지침에 따라 개발하고 출제된 문항은 검토위원회 등을 통해 내용 타당도 및 난이도 등을 검토

② 문항출제는 주로 교육과정의 내용전문가로 참여한 교수자가 담당하게 되고 교육기관의 내부심의를 통해 출제자로 선정하는 과정을 거침

③ 평가문항은 지필고사의 경우 실제 출제문항의 최소 3배수를 출제하고, 과제의 경우 5배수를 출제

④ 평가문항수는 평가계획 수립 시 3~5배 내에서 출제하도록 선정하고 평가기준에 대한 비율(100점 중 60% 이하 과락 적용 등)도 선정

⑤ 개발된 평가문항은 평가문항 간에 유사도와 난이도를 조정하는 과정을 거쳐 완성도를 확보하여야 하는데 일반적으로 외부전문가에 의한 평가문항 사전검토제를 실시하고 최종 평가문항을 확보함

⑥ 평가문항에 대한 검수 체크리스트를 활용하여 검토하고 개발을 완료함

⑦ 학업성취도 평가문항은 지필평가의 경우 선다형, 진위형, 단답형 등의 유형으로 출제하고 과제, 토론과 같은 경우 서술형의 유형으로 출제함

■ 학업성취도 평가 도구

① 지필 시험
  • 4지 선다형 또는 5지 선다형의 구성으로 출제
  • 학습내용에 대한 다양한 관점을 이해하고 비교하여 선택할 수 있도록 5점 척도를 활용하는 것이 증가하고 있음
  • 선다형의 경우 명확한 정답을 선택할 수 있도록 지문을 제시하는 것이 중요
  • 부정적인 질문의 경우 밑줄 또는 굵은 표시 등을 포함하면 학습자 실수를 줄일 수 있음
  • 단답형의 경우 가능할 수 있는 유사답안을 명시하는 것이 중요하고 다양한 답이 발생할 수 있는 경우를 배제하는 필요함

② 설문조사
  • 해당 문제에 대한 학습자 선호나 의견의 정도를 가늠하기 위해 사용하는 데 일반적으로 5점 척도를 사용
  • 5점 척도는 익숙하기는 하지만 최고와 최하의 선택이 가지는 학습자인식을 고려하여 7점 또는 10점 척도를 사용하기도 함
  • 10점 척도는 100점 기준에 익숙한 학습자들이 쉽고 정확하게 자신의 선호나 의견을 표현할 수 있어 도움이 됨

③ 과제 수행
  • 해당 과정에서 습득한 지식이나 정보를 서술형으로 작성하게 하는 도구
  • 주로 문장 작성, 수식 계산, 도표 작성하는 내용, 이미지 구성 등이 해당됨
  • 워드, 엑셀, 파워포인트, 통계분석 등과 같은 응용 프로그램을 활용하여 수행하게 됨

■ 학업성취도 평가결과 개선 방안

① 학습진도 관리 지원
  • 학습진도는 매주 학습해야 하는 학습분량과 학습시간을 관리
  • 학습자가 이해하기 쉽게 진도율을 비율로 표시하거나 막대그래프로 표시

② 과제 수행 지원
- 습득한 단편적인 지식으로 과제 평가문항을 구성하면 과제 모사율이 높아져 과제 평가결과를 신뢰하기 어려움
- 과제내용을 정형화된 지식조사보다는 사례분석, 시사점 제시, 자신의 의견작성 등과 같이 모사하기 어려우면서 학습의 정도를 결과로 파악할 수 있는 내용으로 구성
- 과제평가에 대한 구체적인 평가기준, 채점방법, 감점요인 등을 사전에 안내함
- 응용프로그램 등의 도구활용과 프로그램 설치를 지원함

③ 평가일정 관리 지원
- 학업성취도 평가를 위해 평가에 참여하는 것은 필수적이므로 평가시기로 인해 참여가 어려운 경우 사전에 조절하도록 기회를 제공
- 시험시기, 시험시간, 시험장소 등을 여러 일정 중에서 선택할 수 있도록 지원

■ 이러닝 운영 학업성취도 평가 설계방법과 특징

① **사전평가** : 교육 입과 전 교육생의 선수지식 및 기능습득 정도 진단 가능, 교육 직후 평가 자료가 없는 관계로 교육효과 유무 판단 불가
② **직후평가** : 교육 직후 KSA 습득정도, 학습목표 달성정도 파악에 유용, 사전평가 자료가 없는 관계로 교육효과 판단 불가
③ **사후평가** : 교육 종료 후 일정기간이 지난 다음 학습목표 달성정도 파악에 유용, 사전, 직후 평가자료가 없는 관계로 교육효과 또는 교육종료 후 습득된 KSA의 망각 여부 판단 불가
④ **사전/직후평가** : 교육 입과 전, 직후 KSA 습득정도 파악 및 비교 가능, 사후평가 자료가 없는 관계로 시간이 지남에 따라 습득된 KSA의 지속적 파지여부 판단 불가
⑤ **사전/사후평가** : 교육 입과 전, 사후 KSA 습득 정도 파악, 교육 종료 직후 평가자료가 없는 관계로 진정한 교육 효과 평가 미약
⑥ **직후/사후평가** : 교육 효과 직후, 사후 습득된 KSA 정도 파악, 사전평가 자료가 없는 관계로 교육 효과 판단 불가
⑦ **사전/직후/사후평가** : 교육 입과 전, 직후, 사후 습득된 KSA 정도 파악, 고난도 가장 완벽한 설계

■ 학업성취도 평가설계 결과 해석
① 사전 · 사후평가 실시하기
- 이러닝 과정의 학업성취도 평가는 학습자의 변화정도를 파악하기 위해 사전/사후평가를 실시하기도 함
- 사전/사후평가는 이러닝 과정에서 제공한 학습내용 영역별로 학습자의 변화정도를 양적 변화로 표현할 수 있기 때문에 교육의 효과를 분석하는 데 많이 활용

② 평가결과 사례 해석
- 이러닝 과정의 7가지 내용 영역에 대해 사전/사후평가를 실시한 결과로써 방사형 그래프로 표현됨
- 방사형 그래프는 사전평가와 사후평가를 비교하기 위해 표시방법을 색상, 선 구분, 점수 표시 등으로 구분됨
- 각 영역마다 차이를 숫자를 통해 확인할 수 있는데 변화정도를 증가(+), 감소(−), 변화 없음(0)의 3가지로 해석할 수 있고 전체 변화에 대한 해석과 각 영역별 해석을 구분할 수 있음

- 학업성취도의 사전/사후평가 결과 예시

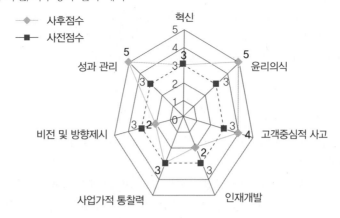

■ 학업성취도에 영향을 미치는 평가 요소

① 학업성취도 평가계획을 수립할 때 고려한 평가요소는 평가대상, 평가내용, 평가도구, 평가시기, 평가설계, 평가영역 등 다양함

② 평가요소의 세부내용 중 무엇을 선정하고 어떻게 적용하느냐에 따라 학업성취도 평가 결과는 달라질 수 있음

③ 평가내용인 지식, 기술, 태도 영역에 따라 어떤 평가도구를 선정하느냐는 평가결과에 중요한 역할을 함

④ 학업성취도를 분석하기 위해서는 실제평가에서 평가내용과 평가도구, 그에 따른 평가시기를 중심으로 살펴보는 것이 필요

- 평가내용 : 지식, 기술, 태도 영역으로 구분

지식 영역	• 교육의 인지적 영역(지식, 이해력, 분석력, 종합력, 문제해결력, 논리적 사고력, 창의력 등)에 해당하는 것으로 학습주제와 관련된 지식을 습득하는 방식을 측정 • 이러닝 과정에서는 학습자가 업무 수행에 필요한 지식을 습득하고 보유한 정도를 개념, 원리, 사실, 절차 등을 중심으로 평가
기능(기술) 영역	• 교육의 신체적 영역에 해당하는 것으로 학습자의 조작적 기능, 운동기능 등의 숙련 정도와 운동기능을 사용하고 조절하는 행동능력을 측정 • 이러닝 과정에서는 학습자가 기계 및 장비조작과 같이 특정 업무를 수행하거나 적용하는 데 필요한 신체적 능력을 평가
태도 영역	• 교육의 정의적 영역(흥미, 가지, 선호, 불안 등)에 해당하는 것으로 학습주제와 관련된 정서와 감정을 측정 • 이러닝 과정에서는 학습자가 업무를 수행하는 특정상황, 대인관계, 문제해결 과정에서 필요한 흥미, 감정을 평가

- 평가도구
  - 평가내용에 따라 지필고사, 문답, 실기시험, 체크리스트, 구두발표, 역할놀이, 토론, 과제수행, 사례연구, 프로젝트 등
  - 지식 영역 : 지필고사, 사례연구, 과제 등을 활용
  - 기능 영역 : 실기시험, 역할놀이, 프로젝트 등을 활용
  - 태도 영역 : 지필고사, 문제해결 시나리오, 역할놀이, 구두발표, 사례연구 등을 활용

- 평가시기
  - 평가시기는 교육과정 운영의 시간적 개념에 따라 선택하는 것
  - 평가내용에 따라 평가방법이 선정한 후 언제 실시할 것인지를 결정
  - 평가시기는 교육 전, 교육 중, 교육 후, 교육 후 일정기간 경과 등으로 구분

■ 이러닝 과정 평가의 개념 및 방법

① 이러닝 과정 평가의 개념

- 이러닝 과정 평가는 이러닝 교육훈련의 전반적인 과정 운영 전체 프로세스에 대한 양적인 평가와 질적인 평가를 의미함
- 이러닝 과정 평가는 이러닝이 운영된 전반적인 프로세스에 대해 측정이나 관찰을 통해 자료를 수집하고 목적에 따라 분석하여 결과를 해석하는 활동에 이르기까지 총체적인 파악 활동
- 이러닝 과정이 운영되기 전부터 운영되는 중간, 운영이 완료된 이후까지 전반적인 과정 운영 활동에 대해 자료를 분석하고 평가하는 활동
- 이러닝 과정 평가를 확인하기 전에 반드시 이러닝 과정 운영계획서에 포함된 평가영역과 평가 방법, 세부 기준을 확인하여야 시행착오를 줄일 수 있음
- 이러닝 과정 운영계획에 따라 실제 평가 이루어졌는지를 확인할 때 평가주체, 평가시기, 평가 절차관점에서 확인하여야 효과적임

② 과정 평가의 방법

양적 평가	• 통계적으로 수량화 가능한 자료나 증거를 사용하여 평가대상을 분석하는 방법으로 평가자의 주관적인 판단을 배제한 평가 기준으로 분석적이고 계량적으로 평가 • 양적 평가의 방법으로 만족도 평가의 설문조사, 학업성취도평가의 시험, 과제수행 등이 사용
질적 평가	• 주관적인 판단이나 의견으로 표현되는 평가방법으로 수량화하기 어려운 평가에 사용 • 질적 평가방법으로 의견에 대한 피드백, 개선사항 수렴, 전문가 자문 등이 사용

■ 과정 평가의 분류

평가주체	• 내부평가 : 교육훈련을 실시하는 교육기관이 자체적으로 평가를 실시하는 것 • 외부평가 : 이러닝 과정 운영과 관계된 관리 및 감독기관이 규정한 평가기준 및 절차에 따라 평가를 받는 것
평가시기	• 정기평가 : 이러닝 과정과 관련하여 사전에 정한 기간에 평가를 실시하는 것 • 수시평가 : 정기평가 외에 특별히 수행하는 평가로써 이러닝 과정 운영과 관련하여 특별한 사안이 발생한 경우 실시하는 것
평가절차	• 과정준비 평가 : 이러닝 과정 운영에 필요한 제반사항들이 과정 운영 전에 잘 준비되고 있는지를 평가하는 것(과정계획 수립, 학습자 선발, 교육자료 확보, 과정 운영환경 설정 등) • 과정진행 평가 : 이러닝 과정 운영이 계획대로 적절하게 진행되고 있는지를 평가하는 것(콘텐츠, 교 · 강사 활동, 상호작용 활동, 학습자 지원요소, 학습관리시스템 운영 상황, 이러닝 과정의 학습자 평가활동 등) • 사후관리 평가 : 이러닝 과정 운영이 종료된 후 이루어지는 사후관리가 적절하게 이루어지고 있는지를 평가하는 것(학습자 평가결과 제공, 수료증 발급 지원, 연관 교육과정 안내, 보충심화자료 제공 등)

■ 과정만족도 평가결과 정리

① 과정만족도 평가 개념
- 과정만족도 평가는 교육훈련 과정에 참여한 학습자들이 어떻게 반응하였고 자신의 경험에 대해 어떤 인식을 하고 있는지를 측정하는 것
- 과정만족도 평가영역에는 학습자 요인, 강사와 튜터 요인, 교육내용 및 교수설계 요인, 학습 환경 요인 등이 포함됨

② 교·강사 만족도 평가결과 정리
- 교·강사 만족도 평가는 교육훈련이 시작된 이후 과제수행, 시험피드백, 학습활동 지원 등 학습이 완료되기까지 제공되는 다각적인 활동에 대해 평가
- 교·강사 만족도 평가는 학습자, 운영자 모두 평가에 참여 가능
- 교·강사 만족도 평가는 일반적으로 학습자에 의한 교·강사 평가를 학습자 만족도 평가에 포함하여 실시
- 교·강사 평가내용은 교육훈련과정에 수반되는 교·강사 활동을 중심으로 선정
- 교·강사 만족도 평가는 학습자, 운영자 모두 평가에 참여 가능
- 교·강사의 주요활동에 초점을 두고 운영자가 평가를 실시하는 경우에는 교·강사가 학습자에게 제공한 지원활동에 맞게 평가문항을 구성함

③ 학습자 만족도 평가결과 정리
- 이러닝 과정 운영에서 학습자 만족도 평가는 교육훈련과 관련하여 학습자에게 제공되는 모든 요소가 평가영역이 될 수 있음
- 학습자 만족도 평가결과는 해당 과정별로 분석하여 과정운영을 위한 개선사항 도출 자료로 활용

■ 학업성취도 평가결과 정리

① 학업성취도 평가 구성
- 이러닝 과정 운영에서 학업성취도 평가의 구성요소는 이러닝 운영계획을 수립할 때부터 구체적으로 제시되어야 함
- 학업성취도 평가의 평가영역

평가영역	세부 내용	평가 도구	평가 결과
지식영역	사실, 개념, 절차 원리 등에 대한 이해 정도	지필고사, 문답법, 과제, 프로젝트 등	정량적 평가
기능영역	업무 수행, 현장 적용 등에 대한 신체적 능력 정도	수행평가, 실기시험 등	정량적 평가, 정성적 평가
태도영역	문제해결, 대인관계 등에 대한 정서적 감정이나 반응 정도	지필고사, 역할놀이 등	정성적 평가

② 학습자별 학업성취도 평가 결과 정리
- 이러닝 과정에 따라 학업성취도 평가 요소는 지필형식의 시험, 개별 또는 그룹으로 수행하는 과제수행, 개별 학습자의 학습진도율 등 다양하게 구성될 수 있음
- 평가 요소별로 분석·정리

지필시험	문제은행 방식으로 출제된 시험문제가 개별 학습자에게 온라인으로 제공되고 시스템에 의해 자동으로 채점

주관식 서술형	교 · 강사가 별도로 채점하여 점수 부여
과제 수행	• 전제 학습자를 대상으로 모사 여부를 판단하고 운영계획서에 명시된 일정 수준의 모사율을 넘으면 채점대상에서 제외 • 70~80% 이상으로 모사율 기준을 적용
과제 채점	개별자료로 진행하며 구체적인 평가기준에 따라 감정 및 감점사유를 명시하여 제공
학습진도율	매주별 달성해야 하는 진도율을 기준으로 학습자의 달성 여부를 그래프로 표시

■ 과정운영 결과보고서 작성

① 과정운영 결과보고서는 학습관리시스템에서 제공하는 보고서 양식을 활용하는 경우가 편리함

② 과정운영 결과보고서는 과정 개설 시 선택한 정보에 따라 기본적인 구성요소는 자동으로 작성됨

③ 학습관리시스템의 운영 결과 보고서 기능을 활용하는 것이 효과적임

④ 과정운영 결과보고서에는 기본적으로 과정명, 교육대상, 교육인원, 교육기관, 고용보험 여부, 수료기준 등이 포함되고 세부 영역별로 개별 학습자의 학습 결과가 포함됨

⑤ 학습관리시스템에서 제공되는 보고서 양식을 활용할 수 있음

⑥ 교육훈련 기관에 따라 추가 내용을 별첨 자료로 작성할 수도 있음

⑦ 학습관리시스템에서 제공하는 양식을 엑셀파일로 다운로드하여 일부를 삭제하고 편집한 후 활용

⑧ 과정운영 결과보고서는 보고서작성 목적에 따라 다양한 형태로 산출됨

⑨ 일반적으로 하나의 과정에 대해 과정운영 결과로써 수료율현황, 설문조사 결과를 포함함

⑩ 하나의 과정이 여러 차수로 운영된 경우 비교할 수 있어 유용함

⑪ 여러 과정을 종합적으로 분석하여 보고서로 작성하는 경우에는 과정별 수료율 및 성적 결과를 포함할 수 있고 교육기관의 조직분류에 따라 구분하여 분석 가능함

⑫ 과정운영 결과보고서를 사용할 수요자의 입장에서 어떤 구성요소가 포함되어야 하고 어떤 형태(숫자, 막대그래프 등)로 제시할 것인지를 판단하여 작성하는 것이 중요함

3 이러닝 운영 결과 관리

■ 콘텐츠 내용 적합성의 필요성

① 이러닝 학습콘텐츠의 내용이 교육과정의 특성에 적합한지를 확인하기 위해서 필요함

② 학습과정을 운영한 이후에 학습내용을 수정하거나 보완할 부분은 없는지 등 적합성을 평가하고 관리하기 위해 필요함

■ 콘텐츠 내용 적합성 평가의 기준

① '무엇을 가르칠 것인가'를 의미함

② 학습자에게 제공되는 지식과 기술, 학습자원 등의 정보를 포괄함

③ 학습자의 여러 특성(수준, 학습시간, 발달단계 등) 고려하여 구성됨

④ 일반적으로 학습내용의 평가기준은 학습목표, 학습내용의 선정기준, 구성 및 조직, 난이도, 학습분량, 보조학습자료, 내용의 저작권, 윤리적 규범 등을 고려함

■ **과정 운영 목표**

① 운영기관에서 설정한 교육과정 운영을 위한 목표임

② 운영기관 차원에서 교육과정을 왜 운영해야 하는가에 대한 필요성을 제시하는 것을 의미함

③ 이익추구를 넘어서서 교육과정에서 달성해야 하는 교육목표를 제시하는 것을 의미함

④ 운영목표의 적합성에 해당되지 않은 학습내용은 배제되어야 한다는 의미함

⑤ 교육내용의 방향성과 범위를 결정하는 주요한 지표임

⑥ 과정 운영 목표의 적합성은 학습콘텐츠의 내용이 이러닝 운영과정의 특성에 맞는지 평가함

■ **콘텐츠 개발 적합성 필요성**

① 이러닝 학습콘텐츠의 구성 및 기능 작동 등의 품질상태가 운영하고자 하는 교육과 정의 특성에 적합한지를 확인하기 위해서임

② 학습과정을 운영한 이후에 학습콘텐츠의 기능 구성 및 작동 등에 대해 보완할 부분은 없는지 등의 측면에서 적합성을 평가하고 관리할 필요가 있음

■ **콘텐츠 개발 적합성 평가의 기준**

① **학습목표 달성 적합도**
- '운영된 학습콘텐츠가 해당 과정의 학습목표를 달성하는 데 도움이 되었는가?'에 해당함
- 학습콘텐츠가 학습목표를 달성하는 데 얼마나 도움이 되었는가를 평가함

② **교수설계 요소의 적합성**
- '학습자들이 이러닝 학습을 수행하는 과정에서 제공된 학습콘텐츠는 체계적으로 학습활동을 수행하는 데 도움이 되도록 설계되었는가?'에 해당함
- 학습목표제시, 수준별 학습, 학습요소자료, 화면구성, 인터페이스, 교수학습 전략, 상호작용 등과 같은 학습콘텐츠의 교수설계 요소에 대한 검토가 필요함

③ **학습콘텐츠 사용의 용이성**
- '학습자들은 해당 이러닝 학습콘텐츠를 사용하는 학습 과정에서 어려움은 겪지는 않았는가?'에 해당함
- 얼마나 쉽게 사용할 수 있도록 개발되었는가를 살펴보는 도구로 활용함

④ **학습평가 요소의 적합성**
- '학습내용에 대한 평가내용과 방법은 적절한가?'에 해당함
- 학습목표와 콘텐츠에서 다루고 있는 학습내용을 체계적이고 일관성 있게 다루고 있는지, 객관적이고 구체적인 평가방법을 사용하고 있는지에 대해 확인 할 수 있음

⑤ **학습 분량의 적합성**
- '학습콘텐츠의 전체적인 학습시간은 학습에 요구되는 학습시간을 충족하고 있는가?'에 해당함
- 학습과정에서 운영된 이러닝 학습콘텐츠의 학습분량에 대한 적합성 여부를 확인할 수 있음

■ **학습콘텐츠 품질**

① 학습콘텐츠는 학습목표의 달성에 적합한 학습내용과 효과적인 교수학습 전략으로 구성됨

② 교육용 콘텐츠 품질인증을 통해 개발된 콘텐츠의 품질에 대한 적합성 여부를 결정함

③ 교육용 콘텐츠의 품질인증은 교육지원용과 교수학습용으로 구분할 수 있음

- 교육지원용 콘텐츠 : 교수-학습활동에 직접적으로 활용되지는 않지만 교육기관의 교육활동을 지원하기 위한 각종자료 및 응용 S/W 등이 해당함
- 교수학습용 콘텐츠 : 교수학습활동에 직접적으로 활용 가능한 학습콘텐츠를 의미함

④ 학습자의 학습 수준과 경험을 반영한 요구분석, 학습환경과 학습 내용 특성을 반영한 교수설계, 최신의 정보와 구조화된 학습내용설계, 적절한 교수·학습 전략, 다양한 상호작용, 명확한 평가 기준 등의 요소로 구성되어 평가함

■ 콘텐츠 운영 적합성

① 학습콘텐츠의 운영에 대한 평가 및 관리는 콘텐츠 내용 및 개발 품질의 적합성과 함께 이러닝 학습성과를 극대화하기 위한 주요한 관리 요소임

② 학습콘텐츠가 운영기관의 교육과정 운영목표를 달성하는 데 적절하게 활용되었는가를 평가하는 것을 의미함

■ 학습콘텐츠 운영 적합성 평가의 필요성

① 이러닝 학습콘텐츠가 교육과정의 운영목표를 달성하는 데 적합하게 활용되었는지를 확인하고 관리하기 위해 필요함

② 학습과정을 운영한 이후에 학습콘텐츠의 활용에 대해 보완할 부분은 없는지 등의 측면에서 적합성을 평가하고 관리할 필요가 있음

■ 학습콘텐츠 운영 적합성 평가의 기준

① 운영준비 과정에서 학습콘텐츠 오류 적합성 확인
- '운영하고자 하는 학습콘텐츠의 오류 여부에 대한 확인이 이루어졌는가?'에 해당함
- 이러닝 운영과정에서 활용될 학습콘텐츠에 대한 가장 기본적인 운영 적합성을 평가하는 것이므로 매우 중요함
- 학습콘텐츠가 오탈자나 기능상의 오류를 갖고 있다면 학습과정에서 학습자들의 불만이 야기될 소지가 있으므로 반드시 수정하고 개선한 후에 운영을 위해 학습관리시스템(LMS)에 해당 학습콘텐츠를 탑재해야함

② 운영준비 과정에서 학습콘텐츠 탑재 적합성 확인
- '학습콘텐츠는 학습관리시스템(LMS)에 정상적으로 등록되었는지 여부에 대한 확인이 이루어졌는가?'에 해당함
- 학습콘텐츠가 운영할 학습관리시스템(LMS)에 올바로 탑재되지 못한다면 해당 과정의 운영은 정시에 전개될 수 없으므로 이를 확인하고 개선하는 것은 이러닝 과정의 원활한 운영을 위해 매우 중요함

③ 운영과정에서 학습콘텐츠 활용 안내 적합성 확인
- '학습과정에 대한 정보를 다양한 방법을 통해서 학습자들에게 적시에 정확하고 충분하게 제공하였는가?'에 해당함
- 학습정보를 안내하는 과정에서 학습콘텐츠의 구성 및 활용 등에 대한 정확한 정보가 적절하게 제공되지 못했거나 소홀하게 제공되었다면 향후 운영을 위해 개선방안을 고려해야 함

④ 운영평가 과정에서 학습콘텐츠 활용의 적합성 확인
- '학습과정에서 학습콘텐츠 활용에 관한 불편사항 및 애로사항은 없었는가?'에 해당함

- 학습콘텐츠 전반에 대한 학습자들의 만족도를 파악하고 개선사항을 도출해 냄으로써 학습콘텐츠내용 보완에서부터 이러닝 운영과정의 개선에 이르기까지 이러닝 학습효과 극대화를 위한 전략을 발전시킬 수 있음

■ 이러닝 운영 프로세스

① 이러닝 학습환경에서 교수-학습을 효율적이고 체계적으로 수행할 수 있도록 지원하고 관리하는 총체적인 활동을 의미함
② 기획, 준비, 실시, 관리 및 유지의 과정으로 구성됨
③ 수행직무의 절차를 중심으로 학습 전, 학습 중, 학습 후 영역으로 구분
  - 학습 전 영역 : 이러닝 운영을 사전에 기획하고 준비하는 직무를 수행함
  - 학습 중 영역 : 실제로 이러닝을 통해 교수학습활동을 수행하고 이를 지원하는 직무를 수행함
  - 학습 후 영역 : 이러닝 학습결과와 운영결과를 관리하고 유지하는 직무를 수행함
④ 수행직무의 특성을 기준으로 교수학습지원활동, 행정관리지원활동으로 구분함
  - 교수학습지원활동 : 이러닝을 활용한 교수학습활동이 수행되는 과정에서 교수자와 학습자가 최적의 교수학습활동을 수행할 수 있도록 다양한 지원활동을 수행하는 것을 의미함
  - 행정관리지원활동 : 이러닝을 운영하는 과정에서 수행되는 제반 행정적인 측면의 지원 및 관리활동을 의미하는 것을 의미함
⑤ 시각에 따라 미시적 시각의 이러닝 운영 프로세스와 거시적 시각의 이러닝 운영 프로세스로 구분함
  - 미시적인 시각의 이러닝 운영 프로세스 : 개발된 학습콘텐츠를 사용하여 교수학습활동을 수행하고 이를 지원하는 과정을 의미함
  - 거시적 시각의 이러닝 운영 프로세스 : 이러닝 운영에 대한 기획과 학습콘텐츠의 개발 등이 포함된 보다 광의의 이러닝 운영과정을 의미함

■ 교 · 강사 활동 평가

① 이러닝 학습과정의 운영이 완료된 이후 운영계획서에 따라 운영성과를 분석하고 관리하는 활동을 의미함
② 이러닝 과정의 운영성과를 관리하는 직무의 하나로, 교 · 강사가 이러닝 과정의 교수활동을 수행하는 과정에서 어떠한 역할을 수행하였는가를 객관적으로 평가함

■ 교 · 강사 활동 평가기준

① 교 · 강사가 운영목표에 적합한 교수활동을 했는지 확인하고 평가하기 위해 사전에 작성된 교 · 강사 활동 평가기준을 기반으로 평가함
② 교 · 강사 활동 평가기준은 운영기관의 특성에 따라 다소 차이가 있을 수 있음
③ 교 · 강사 활동 평가기준은 교 · 강사의 활동에 기초로 함

■ 교 · 강사 활동 평가기준 수립

① 운영기관의 특성 확인
  - 교 · 강사의 평가기준 수립에 반영하기 위해 운영기관의 특성을 확인이 필요함
  - 운영기관의 특성에 따라 교 · 강사의 수행 역할에 차이가 있음

② 운영기획서의 과정운영 목표 확인

- 과정운영의 목표에 해당하는 세부내용을 확인
- 운영기획서를 통해 교·강사의 수행역할의 범위와 속성 등을 확인할 수 있음

③ 교·강사 활동에 대한 평가 기준 작성 : 교·강사가 수행할 역할을 기반으로 객관적으로 평가할 수 있는 평가기준을 작성

④ 작성된 교·강사 활동 평가기준의 검토 : 관련 전문가에게 의뢰하고 전문가로부터 작성된 평가기준의 타당성을 확인함

■ 교·강사 활동 평가 기준에 따른 평가

① 학습관리시스템(LMS)에 저장된 과정운영 정보 및 자료

- 과정운영 정보 및 자료 확인하기
- 교·강사의 세부 활동 내용 확인하기

② 학습자들의 학습만족도 조사결과

- 과정 만족도 조사결과 확인하기
- 과정 만족도 조사결과 평가하기

■ 교·강사 활동 평가 항목 입력

① 교·강사 활동 평가

- 학습관리시스템(LMS)에 저장된 교·강사 활동정보와 학습만족도 조사결과를 반영함
- 운영과정에서 운영자와 교·강사의 상호작용 내용에 대한 정보도 반영함

② 교·강사의 활동 반영

- 이러닝 운영담당자는 운영과정에서 생성되어 저장된 교·강사 활동에 관한 정보나 실적자료가 교·강사 평가를 위해 자동으로 반영되는 경우 이를 반영함
- 자동으로 반영하는 시스템을 가지고 있다면 평가가 신속하고 정확하게 이루어지며 향후 운영에 대한 계획을 세우는 과정에서 효과적으로 활용될 수 있음

■ 교·강사 활동 결과

① 질의응답의 충실성 분석

- 학습자의 학습 내용에 관한 질문에 대해 24시간 이내에 정확하게 답변하는 것이 이상적임
- 늦은 답변으로 인해 학습자의 학습과정활동에 대한 의욕을 잃게 되고 원하는 기간에 학습활동을 하지 못할 수 있으므로 늦어도 48시간 이내에는 제공해야 함
- 운영자는 교·강사의 튜터링 활동을 모니터링하여 질의응답 활동에 게을리하지 않도록 독려하고, 이러한 활동에 대한 실적을 평가함

② 첨삭지도 및 채점 활동 분석

- 운영자는 교·강사가 학습과제에 대한 첨삭 및 채점을 잘 수행하고 있는지를 모니터링하고 평가해야 함
- 운영자는 교·강사가 과제물에 대한 첨삭지도와 채점을 적절하게 수행하고 있는지를 평가하기 위해 교·강사가 학습자들의 과제 리포트에 대한 첨삭 내용을 제공한 횟수, 시간, 첨삭 내용, 채점 활동내역 등에 대해 학습관리시스템(LMS)을 통해 확인해야 함

③ 보조자료 등록 현황 분석
- 운영자는 교·강사가 학습과 관련된 자료를 학습 자료 게시판에 등록하고 관리하는지를 모니터링하고 그 실적을 평가해야 함
- 학습자들은 학습 지원활동을 통해서 등록된 학습 자료를 활용하여 폭넓은 학습을 수행하는 데 도움을 받기 때문에 보조자료 등록 활동에 대한 실적을 확인해야 함

④ 학습 상호작용 활동 분석
- 교·강사는 다양한 상호작용을 중심으로 학습활동이 수행될 수 있도록 지원하고 촉진해야 함
- 교·강사-학습자, 학습자-학습자 상호작용 활동을 위해서 교·강사가 어떠한 역할을 수행했는지를 학습관리시스템(LMS)에 저장된 내용을 확인하고 분석 시 그 결과를 관리해야 함

⑤ 학습 참여 독려 현황 분석
- 학습자들의 학습활동을 촉진하거나 독려 활동을 수행하는 역할에 대한 현황을 의미함
- 학습자들의 과목 공지 조회, 질의응답 게시판 참여, 토론 게시판 참여, 강의 내용에 대한 출석, 동료 학습자들과 자유게시판을 통한 의견 교환 등이 있음
- 이러닝 과정 운영자는 학습관리시스템(LMS)에 저장된 교·강사의 학습참여 촉진 및 독려 활동에 대한 현황정보를 확인하고 분석 시 반영해야 함

⑥ 모사 답안 여부 확인 활동 분석
- 학습자들이 제출한 과제물에 대한 모사답안 여부를 확인하고 모사율이 일정율을 넘을 경우, 교육운영기관의 규정에 따라 학습자를 처분함
- 모사 답안은 학습자들이 제출한 과제파일의 내용을 상호비교하여 모사율을 제시하거나 인터넷 검색을 통해 모사율을 제시할 수 있음
- 모사율을 자동으로 체크하고 관리하는 프로그램이 지원되지 않는다면 교·강사가 직접 수행해야 하므로 모사율을 구분하는 것은 현실적으로 어려움

■ 교·강사 활동 분석 결과 피드백
① 피드백을 제공함으로써 교·강사가 학습자의 학습활동을 지원하는 과정에서 튜터링 활동에 대한 전문성을 강화하고 보다 열정적으로 이러닝 과정을 운영할 수 있도록 도움을 줌
② 현재 이러닝 운영 과정에 참여하는 교·강사를 위한 교육내용은 학습자의 학습활동을 지원하고 촉진시킬 수 있는 학습지원자로서의 역할이 주를 이룸
③ 실제 현장에서는 질의응답, 과제물 채점 및 피드백 등이 역할이 주를 이루므로 이 부분을 향상시킬 수 있도록 튜터링 전문성 강화해야 함

■ 교·강사 활동 평가 결과 등급
① 등급은 A, B, C, D 등으로 교·강사 활동 평가결과(학습자 만족도 평가와 학습관리시스템에 저장된 활동내역 등)를 기반으로 산정함
② 등급 A는 우수, B는 보통, C는 미흡하거나 다소 부족, D는 활동이 불량한 교·강사를 말함
③ 교·강사 활동 평가결과 C등급은 교육훈련을 통해서 교·강사의 역할을 수행할 수 있도록 지원하며, D등급은 다음 과정의 운영 시 배제하는 것이 바람직함

■ 시스템 운영 결과
① 학습관리시스템(LMS)의 기능 구성
  • 교수자의 교수 활동 지원 기능
    – 이러닝 학습 과정이 원활하게 진행될 수 있도록 교수자가 학습에 대한 계획, 지원 및 관리를 할 수 있는 기능으로 구성
    – 교수-학습 과정을 설계, 학습 자료를 개발, 교수-학습 과정을 실시, 그 후 관리하는 데 필요한 기능들을 지원하여 컴퓨터 사용이 익숙지 않은 교수자들도 교수-학습 환경을 활용할 수 있도록 돕는 기능
    – 수업설계, 질문답변, 과제제출 및 평가, 퀴즈 및 평가문항 출제·평가, 학습진도 체크, 학습공지, 학생관리 등을 수행할 수 있는 기능 제공
  • 학습자의 학습활동 지원 기능
    – 교수자와 학습자, 학습콘텐츠와 학습자 간 이루어지는 활동이 효율적으로 진행되도록 지원하는 기능으로 구성
    – 학습자가 새로운 학습환경에서 어려움 없이 과정을 마칠 수 있도록 돕는 기능
    – 질의응답, 토론참여, 과제작성 및 제출, 콘텐츠학습, 진도조회, 평가 및 성적 확인, 자유게시 활동 등을 수행할 수 있는 기능 제공
  • 운영 및 관리자의 운영 관리 활동 지원 기능
    – 이러닝 교육과정 운영자가 학습에 대한 전반적인 학사운영을 수행하기 위해 필요한 관리 기능으로 구성
    – 강의개설부터 평가결과의 학적부 반영까지 관련된 기능을 시스템으로 지원받을 수 있도록 돕는 기능
    – 학생 및 교수, 조교에 대한 정보관리, 과목별 학생관리, 과목 정보 관리, 학습현황 분석 및 각종 통계처리 및 출력, 과목이수 정보 관리 등을 수행할 수 있는 기능 제공
② 운영준비 과정을 지원하는 시스템 운영 결과
  • 운영환경을 준비하는 과정에서 요구된 사항들이 어떻게 반영되었는지 확인
    – 확인 사항 : 학습 사이트, 학습관리시스템(LMS), 멀티미디어 기기에서의 콘텐츠 구동, 단위 콘텐츠 기능의 오류 유무 분석 결과 등에 대한 내용
  • 교육과정 개설에 대한 기능을 시스템에서 원활하게 지원했는지 확인
    – 확인 사항 : 교육과정 특성, 세부 차시, 공지사항, 강의계획서, 학습관련 자료, 설문 등의 사전 자료, 평가문항 등록 시 시스템 기능 오류 유무와 분석 결과 등에 대한 내용
  • 학사일정 수립에 대한 기능을 시스템에서 원활하게 지원했는지 확인
    – 확인사항 : 과정별 학사일정 수립, 학사일정 교·강사 공지, 학사일정 학습자 공지등록 시 시스템 기능 오류유무와 분석결과 등에 대한 내용
  • 수강신청 관리에 대한 기능을 시스템에서 원활하게 지원했는지 확인
    – 확인사항 : 과정별 수강승인, 과정별 교육과정 입과안내, 과정별 운영자 정보등록, 과정별 교·강사 지정등록, 과정별 수강 변경사항 처리 시 시스템기능 오류유무와 분석결과 등에 대한 내용
③ 운영 실시 과정을 지원하는 시스템 운영 결과
  • 학사관리 기능을 시스템에서 원활하게 지원했는지 확인
    – 확인 사항 : 학습자 관리 기능, 성적처리 기능, 수료관리 기능의 오류유무와 분석결과 등에 대한 내용

- 교 · 강사를 선정하고 활동을 안내하고 관리하는 기능을 시스템에서 원활하게 지원했는지 확인
  - 확인 사항 : 교 · 강사 선정관리 기능, 교 · 강사 활동안내 기능, 교 · 강사 수행관리 기능, 교 · 강사 불편사항 지원 기능의 오류유무와 분석결과 등에 대한 내용
- 학습자의 학습환경을 최적화하고, 수강오류를 처리하고, 학습활동을 관리하는 기능을 시스템에서 원활하게 지원했는지 확인
  - 확인 사항 : 학습환경 지원 기능, 학습과정 안내 기능, 학습촉진 기능, 수강오류 관리 기능의 오류유무와 분석결과 등에 대한 내용
- 이러닝 과정 운영 중 고객유형을 분석하고, 적합한 채널을 선정하여 고객문의나 문제상황을 처리하고 관리하는 과정에서 요구된 사항이 어떻게 지원되었는지 결과를 확인
  - 확인 사항 : 고객유형 분석 기능, 고객채널 관리 기능, 게시판 관리 기능, 고객 요구사항 지원 기능의 오류유무와 분석결과 등에 대한 내용

④ 운영 완료 후 시스템 운영 결과
- 과정평가의 타당성을 검토하여 과정평가 결과를 보고하는 활동을 수행하는 과정에서 요구된 시스템 관련 요구사항들이 어떻게 지원되었는지 확인
  - 확인 사항 : 과정 만족도 조사 기능, 학업성취도 관리 기능, 과정평가 타당성 검토 기능, 과정평가 결과보고 기능의 오류유무와 분석결과 등에 대한 내용
- 과정운영에 필요한 콘텐츠, 교 · 강사, 시스템, 운영활동의 성과를 분석하고 개선사항을 관리
  - 확인 사항 : 콘텐츠 평가관리 기능, 교 · 강사 평가관리 기능, 시스템운영 결과관리 기능, 운영활동 결과관리 기능, 개선사항 관리 기능, 최종 평가보고서 작성 기능의 오류유무와 분석결과 등에 대한 내용

■ 시스템 운영성과 분석
① 취합된 시스템 운영결과를 기반으로 이러닝 시스템 운영성과를 분석
② 이러닝 시스템을 운영하는 과정에서 발생된 문제점을 파악하고 개선방안을 도출
③ 시스템 운영성과 구분

구분 항목	분석 내용
운영 준비과정 성과	운영환경 준비기능, 교육과정 개설 준비기능, 학사일정 수립 준비기능, 수강신청 관리 준비기능의 목표달성도와 개선사항 기록
운영 실시과정 성과	학사관리 지원기능, 교 · 강사 활동지원 기능, 학습자 학습활동지원 기능, 이러닝 고객 활동기원 기능의 목표 달성도와 개선사항 기록
운영 완료 후 성과	평가관리 지원 기능, 운영성과관리지원 기능의 목표 달성도와 개선사항 기록

④ 시스템 기능 개선 요구사항 제안
- 이러닝 과정 운영자는 운영성과를 분석한 결과를 활용하여 시스템 운영을 위한 개선 요구사항을 제안
- 이러닝 시스템 운영을 위한 개선 요구사항은 '이러닝 운영준비 과정, 운영실시 과정, 운영을 종료하고 분석하는 과정'으로 구분하여 제안할 수 있음

■ 운영 활동 결과 관리

① 운영 활동 점검

- 운영준비 활동, 운영진행 활동, 운영종료 활동으로 구분하고 각 활동에 대하여 수행 여부를 점검함
- 활동 수행 여부 점검

단 계	내 용
운영준비 활동	• 운영환경 준비활동 수행 여부 점검 • 교육과정 개설활동 수행 여부 점검 • 학사일정 수립활동 수행 여부 점검 • 수강신청 관리활동 수행 여부 점검
운영진행 활동	• 학사관리 수행 여부 점검 : 학습자정보 확인, 성적처리, 수료처리 • 교·강사 지원 수행여부 점검 : 교·강사 선정관리, 교·강사 사전교육, 교·강사 활동의 안내, 교·강사 활동의 개선 • 학습활동 지원 수행 여부 점검 : 학습환경 지원, 학습안내, 학습촉진, 수강오류 관리 • 과정 평가관리 수행 여부 점검 : 과정 만족도 조사, 학업성취도 관리
운영종료 활동	운영성과 관리수행 여부 점검 : 콘텐츠 운영결과 관리, 교·강사 운영결과 관리, 시스템 운영관리, 운영결과 관리보고서 작성

② 이러닝 운영결과 관리

- 과정운영에 필요한 콘텐츠, 교·강사, 시스템, 운영활동의 성과를 분석하고 개선사항을 관리하여 그 결과를 최종 평가보고서 형태로 작성하는 능력
- 이러닝 과정 운영성과에 대한 결과를 정리하고 분석하기 위해서는 각각의 활동이 수행되었던 과정에 관한 자료를 수집해야 함
- 과정 운영자는 확보된 자료를 통해서 운영결과에 대해 분석하고 검토해야 함
- 운영성과 관련 자료

운영 과정		관련 자료
운영 준비	운영 기획	운영계획서, 운영관계법령
	운영 준비	학습과목별 강의계획서, 교육과정별 과정개요서
운영 진행	학사 관리	학습자 프로파일 자료
	교·강사 활동지원	교·강사 프로파일 자료, 교·강사 업무현황 자료, 교·강사 불편사항 취합 자료
	학습활동 지원	학습활동 지원현황 자료
	고객지원	고객지원 현황 자료
	과정평가 관리	과정만족도 조사자료, 학업성취 자료, 과정평가 결과보고자료
운영 종료 후	운영성과 관리	과정운영 계획서, 콘텐츠기획서, 교·강사 관리자료, 시스템 운영현황 자료, 성과보고 자료
	유관부서 업무지원	매출보고서, 과정운영계획서, 운영결과 보고서

③ 운영활동 개선사항 도출

- 이러닝 운영자는 과정운영을 준비하는 활동에서부터 결과를 분석하고 성과를 관리하는 과정까지 작성되거나 도출되는 모든 것을 기록
- 이러닝 과정 운영자는 운영관련 자료나 결과물을 기반으로 향후운영을 위한 개선사항을 도출해야 함

- 이러닝 운영 준비과정에 대한 개선사항 도출 : 운영환경 준비, 과정개설, 학사일정 수립 및 수강신청 업무를 수행한 관련자료와 결과를 분석하고 미흡한 부분이 있는지를 체크하여 정리
- 이러닝 운영 진행 과정에 대한 개선사항 도출 : 이러닝 학사관리(학습자의 정보 확인, 성적처리, 수료처리), 이러닝 교·강사 지원(교·강사의 선정, 사전교육, 수행활동 안내, 활동에 대한 개선사항 관리), 학습활동 지원(학습환경 최적화, 수강오류 처리, 학습활동 촉진), 평가관리(학습자 만족도, 학업성취도, 과정평가 결과보고) 업무를 수행한 관련 자료와 결과를 분석하고 미흡한 부분이 있는지를 체크하여 정리
- 이러닝 운영 종료 후 과정에 대한 개선사항 도출 : 콘텐츠, 교·강사, 시스템, 운영활동의 성과를 분석하고 개선사항을 관리하는 업무를 수행한 관련 자료와 결과를 분석하고 미흡한 부분이 있는지를 체크하여 정리

■ 최종 평가보고서 작성

① 최종 평가보고서
- 운영과정과 결과를 기본으로 성과를 산출하고 개선사항을 반영하여 향후 운영과정에 반영하기 위하여 최종 평가보고서를 작성
- 운영과정의 운영을 준비하는 과정, 실시하는 과정, 종료하고 성과를 관리하는 과정에서 수행한 활동과 결과에 관한 산출물을 중심으로 수행

② 구성 내용
- 콘텐츠 평가에 관한 내용 : 이러닝 운영과정에서 활용된 콘텐츠가 과정 운영목표에 맞는 내용으로 구성되고, 개발되고, 운영되었는지 여부를 평가한 결과를 반영
- 교·강사 활동평가에 관한 내용 : 교·강사 활동 평가기준을 기반으로 이러닝 운영과정에서 교·강사가 과정의 운영목표에 적합한 교수활동을 수행했는지의 여부를 평가한 결과를 반영
- 시스템 운영결과에 관한 내용 : 하드웨어 요구사항, 시스템 기능, 과정운영에 필요한 개선 요구사항 등의 시스템 운영결과에 관한 내용을 반영
- 운영활동 결과에 관한 내용 : 이러닝 운영활동 결과는 이러닝 과정의 운영을 통해서 수행된 제반 운영활동에 대한 취합된 결과를 의미. 운영계획서에 의거하여 운영활동 전반에서 수행된 활동의 특성과 결과에 관한 내용을 반영
- 개선사항에 관한 내용 : 운영관련 자료나 결과물을 기반으로 운영결과를 분석하는 과정에서 이러닝 과정 운영자가 도출한 개선사항을 반영

③ 작성 절차

절 차	세부 내용
결과물 취합	이러닝 운영 과정에서 수행된 활동에 관한 결과자료를 취합하여 구비 여부를 확인하고 분석
개선사항 반영	• 과정별로 도출된 개선사항을 확인하여 최종 평가보고서 작성 시 반영 • 과정 운영성과 관리의 개선사항 관리하기에서 작성한 개선사항에 관한 세부내용을 운영과정별로 확인하고 필요한 내용을 반영
결과물 분석	최종 평가보고서에 반영될 내용 분석 기준을 참조하여 결과물 분석
최종 평가보고서 작성	보고서 양식을 활용하여 최종 평가보고서 작성

최종모의고사

행운이란 100%의 노력 뒤에 남는 것이다.

− 랭스턴 콜먼 −

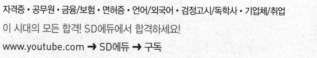

정답 및 해설 p.200

제1과목	이러닝 운영계획 수립

01 다음 중 이러닝 산업 특수분류에 속하지 않는 것은?

① 이러닝 콘텐츠

② 이러닝 솔루션

③ 이러닝 인프라

④ 이러닝 서비스

02 다음 〈보기〉에서 설명하고 있는 이러닝 공급 사업체는?

> 온라인으로 교육, 훈련, 학습 등을 쌍방향으로 정보통신 네트워크를 통해 개인, 사업체와 기관에 직접 서비스를 제공하는 사업과 이러닝 교육 및 구축 등 이러닝 사업 제반에 관한 컨설팅을 수행하는 사업체

① 콘텐츠 사업체

② 서비스 사업체

③ 솔루션 사업체

④ 하드웨어 사업체

03 정부는 이러닝 산업 경쟁력 제고를 위한 방법 중 하나로, DICE 분야를 중심으로 산업현장의 특성에 맞는 실감형 가상훈련 기술 개발 및 콘텐츠 개발을 추진하고 있다. 다음 중 DICE에 해당하지 않는 것은?

① 위 험

② 어려움

③ 부작용

④ 고효율

04 다음 〈보기〉에서 설명하는 용어로 옳은 것은?

> 클라우드에서 사용할 수 있는 학습관리 시스템으로, 사용자 정보와 콘텐츠 등 모든 데이터는 클라우드상에서 호스팅되기 때문에 서버가 필요 없다.

① Wearable
② SaaS LMS
③ Metaverse
④ Machine Learning

05 다음 중 콘텐츠 관련 기술에 해당하는 것은?

① 가상현실(VR)
② 메타버스(Metaverse)
③ 머신러닝(Machine Learning)
④ 웨어러블(Wearable)

06 다음 중 현실세계를 가상세계로 보완해주는 기술로, 사용자가 보고 있는 실사영상에 3차원 가상영상을 겹침으로써 현실환경과 가상화면과의 구분 모호한 기술을 가리키는 용어는?

① 가상현실(VR)
② 증강현실(AR)
③ 메타버스(Metaverse)
④ 머신러닝(Machine Learning)

07 원격훈련의 법제도 근거에 해당하지 않는 것은?

① 사업주 직업능력개발훈련 지원규정
② 직업능력개발훈련 모니터링에 관한 규정
③ 지정직업훈련시설의 인력, 시설 · 장비 요건 등에 관한 규정
④ 이러닝(전자학습)산업 발전 및 이러닝 활용 촉진에 관한 법률

08 다음 중 이러닝진흥위원회에 대한 설명으로 옳지 않은 것은?

① 위원장과 부위원장은 산업통상자원부장관이 지정한다.

② 위원장 1명과 부위원장 1명을 포함하여 20명 이내의 위원으로 구성한다.

③ 위원회에 간사위원 1명을 두며, 간사위원은 산업통상자원부 소속 위원이 된다.

④ 기본계획의 수립 및 시행계획의 수립 · 추진에 관한 사항 등을 심의 · 의결한다.

09 ADDIE모형에서 개발 단계의 산출물로 옳은 것은?

① 요구분석서

② 스토리보드

③ 테스트 보고서

④ 콘텐츠 제작물

10 소프트웨어 자원 중 웹프로그래밍 소프트웨어가 아닌 것은?

① HTML

② 나모웹에디터

③ 포토샵

④ 브라켓

11 이러닝 콘텐츠의 개발 장비 중 영상촬영 장비에 속하는 것은?

① 앰프

② 디지털 카메라

③ 인코딩 장비

④ 방송용 디지털 캠코더

12 다음 〈보기〉에서 설명하는 이러닝 콘텐츠 개발유형은?

> 다양한 디지털 정보로 제공되는 서사적인 시나리오를 기반으로 하여 이야기를 듣고 이해하며 관련 활동을 수행하는 형태로 학습이 진행되는 유형

① 정보제공형
② 사례기반형
③ 스토리텔링형
④ 문제해결형

13 인터넷 웹 브라우즈 기능의 특성과 자원을 활용하여 다양한 학습활동이 가능한 콘텐츠 유형은?

① VOD 유형
② WBI 유형
③ 텍스트 유형
④ 혼합형 유형

14 〈보기〉의 웹 서버의 명칭으로 옳은 것은?

> • SUN사에서 개발한 웹 서버에는 공개 버전과 상용 버전이 있다.
> • 여러 가지 기능을 관리할 수 있도록 자체 jsp/servlet 엔진을 제공한다는 장점이 있다.

① 엔진엑스(Nginx)
② 아파치(Apache)
③ 아이플래닛(Iplanet)
④ 인터넷정보서버(IIS ; Internet Information Server)

15 콘텐츠 개발 추진기관의 업무 담당자의 업무가 아닌 것은?

① 산출물 · 평가문항 검토
② 지침 및 표준 방안 제시
③ 사업 관리 및 총괄
④ 추진계획 조정 및 승인

16 콘텐츠 개발 요구분석서에서 개발 범위 단계의 분석대상으로 옳은 것은?

① 콘텐츠 수용 범위

② 학습내용, 교육과정

③ 학습의 효율성, 경제성, 효용성

④ 학습자 시스템 환경, 인터넷 도구, 교수 · 학습 도구

17 다음 〈보기〉에서 설명하고 있는 이러닝 시스템의 유형은?

- 기간제, 상시제, 기수제로 운영되며 학점을 부여하는 방식이다.
- 온라인/블랜디드러닝 과정을 혼합하여 진행한다.
- 상호작용 기능을 강화하고 다양한 사용자를 수용한다.

---

① 대학교 이러닝 시스템

② 기업교육 이러닝 시스템

③ MOOC 이러닝 시스템

④ B2C 이러닝 시스템

18 이러닝 시스템의 기능에 대한 설명으로 옳지 않은 것은?

① 관리자 모드는 운영자(관리자)의 고유권한이므로 고객의 요구에 따라 기능이 달라지기는 어렵다.

② 이러닝 시스템은 대부분 학습자들이 보는 화면 기준으로 나타난다.

③ 마이페이지의 과정별 학습창은 이러닝 학습 시스템의 가장 중요한 부분이다.

④ 하드웨어에 대한 요구사항은 비용이 드는 문제이므로 시간이 걸리더라도 면밀히 확인해야 한다.

19 이러닝 시스템에서 주로 요구되는 하드웨어 서버가 아닌 것은?

① 웹 서버(Web Server)

② 스트리밍 서버(Streaming Server)

③ OS(운영체제)

④ 저장용 서버(Storage Server)

20 다음 〈보기〉에서 설명하는 이러닝 표준 요소에 해당하는 명칭으로 옳은 것은?

> 미국의 ADL(Advanced Distributed Learning)에서 여러 기관이 제안한 이러닝 학습콘텐츠를 관리하는 시스템을 통합한 표준안이다. 세계적으로 많이 사용되고 있으며 교육용 콘텐츠의 교환, 공유, 결합, 재사용을 쉽게 하려는 목적에서 만들어졌다.

① HTML5

② SCORM

③ Experience API

④ ActiveX

21 다음 이러닝 요소기술 중 분야가 다른 하나는?

① 맞춤형 학습 기술

② 증강현실 콘텐츠 저작 기술

③ 자세 추정 기술

④ 인식 기술

22 다음 〈보기〉에서 설명하는 이러닝 요소 기술에 대한 설명으로 옳지 않은 것은?

> 교수자와 학습자 그룹이 자원을 공유하고 상호작용을 통하여 공동의 학습 목표를 성취할 수 있도록 설계된 학습 과정의 한 형태를 말한다.

① 개인용 컴퓨터, PDA, Navigation, Mobile Phone 등 다양한 단말기를 이용하여 학습한다.

② 참가자들은 발표자, 청중, 토론의 찬성자와 반대자 등 다양한 역할을 수행한다.

③ 다자간 3D 학습콘텐츠 인터랙션 기술을 활용한다.

④ 학습자 중심 적응형 학습지원 기술을 활용하여 학습자의 능력을 동적으로 정확히 측정한다.

23 이러닝 운영에서 사용되는 용어와 정의가 연결된 것으로 옳지 않은 것은?

① 학습관리시스템 – 이러닝 환경에서 가상의 교실을 만들어 사용자들에게 학습활동을 원활하게 하도록 전달하고 학습을 관리하고 측정하는 등 학습을 통해 역량을 강화시키는 시스템

② 학습콘텐츠관리시스템 – 교육과정을 효과적으로 운영하고 학습의 전반적인 활동을 지원하기 위한 시스템

③ 커뮤니케이션 지원도구 – 정책, 프로세스, 콘텐츠 구성, 와이어프레임(UI, UX), 기능 정의, 데이터베이스 연동 등 서비스 구축을 위한 모든 정보가 담겨 있는 스토리보드

④ 저작도구 – 프로그래밍에 관한 전문지식 없이도 텍스트, 오디오, 동영상 등 데이터들을 통합·연결하는 방식으로 콘텐츠를 쉽게 생성할 수 있게 하는 웹 기반의 콘텐츠 제작 지원 프로그램

24 다음 〈보기〉에서 설명하는 이러닝 콘텐츠 개발 프로세스의 산출물은?

> 사용하는 용지에 작성하고자 하는 내용에 적합한 네모 칸을 만들고, 칸 안에 그림을 그려서 연속적으로 표현한 것을 의미한다. 시간적 흐름에 따라 구성하므로 전후가 분명하고, 전후의 상황이 서로 연관되고 연결될 수 있도록 구성한다. 특히 이러닝에서는 설계자가 의도하는 내용에 대한 표현뿐 아니라 콘텐츠에서 표현하고 싶은 화면 구성, 교수·학습 전략, 인터페이스, 지원기능 등을 모두 구체적인 이미지로 표현한다. 즉, 설계자가 그리고 싶은 아이디어에 대한 설계도면이라고 할 수 있다.

① 스토리보드
② 학습흐름도
③ 완성 강의 콘텐츠
④ 분석조사서

25 학습시스템 요구사항 분석에서 시나리오를 통한 요구사항 수집방법에 대한 설명이 아닌 것은?

① 요구사항 분석자는 시스템과 사용자 간에 상호작용 시나리오를 작성하여 시스템 요구사항을 수집해야 한다.

② 시나리오로 들어가기 이전의 시스템 상태에 관한 기술에 대한 정보가 포함되어야 한다.

③ 정상적인 사건의 흐름뿐만 아니라 그에 대한 예외 흐름에 대한 정보까지 필수적으로 포함되어야 한다.

④ 개발프로젝트 참여자들과의 직접적인 대화를 통하여 정보를 수집하는 일반적인 기법을 말한다.

26 학습시스템 요구사항 분석 중 기능적 요구사항이 아닌 것은?

① 처리 및 절차

② 입출력 양식

③ 트레이드오프

④ 키보드의 구체적 조작

27 다음에서 〈보기〉 설명하는 분석기법은?

> 요구사항을 사용자 중심의 시나리오 분석을 통해 Usecase Model로 구축하는 것

① 기능적 분석

② 비기능적 분석

③ 구조적 분석

④ 객체지향 분석

28 요구사항 명세서에 대한 설명으로 옳지 않은 것은?

① 수행 대상에 대해 기술

② 시스템의 수행 방법

③ 공동 목표 제시

④ 프로젝트 산출물 중 가장 중요한 문서

29 교수자의 일반적 특성 분석에 대한 설명으로 옳지 않은 것은?

① 교수 선호도를 조사한다.

② 교수자에 대한 정보를 분석한다.

③ 교수자의 강의 경력과 이력에 대해 조사하고 분석한다.

④ 교수자의 이러닝 체제 도입에 대한 요구 정도를 분석한다.

30 다음 중 학습시스템 이해관계자 분석을 위해 정의한 참여자의 역할에 대한 설명으로 올바른 것은?

① 학습에 있어서 가장 능동적인 역할을 하는 자는 학습자이다.

② 학습활동을 지원하는 역할을 하는 자는 튜터이다.

③ 학습자의 학습에 도움을 주는 학습활동의 역할을 하는 자는 교수자이다.

④ 학습자의 참여를 유도하는 역할을 하는 자는 에이전트이다.

31 학습이론에 대한 설명으로 옳지 않은 것은?

① 학습 형상의 원인 및 과정을 설명한다.

② 학습자에게 지식과 기술을 학습시키는 가장 효과적인 방법에 대한 원리와 법칙을 제시한다.

③ 학습자의 행동 변화가 왜, 어떻게 나타나는 것인가를 설명한다.

④ 학습자에게 가장 적합한 교수설계나 교수방법 등을 처방하는 측면이 강하다.

32 Glaser의 교수학습 과정 절차로 알맞은 것은?

> ㉠ 출발점 행동의 진단
> ㉡ 수업목표 확정
> ㉢ 수업의 실제
> ㉣ 학습결과의 평가

① ㉠ → ㉡ → ㉢ → ㉣

② ㉠ → ㉢ → ㉡ → ㉣

③ ㉡ → ㉠ → ㉣ → ㉢

④ ㉡ → ㉠ → ㉢ → ㉣

33 이러닝 운영 사이트 점검에 대한 설명으로 적절하지 않은 것은?

① 이러닝 운영 사이트는 학습자가 학습을 수행하는 학습 사이트와 이러닝 과정 운영자가 관리하는 학습관리시스템(LMS)로 구분된다.

② 이러닝 학습 사이트에서 많이 발생하는 오류에는 동영상 재생 오류, 진도 체크 오류, 웹 브라우저 호환성 오류 등이 있다.

③ 이러닝 학습 사이트 점검 시 문제가 될 소지를 발견하면 사이트를 잠시 폐쇄하고 시스템 관리자에게 문제를 알리고 해결 방안을 마련한다.

④ 이러닝 과정 운영자는 해당 이러닝 과정의 학습 내용이 정확한지, 학습 분량이 적절한지 등을 수시로 체크해야 한다.

34 다음 중 이러닝 콘텐츠의 점검 항목에 해당하지 않는 것은?

① 학습 목표에 맞는 내용으로 콘텐츠가 구성되어 있는지 여부

② 학습자의 인터넷망이 수강하기에 적절한지 여부

③ 자막 및 그래픽 작업에서 오탈자가 있는지 여부

④ 배우의 목소리 크기나 의상, 메이크업이 적절한지 여부

35 학습관리시스템(LMS)에 개강 예정인 교육과정을 개설하는 절차에 해당하지 않는 것은?

① 교육과정 분류하기

② 강의 만들기

③ 과정 개설하기

④ 교육과정 평가하기

36 이러닝 교육과정의 세부사항에 대한 설명으로 알맞은 것은?

① 과정 운영자는 학습 진행 중 강의에 도움이 되는 자료나 관련 사이트 링크를 등록한다.

② 강의계획서는 오류 시 대처방법, 학습기간에 대한 설명, 수료 필수조건 등의 내용을 담고 있다.

③ 과정 운영자는 설문조사를 등록하여 과정에 대한 평가를 할 수 있도록 한다.

④ 진단평가는 학습자의 기초능력 전반을 진단하는 평가로 강의가 종료된 후 이루어진다.

37 이러닝 학사일정 수립 후 공지해야 할 대상이 아닌 것은?

① 교 · 강사

② 협업 부서

③ 학습자

④ 매체 제작자

38 운영 예정인 교육과정을 관계 기관에 신고하려고 한다. 그에 따른 전자문서 작성 절차를 정리하였을 때 괄호 안에 알맞은 내용은?

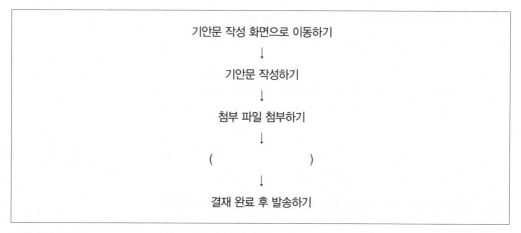

① 결재 올리기

② 메일 작성하기

③ 전자문서에 로그인하기

④ 기안문에 대한 정보 입력하기

39 수강 신청 명단 확인 및 수강 승인 처리 방법으로 거리가 먼 것은?

① 자동으로 수강 신청되지 않은 강의는 수강 승인 기능을 활용하여 승인 상태로 변경한다.

② 운영자는 먼저 시스템 관리자에게 운영자용 아이디와 패스워드를 요청해야 한다.

③ 운영자는 관리자 화면의 수강 관리 화면에서 수강생 목록을 확인할 수 있다.

④ 학습자가 수강 신청을 잘못한 경우 운영자는 즉시 취소 처리해야 한다.

40 효율적인 강의 관리를 위하여 수강 신청 전에 해야 할 일로 알맞은 것은?

① 수강 취소 학습자의 환불 처리

② 잘못된 수강 신청에 대한 내역 변경

③ 학습관리시스템에 운영자 정보 등록

④ 변경된 강사 정보 수정

제2과목	이러닝 활동 지원

41 이러닝 운영지원 도구의 특성으로 옳지 않은 것은?

① 이러닝의 효과성을 높이기 위한 지원 도구로, 종류가 매우 다양하다.

② 독립적인 시스템 도구로는 운영이 불가능하다.

③ 활용도에 따라 학습관리시스템에 종속되어 운영된다.

④ 저작도구, 평가시스템, 커뮤니케이션 지원 도구 등이 해당한다.

42 다음 〈보기〉와 같은 이러닝 운영지원 도구들이 해당하는 것은?

> 콘텐츠 변환 시스템, 모니터링 시스템, 부가기능 지원시스템 등

① 학습자의 학습지원 도구

② 교수자 및 튜터 지원 도구

③ 콘텐츠 개발 · 운영 지원 도구

④ 사내 학습 관련 시스템과의 연계 지원 도구

43 학습관리 시스템에서 교수자에게 필요한 기능으로 볼 수 없는 것은?

① 강의 관리 기능

② 시험 관리 기능

③ 커뮤니케이션 기능

④ 권한 설정 조정 기능

44 이러닝 학습환경에 대한 설명으로 옳지 않은 것은?

① 인터넷 접속환경, 기기, 소프트웨어 등을 의미한다.
② 학습환경은 학습자 개인마다 다를 수 있다.
③ 학습환경에 따라 학습지원 방식을 일괄 적용할 필요가 있다.
④ 최근에는 모바일 기기를 사용한 학습방식이 증가하고 있다.

45 학습자가 동영상 강좌를 수강할 수 없는 경우 고려해봐야 할 사항으로 옳지 않은 것은?

① 동영상 수강 관련 소프트웨어가 제대로 설치되어 있는지 파악한다.
② 동영상 재생을 위한 코덱에 문제가 없는지 파악한다.
③ 동영상 서버에 트래픽이 많이 몰려있는지 파악한다.
④ 기기가 가장 고사양의 최신 버전이 맞는지 파악한다.

46 학습자의 과제수행에 따른 시스템 운영 방법으로 적절하지 않은 것은?

① 과제 제출 시 첨삭할 튜터에게 알림이 갈 수 있게 구성한다.
② 과제 평가 결과에 대한 이의신청 시스템을 삭제하여 튜터의 부담을 줄인다.
③ 과제 제출 자체가 학습자의 시간과 노력을 요구하므로 객관적으로 시스템을 운영한다.
④ 객관적 과제 채점을 위해 모사답안 검증을 위한 시스템을 마련한다.

47 학습 진도의 개념 및 관리에 대한 설명으로 옳지 않은 것은?

① 학습 진도란 학습자의 학습 진행률을 수치로 표현한 것이다.
② 진도 진행상황에 따라 독려를 할 것인지 여부를 판단할 수 있다.
③ 진도 진행상황이 수료 결과에 큰 영향을 미치지 않음을 숙지한다.
④ 진도율이 평가 진행의 전제 조건이 될 수 있음을 학습자에게 미리 공지한다.

48 다음 〈보기〉의 설명에 해당하는 상호작용의 종류는?

> • 첨삭과 평가 등을 통해 이루어지는 경우가 많다.
> • 학습의 과정 속에서 모르거나 추가 의견이 있는 경우 활발하게 일어난다.

① 학습자-학습자 상호작용

② 학습자-교·강사 상호작용

③ 학습자-시스템·콘텐츠 상호작용

④ 학습자-운영자 상호작용

49 다음 〈보기〉의 특징에 해당하는 학습 자료는?

> • 학습자료로 많이 활용되지만, html 형식이 아닌 이상 웹에서 바로 볼 수 있는 경우는 드물다.
> • MS오피스, 아래아한글, PDF 등의 오피스 소프트웨어가 필요하다.

① 문 서

② 이미지

③ 비디오

④ 오디오

50 교수자의 학습 자료 등록에 대한 설명으로 옳지 않은 것은?

① 일반적으로 강의실 내 자료실 등의 학습 관련 위치에 등록한다.

② 자료 등록 게시판에서 첨부파일의 용량 제한이 있을 수 있다.

③ 용량이 클 경우, 개별적으로 회원 이메일을 통해 압축파일을 보낸다.

④ 커뮤니티 공간 등에 별도의 자료 등록 공간이 마련되어 있기도 하다.

51 학습참여 독려 시 고려사항으로 옳은 것은?

① 독려 자체에 피곤함을 느낄 수 있으므로 되도록 소극적으로 진행한다.

② 관리 자체가 목적이 되게 해야 한다.

③ 독려 후 반응을 기록해 놓았다가 학습복귀 여부를 반드시 체크한다.

④ 비용효과성과는 별도로 최대 효과를 볼 수 있는 독려방법을 고민한다.

52 다음 중 소통 채널의 하나인 채팅에 대한 설명으로 옳지 않은 것은?

① 문자, 음성, 화상 등의 방식으로 채팅을 진행할 수 있다.

② 학습자가 많은 경우 원활하게 소통할 수 있다는 장점이 있다.

③ 대표적인 쌍방향 소통 채널에 해당한다.

④ 채팅에 필요한 인력과 장비를 갖추어 놓아야 충분한 대응이 가능하다.

53 FAQ 게시판을 통한 학습자 질문 대응 방법으로 옳지 않은 것은?

① 자주하는 질문을 파악하고 주제별로 구분·제시하여 답변을 쉽게 찾아볼 수 있게 한다.

② 다양한 질문 유형에 따른 답변을 미리 충실하게 작성해 놓는 것이 중요하다.

③ 게시판을 실시간으로 업데이트하여 학습자의 다양한 질문에 바로바로 대응하도록 한다.

④ 학습자 스스로 정보를 찾는 것 외에도 웹 사이트의 다른 곳들도 접속하여 찾아보도록 하는 효과가 있다.

54 이러닝의 올바른 학습촉진 전략으로 옳지 않은 것은?

① 학습자 중심의 다양한 학습지원이 이루어져야 한다.

② 학습촉진을 위한 상호작용을 늘릴 수 있는 다양한 방법이 제공되어야 한다.

③ 교수자, 운영자, 동료학습자에게 도움을 쉽게 구할 수 있게 구성되어야 한다.

④ 학습촉진을 위해 맞춤형 개별학습을 극대화할 수 있는 환경을 조성해야 한다.

55 수강 오류 발생 시 관리방법으로 옳지 않은 것은?

① 학습자에 의한 원인인지 학습지원 시스템에 의한 원인인지 확인한다.

② 관리자 기능을 통해 해당 오류를 되도록 직접 처리하도록 한다.

③ 기술 지원팀의 도움을 받아야 하는 경우 해당 부서와 의사소통하여 처리한다.

④ 해결 여부를 확인한 후 학습자에게 안내한다.

56 이러닝 운영 준비활동 중 학습활동 지원 수행 여부에 대한 고려사항이 아닌 것은?

① 학습자의 PC, 모바일 학습환경을 원격지원하였나?

② 교 · 강사에게 학사 일정, 교수학습환경을 안내하였나?

③ 학습에 필요한 과제수행 방법을 학습자에게 안내하였나?

④ 학습자의 학습환경을 분석하여 학습자의 질문 및 요청사항에 대처하였나?

57 이러닝 운영 준비과정에 필요한 문서가 아닌 것은?

① 운영 관계 법령

② 학업성취도 자료

③ 과정 운영계획서

④ 학습과목별 강의계획서

58 〈보기〉의 문서 중 관련 단계가 다른 것은?

> 콘텐츠기획서, 시스템 운영현황 자료, 교 · 강사 관리 자료, 성과보고 자료, 과정만족도 조사 자료

① 성과보고 자료

② 교 · 강사 관리 자료

③ 과정만족도 조사 자료

④ 시스템 운영현황 자료

59 학습 만족도 향상을 위한 운영 활동에 대한 설명으로 옳은 것은?

① 과정 만족도 조사로 학습자의 해당 과정 수료 여부를 판단한다.

② 과정 만족도 조사 활동은 과정이 운영된 직후 실시하는 경우가 대부분이다.

③ 학업성취도 평가 결과를 분석하여 사업기획 업무에 필요한 시사점을 파악한다.

④ 학업성취도 평가는 학습자들의 반응을 측정하여 과정의 구성과 운영에 반영한다.

60 이러닝 운영 활동과 그 설명이 바르게 연결되지 않은 것은?

① 이러닝 운영 학습활동 지원 – 학습환경을 최적화하고 수강오류를 신속하게 처리하며, 학습활동이 촉진되도록 학습자를 지원하는 활동

② 이러닝 운영 교·강사 지원 – 교·강사를 선정하고 교·강사가 수행해야 할 활동을 안내, 독려하며 각종 활동 사항에 대한 개선사항을 관리하는 활동

③ 이러닝 운영 평가관리 – 과정 운영 종료 후 학습자 만족도와 학업성취도를 확인하고 과정평가 결과를 보고하는 활동

④ 이러닝 운영 학사관리 – 학습자의 정보를 확인하고 학습활동이 촉진되도록 학습자를 지원하는 활동

61 학습활동 지원 수행 여부에 대한 고려사항에 해당하지 않는 것은?

① 학습 안내활동 수행 여부에 대한 고려사항

② 학습환경 지원활동 수행 여부에 대한 고려사항

③ 수강오류 관리활동 수행 여부에 대한 고려사항

④ 학습자 정보 확인활동 수행여부에 대한 고려사항

62 과정 성취도 측정 시기에 대한 설명으로 옳은 것은?

① 평가 시기를 선정한 후에 평가방법을 결정한다.

② 진단평가는 학업성취도 평가에 영향을 주지 않는다.

③ 학습이 진행된 후라도 사전평가를 진행하여 결과를 반영할 수 있다.

④ 평가 시기는 교육 전, 교육 중, 교육 후 일정기간 경과 등으로 구분된다.

63 과정 성취도 측정 시기에 따른 과정평가 중 〈보기〉의 설명에 해당하는 것은?

> • 학습자에게 피드백을 주고 수업방식을 개선하기 위해 실시한다.
> • 학습자의 수업 능력을 확인하여 교재의 적절성을 확인한다.
> • 수업 중 실시하는 가벼운 질문 또는 쪽지시험, 숙제 등이 해당한다.

① 진단평가
② 형성평가
③ 총괄평가
④ 외부 전문가 평가

64 과정평가의 활용성에 대한 설명으로 옳지 않은 것은?

① 과정평가 결과를 바탕으로 과정 난이도를 파악할 수 있다.
② 학습자들의 학습효과를 정량적, 정성적으로 파악하는 도구이다.
③ 학습자들의 의견을 수렴하여 적극적인 참여를 유도할 수 있다.
④ 과정이 운영된 직후 실시하며, 사업기획 업무에 필요한 시사점을 파악한다.

65 단위별 평가유형의 특징 중 〈보기〉의 설명에 해당하는 것은?

> • 학습자의 내용 이해도를 간단하게 측정할 수 있다.
> • 50%는 정답이 될 수 있으므로, 다른 유형에 비해 타당도가 낮다.

① 객관식 문제
② 서술형 문제
③ 연결하기 문제
④ 진실 · 거짓 문제

66 이러닝 과정의 학업성취도 측정에 대한 설명으로 옳지 않은 것은?

① 학업성취도는 학습자의 지식, 기술, 태도 향상 정도를 측정하는 것이다.

② 학업성취도의 평가도구는 지필시험, 설문조사, 과제 수행 등이 주로 사용된다.

③ 지필시험은 학습 내용에 대해 4지 선다형 또는 5지 선다형의 구성으로 출제된다.

④ 기능 영역의 평가목적은 업무수행에 필요한 기능의 학습정도를 평가하는 것이다.

67 단위별 평가유형에 따른 과제 및 시험방법에 대한 〈보기〉의 설명에 해당하는 것은?

> • 실생활에서 활용할 수 있는 능력을 기르는 데 중점을 두는 단계이다.
> • 이 단위에서는 프로젝트나 과제를 시행하는 것이 적합하다.
> • 학습자는 주어진 주제에 대해 연구 · 발표하는 활동을 수행한다.

① 지식 단위

② 적용 단위

③ 분석 단위

④ 종합 단위

68 단위별 성취도 측정을 위한 평가문항의 유형별 문항 분류가 바르게 연결된 것은?

① 선택형 문항 – 진위형

② 서답형 문항 – 선다형

③ 선택형 문항 – 완성형

④ 서답형 문항 – 연결형

69 문제 난이도 및 적정성에 대한 설명으로 옳지 않은 것은?

① 난이도가 높으면 문제가 어렵고, 정답률이 낮다.

② 문항 난이도는 문항의 쉽고 어려운 정도를 말한다.

③ 문항 곤란도는 문항 형식에 따라 산출 공식이 다르다.

④ 문항 변별도는 문항이 상위집단과 하위집단의 능력을 변별하는 정도이다.

70 다음 중 문항 변별도(D)에 대한 설명으로 옳지 않은 것은?

① 문항이 교육생의 능력을 변별하는 정도를 나타내는 지수이다.

② 상위능력집단과 하위능력집단 간의 정답률의 차이로 산출한다.

③ 개개문항의 어려운 정도를 뜻하며, 문항 형식에 따라 산출 공식이 달라진다.

④ 높은 점수를 받게 될 것인지 낮은 점수를 받게 될 것인지 식별할 수 있는 정도이다.

제3과목 | 이러닝 운영 관리

71 다음 〈보기〉에서 괄호 안에 공통으로 들어갈 용어로 옳은 것은?

> 이러닝 운영 기획을 위한 중요한 활동이자 첫 번째 단계가 (   )이다. (   )은 이러닝 운영에 대한 기초적인 자료를 확보하는 역할을 수행한다.

① 사전교육

② 수요조사

③ 요구분석

④ 시스템 점검

72 콜브(Kolb)가 제시한 학습스타일 중 다음 〈보기〉에 해당하는 학습자는?

> • 구체적인 경험과 반성적인 관찰을 통해서 학습한다.
> • 뛰어난 상상력을 가지고 있고 아이디어를 창출하고 브레인스토밍을 즐기는 특성이 있다.

① 조절자(Assimilator)

② 발산자(Diverger)

③ 수렴자(Converger)

④ 동화자(Accommodator)

73 교육 수요 예측을 위한 필립 코틀러(P. Kotler)의 시장 세분화 성공 조건이 아닌 것은?

① 측정 가능해야 한다.

② 학습자에게 적합한 프로그램이나 학습 채널 접근이 가능해야 한다.

③ 충분한 규모의 시장성이 있어야 한다.

④ 분류된 시장을 다시 통합하여야 한다.

74 이러닝 운영계획 수립 체계 중 운영전략 수립에 대한 설명으로 옳지 않은 것은?

① 운영에 대한 구체적인 방향과 체계적인 운영절차를 결정하는 활동이다.

② 과정 운영 매뉴얼을 작성한 후 워크숍, 연수 등을 실시하여 전달하는 활동이다.

③ 운영할 과정에 대한 전반적인 운영활동과 그에 따른 학사일정을 계획하는 것이다.

④ 운영전략 수립을 통해 학습자의 만족을 향상시킬 수 있는 방법들이 모색될 수 있다.

75 이러닝 운영계획 수립 시 고려할 사항이 아닌 것은?

① 교육과정 운영일정

② 학습 콘텐츠에 대한 검토

③ 과정 운영자 배정

④ 과정별 운영차수 분석

76 이러닝 학습 환경을 준비할 때 검토사항으로 옳지 않은 것은?

① 학습관리시스템(LMS)의 환경 설정을 점검하고 세부 기능을 확인한다.

② 학습관리시스템의 검토는 체크리스트를 활용한다.

③ 기본적으로 과정에 따라 필요한 부가기능 중심으로 먼저 점검한다.

④ 체크리스트 항목 중 하나라도 오류가 발생하면 즉시 해결하고 운영한다.

77 이러닝 운영인력 중 이러닝 과정 운영자 역할로 옳지 않은 것은?

① 학사일정 전반에 대한 안내

② 평가문제 출제 및 채점

③ 과제 안내 등 학습 방향을 제시

④ 학습시작 전, 중, 후 프로세스에 따른 운영

78 이러닝 운영계획 수립을 위한 확인 사항에서 필수사항이 아닌 것은?

① 교육운영 일정은 결정되었는가?

② 평가기준 및 배점은 결정되었는가?

③ 교육 수요에 대한 분석결과는 확인되었는가?

④ 고용보험 적용과 비적용에 대한 고려는 되었는가?

79 이러닝 운영에서 활용되는 운영전략 중 자기주도학습 지원의 세부활동이 아닌 것은?

① VOC 활용 운영 프로세스 개선

② 학습동기 부여 및 독려

③ 이러닝 포인트 제도 활용

④ 수강후기 및 학습경험 공유

80 이러닝 운영에서 콘텐츠 요구사항 점검을 위한 평가내용 중 디자인 제작에 해당하는 평가기준이 아닌 것은?

① 학습관련 아이콘을 기능에 맞게 적절한 이미지로 표현

② 목차 학습지원 메뉴, 페이지 이동 등이 편리하게 구성

③ 현재의 학습내용과 자신의 위치를 파악하는 것이 용이하게 구성

④ 기획 의도에 부합하는 학습 주제를 논리적이고 적절한 단위로 구성

81 이러닝 운영 평가관리에서 학습자 만족도 조사의 개념으로 옳지 않은 것은?

① 교육 프로그램에 대한 느낌이나 만족도를 측정하는 것이다.

② 교육의 과정과 운영상의 문제점 수정 · 보완은 조사에서 배제된다.

③ 교육 과정에 대한 학습자의 전반적인 만족도를 조사하는 것이다.

④ 학습자의 반응 정보를 다각적으로 분석 · 평가한다.

82 이러닝 학습자의 특성으로 옳지 않은 것은?

① 이러닝 학습자의 학습하는 방식이 매우 다양하다.

② 성인 이러닝 학습자는 매우 약한 학습동기를 가지고 있다.

③ 이러닝 학습자는 매우 다양한 인적, 문화적, 사회적 특성을 가지고 있다.

④ 이러닝 학습자들은 학습을 할 때 자신의 경험과 연계하여 접근하려는 경향이 강하다.

83 이러닝 과정 평가 절차 중 과정진행 평가에 포함되는 것은?

① 과정 운영 환경 설정

② 학습관리시스템 운영 상황

③ 연관 교육과정 안내

④ 이러닝 과정 운영과 관련된 행정 지원

84 이러닝 평가를 위한 커크패트릭(Kirkpatrick) 4단계 평가모형에서 1단계 반응(Recation)의 평가조건은?

① 반응검사

② 구체적 목표

③ 교육목표

④ 교육내용

85 이러닝운영 평가관리에서 학업성취도 평가절차 중 평가실시 단계에 해당하는 것은?

① 문제은행 관리
② 평가유형별 시험지 배정
③ 채점 및 첨삭지도
④ 성적공지 및 이의신청처리

86 학습촉진 요인들을 토대로 제시한 이러닝 학습촉진 방법으로 옳지 않은 것은?

① 교수자의 촉진자 역할 수행
② 다양한 유형의 상호작용 촉진
③ 학습과정에 대한 지속적인 모니터링
④ 학습자의 이성적 측면에서 학습환경 조성

87 학습자의 학업성취도에 영향을 미치는 평가요소 중 태도 영역에 활용되는 평가도구로만 바르게 묶인 것은?

> ㉠ 역할놀이
> ㉡ 문제해결 시나리오
> ㉢ 프로젝트
> ㉣ 실기시험
> ㉤ 구두발표

① ㉠, ㉡, ㉢
② ㉡, ㉢, ㉣
③ ㉠, ㉢, ㉣
④ ㉠, ㉡, ㉤

88 이러닝 과정에 참여한 학습자의 학업성취도를 분석할 때 실제 평가에서 살펴보는 평가 요소가 아닌 것은?

① 평가 도구
② 평가 내용
③ 평가 시기
④ 평가 설계

89 학업성취도 평가결과의 개선 방안 중 과제 수행 지원에 대한 설명으로 옳은 것은?

① 모사율을 낮추기 위해 단편적인 지식으로 과제 평가 문항을 구성하여 지원한다.
② 과제내용을 정형화된 지식조사로 모사하기 어렵게 구성하여 지원한다.
③ 과제평가에 대한 구체적인 평가기준이나 채점방법은 평가 후에 안내한다.
④ 응용프로그램 등의 도구활용과 프로그램 설치를 지원한다.

90 이러닝 과정 운영에서 학습자별 학업성취도 평가결과에 대한 설명으로 옳지 않은 것은?

① 평가요소 중 과제 수행은 70~80% 이상으로 모사율 기준을 적용한다.
② 평가요소 중 지필 시험은 문제은행 방식으로 온라인으로 제공된다.
③ 평가요소 중 주관식 서술형은 시스템에 의해 자동으로 채점된다.
④ 평가요소에는 지필시험, 과제수행 및 채점, 주관식 서술형, 학습진도율 등이 있다.

91 학습콘텐츠 운영 적합성 평가의 기준 중 학습콘텐츠에 대한 가장 기본적인 운영 적합성을 평가하는 기준은?

① 운영준비 과정에서 학습콘텐츠 오류 적합성 확인
② 운영준비 과정에서 학습콘텐츠 탑재 적합성 확인
③ 운영과정에서 학습콘텐츠 활용 안내 적합성 확인
④ 운영평가 과정에서 학습콘텐츠 활용의 적합성 확인

92 이러닝 콘텐츠 내용 적합성 평가하기 위한 준거와 그 내용을 바르게 연결한 것은?

① 학습분량 – 학습내용을 체계적이고 조직적으로 구성하여 제시하고 있는가?

② 학습난이도 – 학습내용은 학습자의 지식수준이나 발달단계에 맞게 구성되어 있는가?

③ 학습목표 – 학습자의 지식, 기술, 경험의 수준에 맞게 적합한 학습내용으로 구성되어 있는가?

④ 학습내용 선정 – 학습자료는 학습내용의 특성과 학습자의 수준과 특성을 고려하여 제공하고 있는가?

93 교 · 강사 활동 평가 기준에 대한 설명으로 옳지 않은 것은?

① 교 · 강사 활동 평가 기준 작성과 활동 평가는 동시에 진행한다.

② 평가 기준은 운영기관의 특성에 따라 다소 차이가 있을 수 있다.

③ 교 · 강사의 역할을 기반으로 객관적으로 평가할 수 있도록 작성한다.

④ 교 · 강사가 과정의 운영목표에 적합한 교수활동을 수행했는지 확인한다.

94 교 · 강사 활동의 평가기준 수립을 위한 방안으로 옳은 것은?

㉠ 운영기관의 특성 확인

㉡ 교 · 강사 활동에 대한 평가기준 작성

㉢ 학습자들의 학습만족도 조사결과 확인

㉣ 작성된 교 · 강사 활동 평가 기준의 검토

---

① ㉠, ㉢, ㉣

② ㉠, ㉡, ㉢

③ ㉠, ㉡, ㉣

④ ㉠, ㉡, ㉢, ㉣

95 다음의 설명과 관련 있는 교·강사 활동 결과 분석 내용은?

> 이러닝 학습과정에서 온라인 튜터는 참고 사이트, 사례, 학습콘텐츠의 내용을 요약한 교안, 관련 주제에 대한 보충자료, 특정 학습내용을 요약한 정리자료 등과 같은 학습주제와 관련된 다양한 자료를 학습자료 게시판을 활용하여 주기적으로 등록하고 학습자들이 활용할 수 있도록 촉진하는 활동을 수행할 필요가 있다.

① 질의응답의 충실성 분석
② 보조자료 등록 현황 분석
③ 학습참여 독려 현황 분석
④ 모사답안 여부 확인 활동 분석

96 이러닝 학습관리시스템(LMS)의 기능에 대한 설명으로 알맞지 않은 것은?

① 학습관리시스템은 기능을 중심으로 학습자 지원 기능, 교수자 지원 기능, 운영 및 관리 지원기능으로 분류할 수 있다.
② 수업 설계, 질문에 대한 답변, 과제 평가 등을 수행하는 기능은 학습관리시스템의 교수 활동 지원 기능에 해당한다.
③ 콘텐츠 학습, 진도 조회, 성적 확인, 자유 게시 활동 등을 수행하는 기능은 학습관리시스템의 학습 활동 지원 기능에 해당한다.
④ 평가문항 출제, 학습자의 진도 체크, 학습내용 공지, 과제 제출, 토론 참여 등을 수행하는 기능은 학습관리시스템의 운영 활동 지원 기능에 해당한다.

97 시스템 운영 결과의 확인 사항 중 학습자의 학습활동 지원 내용에 해당하는 것끼리 묶인 것은?

> ㉠ 성적처리 기능
> ㉡ 평가문항 등록 기능
> ㉢ 학습과정 안내 기능
> ㉣ 수강오류 관리 기능
> ㉤ 멀티미디어 기기에서의 콘텐츠 구동

① ㉠, ㉣
② ㉡, ㉤
③ ㉢, ㉣
④ ㉠, ㉢

98 이러닝 운영결과 관리에 대한 설명으로 옳지 않은 것은?

① 성적처리 활동수행 여부 점검은 이러닝 운영진행 활동결과 관리항목에 해당한다.
② 과정만족도 조사 활동수행 여부 점검은 이러닝 운영종료활동 결과관리 항목에 해당한다.
③ 이러닝 운영 종료 후 과정관련 자료에는 콘텐츠 기획서, 교·강사 관리자료, 매출보고서 등이 있다.
④ 운영활동 결과를 관리하기 위하여 이러닝 운영활동이 운영계획서에 맞게 수행되었는지 확인해야 한다.

99 이러닝 운영 종료 후 과정의 성과를 분석하고자 한다. 이에 대한 참고자료로 적절하지 않은 것은?

① 매출보고서
② 콘텐츠기획서
③ 학업성취 자료
④ 과정운영계획서

100 다음 중 이러닝 과정 최종 평가보고서의 구성 내용에 해당하지 않는 것은?

① 콘텐츠 평가
② 교·강사 활동평가
③ 시스템 운영결과
④ 운영관계법령

정답 및 해설 p.212

제1과목 │ 이러닝 운영계획 수립

01 다음 〈보기〉의 괄호에 들어갈 이러닝 산업 특수분류는?

> ( )은 이러닝을 위한 개발도구, 응용소프트웨어 등의 패키지 소프트웨어 개발과 이에 대한 유지·보수업 및 관련 인프라 임대업을 가리킨다.

① 이러닝
② 이러닝 콘텐츠
③ 이러닝 서비스
④ 이러닝 하드웨어

02 학습효과 제고를 위한 학습서비스 고도화의 내용과 예시가 바르게 연결된 것은?

① 양방향 – 유·아동 AR학습 플랫폼
② 실감형 – 비대면 실시간 코딩교육
③ 지능형 – 감성·인지교감 AI서비스
④ 지능형 – 메타버스 기반 학습콘텐츠 플랫폼

03 다음 중 'STEP'에 대한 설명으로 옳은 것은?

① 양질의 온라인 직업능력개발 서비스 제공을 위한 플랫폼이다.
② 학습자가 평생교육 콘텐츠를 제공받고 학습이력을 통합 관리할 수 있는 플랫폼이다.
③ 교육과정을 효과적으로 운영하고 학습의 전반적인 활동을 지원하기 위한 시스템이다.
④ 인간의 학습능력과 같은 기능을 컴퓨터에서 실현하고자 하는 기술 및 기법이다.

04 다음 중 '아바타(avatar)를 통해 실제 현실과 같은 사회, 경제, 교육, 문화, 과학기술 활동을 할 수 있는 3차원 공간 플랫폼'을 가리키는 용어로 옳은 것은?

① 가상현실(VR)

② 증강현실(AR)

③ 메타버스(Metaverse)

④ 서비스형 솔루션(SaaS)

05 다음 중 'SaaS LMS'에 대한 설명을 옳지 않은 것은?

① 클라우드에서 사용할 수 있는 학습관리 시스템이다.

② 전 세계 어디서나 LMS 소프트웨어에 접속할 수 있다.

③ 컴퓨터에 이러닝 LMS 소프트웨어를 설치하기만 하면 된다.

④ 시스템에 로그인해서 콘텐츠 제작 후 배포만 하면 되므로 사용에 용이하다.

06 다음 중 가상현실(VR)과 증강현실(AR)에 대한 설명으로 옳지 않은 것은?

① 가상현실(VR)은 가상세계에서 실제와 같은 체험을 할 수 있게 한다.

② 증강현실(AR)은 현실세계를 가상세계로 보완해주는 기술이다.

③ 가상현실(VR)은 가상정보를 실시간으로 중첩 및 합성하는 기술이다.

④ 증강현실(AR)은 현실 환경과 가상화면과의 구분이 모호하다.

07 다음 〈보기〉에서 설명하고 있는 원격훈련의 유형은?

위치기반서비스, 가상현실 등 스마트 기기의 기술적 요소를 활용하거나 특성화된 교수 방법을 적용하여 원격 등의 방법으로 훈련이 실시되고 훈련생관리 등이 웹상으로 이루어지는 훈련

① 혼합훈련

② 스마트 훈련

③ 우편 원격훈련

④ 인터넷 원격훈련

08 다음 중 이러닝센터에서 수행하는 기능이 아닌 것은?

① 창업 활성화

② 이러닝 전문인력의 양성

③ 이러닝을 통한 지역 공공서비스의 제공 대행

④ 중소기업 및 교육기관의 이러닝을 지원하기 위한 교육 및 경영 컨설팅

09 콘텐츠 개발 요구분석서의 단계별 분석대상이 옳게 짝지어진 것은?

① 개발 범위 – 학습내용, 교육과정

② 학습자 환경 – 콘텐츠 형태

③ 개발 목적 – 학습의 효율성

④ 요구 기능 – 콘텐츠 수용범위

10 이러닝 콘텐츠에 사용된 개발 자원 중 지각적 요소가 아닌 것은?

① 캐릭터

② 개발물(html, swf)

③ 튜토리얼(Tutorial)

④ UI 디자인

11 콘텐츠 개발을 위한 하드웨어 권장 환경 중 인코딩 장비를 필요로 하는 것은?

① 영상 촬영 장비

② 영상 편집 장비

③ 그래픽 편집 장비

④ 영상 변환 장비

12 개발형태에 따른 콘텐츠 유형 중 웹기반 학습에서 보편적으로 많이 사용되는 방식은?

① VOD

② WBI

③ 혼합형

④ 애니메이션형

13 다음 빈칸에 들어갈 적절한 용어로 옳은 것은?

( ) 유형은 동영상을 기반으로 하는 방식으로 간편하고 저렴한 제작비로 많이 사용되고 있다. 칠판 ( ) 유형은 칠판을 활용하여 판서를 중심으로 강의하는 방식으로 촬영 후 간단한 편집 소프트웨어를 활용하여 편집하고 출력 비율, 크기 등을 고려하여 동영상 포맷에 따라 렌더링을 거쳐 완성된다.

① WBI

② VOD

③ 혼합형

④ 텍스트

14 원격교육 서비스를 위한 하드웨어 설비 기준에서 〈보기〉와 같지 않은 하드웨어 설비는?

- CPU : 2.4GHz*4(core) 이상
- Memory : 4GB 이상
- HDD : SATA 200GB 이상

① 웹 서버

② 학사행정 서버

③ 데이터베이스 서버

④ 백업용 데이터 베이스 서버

15 콘텐츠 개발 절차의 순서로 옳은 것은?

① 기획 및 분석 → 실행 → 설계 → 개발 → 평가

② 기획 및 분석 → 설계 → 개발 → 실행 → 평가

③ 기획 및 분석 → 설계 → 개발 → 평가 → 실행

④ 기획 및 분석 → 개발 → 설계 → 평가 → 실행

16 메릴(Merrill)이 제시한 내용요소제시이론 중 학습의 내용 차원 유형이 아닌 것은?

① 절차 – 어떤 목적 달성에 필요한 단계, 문제 풀이 절차, 결과물의 제작단계 등의 순서이다

② 발견 – 이미 지니고 있는 지식을 바탕으로 새로운 추상성을 도출 · 창안하는 것이다.

③ 원리 – 어떤 현상에 대한 해석이나 장차 발생할 현상에 대한 예측에 사용되는 여러 사상들의 인과관계나 상관관계를 말한다.

④ 개념 – 특정한 속성을 공통적으로 지닌 사물, 사건, 기호들의 집합이다.

17 사용자 기능 중 학습과 관련된 행정업무(회계, 보고, 결제) 프로세스가 포함될 수 있고 고용보험 환급과정과 비환급과정으로 나눠지며 인사정보시스템(HRD) 또는 전사적자원관리시스템(ERP)과 연동하여 강좌개설이 이뤄지는 이러닝 시스템의 유형은?

① 원격평생교육 이러닝 시스템

② 기업교육 이러닝 시스템

③ B2C 이러닝 시스템

④ MOOC 이러닝 시스템

18 다음 〈보기〉에서 설명하는 웹 서버 종류는?

> WINDOW 전용으로 개발한 웹 서버로 윈도우즈 사용자라면 무료로 설치할 수 있다. 검색 엔진, 스트리밍 오디오, 비디오 기능이 포함되어 있다는 점이 특징이며, 예상되는 부하의 범위와 이에 대한 응답을 조절하는 기능이 포함되어 있다.

① Apache
② IIS
③ Nginx
④ GWS

19 이러닝 시스템 학습자 모드의 기능으로 옳지 않은 것은?

① 고객사의 이러닝 교육에 대한 비전 설명
② 학습자 개인정보 수집 안내 여부 확인
③ 학습자 수료처리 여부 결정
④ 학습자의 학습 진도 현황 확인

20 이러닝 시스템의 소프트웨어 요구사항에서 제안할 수 있는 내용으로 옳지 않은 것은?

① 소프트웨어 개발 시에는 모든 OS(운영체제), DBMS(데이터 관리 시스템)의 소프트웨어를 포함한다.
② 기본적으로 설치되어야 할 OS는 MS Window, 리눅스, 유닉스 등이 대표적이다.
③ WEB 서버 소프트웨어의 경우 IIS, Apache, TMax WebtoB 등이 대표적이다.
④ 네트워크 관련 소프트웨어, 보안 관련 소프트웨어, 저작도구 관련 소프트웨어 등도 요구될 수 있다.

21 다음 〈보기〉의 빈칸에 들어갈 인식 기술로 옳은 것끼리 연결한 것은?

> 가상체험 학습 기술은 총 14개 동작 모듈로 구성된다. 주요 핵심 기능은 학습자 영상을 가상 공간에 투영시키기 위한 첫 단계로 카메라 영상을 배경과 전경(인물)으로 분리하는 것이 주목적인 (   ) 기술, 가상공간에서 학습자의 손, 발, 머리 등 인체 부위를 추적하고 사용자가 의도한 제스처를 인식하는 기능을 수행하는 (   ) 기술, 가상공간 영상과 실공간의 학습자 영상을 합성하여, 학습자로 하여금 가상공간에 있는 듯한 느낌을 주기 위한 (   ) 기술이 있다.

① 인체 추적 및 제스처 인식 – 영상 합성 – 학습자 영상추출
② 학습자 영상추출 – 영상 합성 – 인체 추적 및 제스처 인식
③ 학습자 영상추출 – 인체 추적 및 제스처 인식 – 영상 합성
④ 영상 합성 – 학습자 영상추출 – 인체 추적 및 제스처 인식

22 이러닝 시스템 표준화의 주요 목적에 해당되지 않는 것은?

① 재사용 가능성(Reusability)이 증가한다.
② 선호도(Preference)가 증가한다.
③ 접근성(Accessibility)이 높아진다.
④ 항구성(Durability)이 좋아진다.

23 행정기관 및 공공기관 정보시스템 구축 운영지침의 사항으로 옳은 것을 모두 고른 것은?

> ㉠ 하드웨어 및 상용SW를 구매하려는 경우에는 산업기술혁신촉진법에 따른 신제품인증(NEP) 제품을 우선 구매하여야 한다.
> ㉡ 추정가격 중 하드웨어의 비중이 50% 이상인 사업인 경우에는 정보시스템 사업 등은 기술능력평가의 배점한도를 90점으로 한다.
> ㉢ 행정기관등의 장은 사업계획서 및 제안요청서 작성 시 기술적용계획표를 작성하여야 하며 항목은 조정할 수 없다.
> ㉣ 제안서 발표를 실시하는 경우 행정기관의 장은 사업관리자가 직접 제안서를 발표하도록 제안요청서에 명시하여야 한다.

① ㉠, ㉡
② ㉡, ㉢
③ ㉢, ㉣
④ ㉠, ㉣

24 이러닝 콘텐츠 개발 프로세스의 산출물 중 설계 단계의 산출물에 해당하는 것은?

① 분석조사서

② 프로그램 개발 완료 보고서

③ 실행 결과 테스트 보고서

④ 스토리보드

25 다음 중 개발해야 하는 시스템에 대한 시스템 기능 및 제약사항을 식별하고 이해하는 단계는?

① 요구사항 수집

② 요구사항 분석

③ 요구사항 명세서 작성

④ 요구사항 검증

26 학습시스템 요구사항 분석에서 인터뷰와 시나리오를 통한 요구사항 수집방법에 대한 올바른 설명이 아닌 것은?

① 시나리오를 통한 요구사항 수집방법에서 정상적인 사건의 흐름뿐만 아니라 그에 대한 예외 흐름에 대한 정보까지 필수적으로 포함해야 한다.

② 시나리오를 통한 요구사항 수집방법에서 시나리오로 들어가기 이전의 시스템 상태에 관한 기술에 대한 정보가 포함되어야 한다.

③ 인터뷰를 통한 요구사항 수집방법에서 요구사항 분석자는 개발프로젝트 참여자들과의 직접적인 대화 전 전략을 세우고 전략에 따른 목표를 달성해야 한다.

④ 인터뷰를 통한 요구사항 수집방법에서 동시에 수행되어야 할 다른 행위의 정보가 필수적으로 포함되어야 한다.

27 요구사항 분석 중 비기능적 요구사항에 대한 설명으로 올바르지 않은 것은?

① 개발 비용 : 사용자의 투자 한계

② 트레이드오프 : 개발 기간, 비기능 요구들의 우선순위

③ 개발 계획 : 사용자의 요구

④ 환경 : 소프트웨어의 정확성

28 다음 〈보기〉 설명하는 내용이 작성된 프로젝트 산출물은?

> • 분석된 요구사항을 소프트웨어 시스템이 수행하여야 할 모든 기능
>
> • 시스템에 관련된 구현상의 제약조건
>
> • 개발자와 사용자 간에 합의한 성능에 대한 사항

① 최종 평가 보고서

② 프로그램 개발 완료 보고서

③ 강의 콘텐츠

④ 요구사항 명세서

29 학습자 요구사항 분석 수행 절차를 순서대로 나열한 것은?

> ㉠ 교수학습 모형에 맞는 수업모델 비교 및 분석
>
> ㉡ 교수자의 교수학습 모형 분석
>
> ㉢ 실제 수업에 적용된 수업모델 조사 및 분석
>
> ㉣ 수업모델의 사용 실태 분석

① ㉠ → ㉡ → ㉢ → ㉣

② ㉠ → ㉢ → ㉡ → ㉣

③ ㉡ → ㉠ → ㉣ → ㉢

④ ㉡ → ㉠ → ㉢ → ㉣

30 다음 중 학습에 있어서 가장 능동적인 역할을 하는 자는?

① 교수자

② 학습자

③ 튜 터

④ 에이전트

31 교수학습에 대한 설명으로 올바른 것은?

① 교수자가 교육과정에 명시된 목표와 내용을 가르칠 때 학습자가 그것을 완전히 학습하는 상태가 가장 이상적이다.

② 학습이론은 학습행위를 유발하려는 체계이다.

③ 경험을 통하여 새로운 능력, 행동, 적응능력을 획득하고 습득하게 되는 과정을 설명하기 위해 만들어진 이론은 교수이론이다.

④ 교수학습 활동이란 교수자가 가르친 것을 학습자가 배우는 활동으로 주입적 특성을 가진다.

32 다음 〈보기〉에서 설명하는 개발 표준의 특징으로 알맞지 않은 것은?

다양한 교수설계들을 지원하기 위한 표준규격으로, 특정 교수방법에 한정하지 않고 혁신을 지원하는 프레임워크 개발을 목적으로 개발된 표준

① 컴포넌트와 메소드로 구성되어 있다.

② 학습자원을 관리하는 모델이다.

③ 학습 설계를 A, B, C 세 단계로 목적에 따라 기술한다.

④ 학습활동 자체에 중점을 두고 있다.

33 학습관리시스템(LMS)의 주요 메뉴와 그에 대한 설명이 맞게 연결된 것은?

① 사이트 기본정보 – 과정운영 현황 파악, 과정제작 및 계획, 시험출제 및 현황관리 등의 작업을 수행한다.

② 디자인 관리 – 게시판 관리, 회원작성글 확인, 자주 하는 질문(FAQ), 용어사전 관리 등의 작업을 수행한다.

③ 매출 관리 – 중복로그인 제한, 결제 방식 등을 선택할 수 있으며, 연결도메인 추가, 실명인증 및 본인인증 서비스 제공, 원격지원 서비스 등을 관리한다.

④ 회원 관리 – 사용자 관리, 강사 관리, 회원가입 항목 설정, 회원들의 접속현황 등을 관리한다.

34 데스크톱 PC에서 콘텐츠 구동 여부를 확인하는 순서로 알맞은 것은?

① 웹 브라우저 실행 → 주소창에 이러닝 학습사이트 주소 입력 → 테스트용 ID로 로그인 → 탑재된 동영상 콘텐츠 플레이 버튼 클릭 → 정상 구동 여부 확인

② 웹 브라우저 실행 → 테스트용 ID로 로그인 → 주소창에 이러닝 학습사이트 주소 입력 → 정상 구동 여부 확인 → 탑재된 동영상 콘텐츠 플레이 버튼 클릭

③ 주소창에 이러닝 학습사이트 주소 입력 → 웹 브라우저 실행 → 탑재된 동영상 콘텐츠 플레이 버튼 클릭 → 테스트용 ID로 로그인 → 정상 구동 여부 확인

④ 주소창에 이러닝 학습사이트 주소 입력 → 웹 브라우저 실행 → 테스트용 ID로 로그인 → 정상 구동 여부 확인 → 탑재된 동영상 콘텐츠 플레이 버튼 클릭

35 콘텐츠를 점검하는데 재생 버튼을 누르니 엑스박스가 표시되는 오류를 발견하였다. 누구에게 수정을 요청해야 하는가?

① 이러닝 강사
② 이러닝 콘텐츠 개발자
③ 이러닝 시스템 개발자
④ 이러닝 교수 설계자

36 이러닝 교육과정 개설에 대한 설명으로 옳지 않은 것은?

① 학습 완료 시 평가 문항을 시스템상에 등록한다.
② 교육과정은 '대분류-중분류-소분류' 순으로 분류한다.
③ 강의 만들기 단계에서 동영상을 업로드한다.
④ 교육과정 등록 시 세부 차시를 함께 등록한다.

37 다음 〈보기〉에서 설명하는 평가에 해당하는 것은?

> 학습자에게 바람직한 학습방향을 제시하고, 강의에서 원하는 학습목표를 제대로 달성했는지 확인하는 평가이다. 각 강의의 해당 차시가 종료된 후 이루어진다.

① 진단평가
② 형성평가
③ 총괄평가
④ 설문조사

38 이러닝 학사일정에 대한 설명으로 알맞지 않은 것은?

① 학사일정은 교육기관에서 행하는 1년간의 다양한 행사를 기록한 일정이다.
② 일반적으로 당해 연도의 학사일정 계획은 그해 연초에 수립된다.
③ 연간 학사일정을 수립한 후 기수별 개별 교육과정의 일정이 수립된다.
④ 학사일정이 수립되면 조직 내 통신망, 공문서 등을 통하여 협업부서에 공지한다.

39 다음 중 연간 학사일정에 제시되는 내용이 아닌 것은?

① 강의 신청일
② 연수 시작일
③ 강사의 경력
④ 강의 평가일

40 수강신청 관리에 대한 내용으로 알맞은 것은?

① 수강승인이 되면 승인된 학습자목록만 따로 확인할 수 있다.
② 취소강의 환불 시 운영자가 단독으로 환불처리를 진행한다.
③ 입과 안내문구는 전달매체에 상관없이 동일하게 작성한다.
④ 학습관리시스템에 교 · 강사로 지정되면 각종 관리자 기능을 사용할 수 있다.

41 학습관리시스템(LMS)의 특징으로 옳지 않은 것은?

① 학습의 전반적인 활동을 지원하기 위한 시스템이다.

② 주사용자는 강사 및 교육 담당자이다.

③ 주요관리 대상은 학습콘텐츠이다.

④ 학습자의 데이터를 보존할 수 있으며, 일정 관리가 가능하다.

42 이러닝 학습지원 도구 중 개인 학습자의 학습지원 도구로 볼 수 없는 것은?

① 역량진단시스템

② 지식경영시스템

③ 개인 학습경로 제시 시스템

④ 개인 학습자의 학습 이력 관리 시스템

43 학습관리시스템에서 관리자에게 필요한 기능으로 볼 수 없는 것은?

① 학습자, 교수자 등의 권한 설정 조정 기능

② 메뉴 관리 기능

③ 모니터링 기능

④ 과제 첨삭 기능

44 이러닝 운영지원 도구의 활용 방법으로 옳지 않은 것은?

① 원격지원 시스템을 통해 학습자의 학습방해요소에 대한 조치를 취한다.

② 콘텐츠 내에서 유의미한 상호작용이 일어날 수 있는 활동을 개발한다.

③ 각종 통계 자료를 통해 학습자의 학습 전반을 쉽게 파악한다.

④ 회원관리 정보를 적극 이용해 각종 이벤트 및 커뮤니케이션 정보로 활용한다.

45 다음 〈보기〉에서 설명하는 기기의 특징으로 옳은 것은?

> • 이동식으로 활용하므로 무선으로 연결하는 경우가 많다.
> • 최근에는 교육용으로 제작 · 판매되는 크롬북을 많이 사용하는 추세이다.

① 데스크톱 PC

② 노트북

③ 태블릿

④ 스마트폰

46 다음 중 학습자의 컴퓨터에 의한 문제상황일 가능성이 높은 경우는?

① 로그인되지 않는 경우

② 학습창이 자동으로 닫히는 경우

③ 학습진행 후 관련정보가 시스템에 업데이트 되지 않는 경우

④ 해당 학습사이트에 접속 자체가 되지 않는 경우

47 다음 중 진도율에 대한 설명으로 옳지 않은 것은?

① 학습관리시스템에서 자동으로 산정되는 경우가 많다.

② 학습자의 관심사 중 우선순위가 높은 편이다.

③ 최소학습 조건으로 진도율을 넣는 경우가 많다.

④ 동영상 강좌는 해당 페이지에 접속하기만 하면 대부분 진도가 체크된다.

48 과정 마무리 단계에서 총괄평가 시행 시 운영의 준비사항으로 옳지 않은 것은?

① 시간제한 및 부정시험 방지를 위한 별도의 시스템이 있는지 점검한다.

② 총괄평가 후 이의신청 기간이 설정되어 있는지 등 과정별 운영정책을 파악한다.

③ 총괄평가 진행 중에 문제상황이 생기지 않도록 사전준비를 철저히 한다.

④ 기간에 짧게 한정하여 시행함으로써 시스템 장애가 나타날 수 있는 확률을 줄인다.

49 학습자와 시스템 · 콘텐츠 사이의 상호작용에 대한 설명으로 옳지 않은 것은?

① 이러닝에서 학습자와 시스템 · 콘텐츠 사이의 상호작용이 가장 빈번하다.

② 최근에는 모바일 환경에서의 상호작용이 활발하다.

③ 최근의 이러닝 트렌드는 시스템과 콘텐츠의 경계가 점차 확실해지는 추세이다.

④ 학습자는 학습진행 중 문제 발생 시 시스템에 따른 문제인지, 콘텐츠에 따른 문제인지 혼란스러워 하기도 한다.

50 이미지 자료에 해당하는 확장자로 옳지 않은 것은?

① jpg

② gif

③ png

④ mp4

51 다음 〈보기〉의 설명에 해당하는 학습 독려 수단은?

> • 이러닝 서비스를 위한 자체 모바일 앱을 보유하고 있거나 메시징 앱과 연계할 경우 사용 가능하다.
> • 문자와 유사한 효과를 얻을 수 있으면서도 알림을 보내는 비용이 무료에 가까우므로 유용한 측면이 있다.

① 전 화

② 채 팅

③ 푸시알림

④ 이메일(e-mail)

52 학습 커뮤니티의 개념 및 관리방법에 대한 설명으로 옳지 않은 것은?

① 포털사이트의 카페와 같은 커뮤니티로, 다양한 일상공유가 목적이다.

② 회원들의 자발성을 유도하는 운영전략을 수립하도록 한다.

③ 커뮤니티 운영 시 학습주제와 관련 있는 정보를 제공하는 것이 필요하다.

④ 커뮤니티 회원들이 예측할 수 있는 활동을 정기적으로 진행해야 한다.

53 학습 독려 수행 시 미리 파악해 두어야 하는 사항과 거리가 먼 것은?

① 수강현황 확인메뉴에서 진도를 확인한다.

② 운영계획서의 일정을 확인한다.

③ 과제 및 평가첨삭 여부 등을 확인한다.

④ 회원탈퇴 및 환불에 대한 정보 등을 확인한다.

54 다음 중 웹 기반 협동학습 전략에 대한 설명으로 옳지 않은 것은?

① 학습자가 자신의 학습결과를 향상시키기 위해 학습활동 전반에 대한 관리를 의도적으로 수행하는 전략이다.

② 컴퓨터를 매개로 한 통신 네트워크를 기반으로 학습자, 운영자, 학습내용 간의 상호작용이 이루어진다.

③ 집단에 부여된 공동의 학습목표를 달성하고, 그 집단의 구성원 전체가 유용한 학습효과를 달성하는 방법이다.

④ 긍정적 상호의존성, 동시적 상호작용, 개인적 책임, 동등한 참여기회를 가지며, 공존, 인식, 협동 단계를 거쳐 진행된다.

55 학습촉진 전략이 잘 반영된 이러닝 시스템으로 적절하지 않은 것은?

① 이러닝 학습의 일차적인 주체인 학습자를 중심으로 구현되어 있다.

② 교수자의 관리 · 촉진의 역할보다는 정보 · 자원 제공의 역할을 중시하였다.

③ 학습자가 자신의 학습을 모니터링하고 평가함으로써 성찰할 수 있게 도와준다.

④ 학습자가 학습과정에서 긍정적인 감정을 가질 수 있게 학습환경을 조성하였다.

56 운영자 관점의 운영활동에 대한 〈보기〉의 설명에 해당하는 활동은?

> • 과정 등록 학습자 현황과 정보를 확인 후 신청오류 등을 학습자에게 안내한다.
> • 등록된 학습자 명단을 감독기관에 신고한다.

① 수료 관리활동

② 학사일정 수립활동

③ 운영환경 준비활동

④ 학습자 정보 확인활동

57 이러닝 교육과정 개설활동 수행 여부에 대한 고려사항이 아닌 것은?

① 학습자에게 제공 예정인 교육과정의 특성을 분석하였는가?

② 학습관리시스템(LMS)에 교육과정과 세부 차시를 등록하였는가?

③ 학습관리시스템(LMS)에 교육과정별 평가 문항을 등록하였는가?

④ 교육과정별로 수강 승인된 학습자를 대상으로 교육과정 입과를 안내하였는가?

58 다음 〈보기〉의 문서들 중 관련된 단계가 다른 것은?

> 학습자 프로파일 자료, 학습활동 지원현황 자료, 과정만족도 조사 자료, 학업성취도 자료, 성과보고 자료

① 성과보고 자료

② 학업성취도 자료

③ 학습자 프로파일 자료

④ 과정만족도 조사 자료

59 이러닝 운영 준비활동의 점검항목에 해당하지 않는 것은?

① 학습 촉진활동 수행 여부 점검

② 교육과정 개설활동 수행 여부 점검

③ 학사일정 수립활동 수행 여부 점검

④ 운영환경 준비활동 수행 여부 점검

60 이러닝 과정 평가관리의 수행 여부에 대한 고려사항에 해당하지 않는 것은?

① 학습자의 학업성취도 정보를 과정별로 분석하였는가?

② 학습자를 대상으로 과정만족도 조사를 수행하였는가?

③ 학습자의 학업성취도를 향상하기 위한 운영전략을 마련하였는가?

④ 학습과정 중에 발생하는 학습자의 질문에 신속히 대응하였는가?

61 학습자 관점의 효과적인 운영 활동이 아닌 것은?

① 학습촉진 활동

② 학습 안내 활동

③ 교육과정 개설 활동

④ 수강오류 관리 활동

62 학업성취도 평가의 절차 중 평가 결과관리 단계의 활동이 아닌 것은?

① 모사 관리

② 평가결과 검수

③ 평가문항 개발

④ 채점 및 첨삭 지도

63 단위별 평가활동에 활용할 수 있는 평가문항의 유형별 분류가 바르게 짝지어진 것은?

① 진위형 – 군집형

② 선다형 – 정정형

③ 조합형 – 최선다형

④ 완성형 – 불완전 문장형

64 과정 성취도 측정 시기에 따른 평가유형 중 형성평가에 대한 설명으로 옳지 않은 것은?

① 준비도 검사, 적성검사, 자기 보고서, 관찰법 등의 도구를 사용한다.

② 학습자들의 학습 진행 속도를 조절하고 학습 곤란을 해결하는 데 도움을 준다.

③ 교·강사의 자작검사가 주로 쓰이나 교육전문기관에서 제작한 검사도 이용된다.

④ 학습자들의 수업능력, 태도, 학습방법 등을 확인하여 교육과정을 개설할 수 있다.

65 단위별 평가유형에 따른 과제 및 시험방법에 대한 설명으로 옳은 것은?

① 분석 단위에서는 포트폴리오를 시행하는 것이 적절하다.

② 적용 단위는 다양한 유형의 문제를 출제하여 학습성취도를 측정할 수 있다.

③ 지식 단위는 지식을 바탕으로 문제를 해결하는 능력을 기르는 데 중점을 두는 단계이다.

④ 종합 단위는 복잡한 상황을 분석·해결하는 능력을 기르는 데 중점을 두는 단계이다.

66 평가 결과관리에 대한 〈보기〉의 설명에 알맞은 개념은?

> • 서술형 평가에서 발생할 수 있는 내용 중복성을 검토하는 작업이다.
> • 부정행위 방지하기 위해 활용하는 방식으로, 여러 학습자가 동일 내용을 복사하여 과제로 제출했는지 확인한다.

① 모사 관리

② 채점, 첨삭지도

③ 평가 결과 검수

④ 평가유형별 실시

67 문항 난이도(P)에 대한 설명으로 옳지 않은 것은?

① 문항의 어렵고 쉬운 정도를 나타내는 지수이다.

② 진위형 문항의 경우 난이도 적정수준은 0.85이다.

③ 전체 교육생 중 정답을 맞힌 학생의 비율을 말한다.

④ 난이도 지수가 높을수록 그 문항은 어렵다는 뜻이다.

68 평가문항 작성 지침으로 옳은 것은?

① 지필 평가의 경우 서술형 유형으로 출제한다.

② 과제의 경우 4배수를 출제하여 문제은행 방식으로 저장한다.

③ 과제 토론의 경우 선다형, 진위형, 단답형 유형으로 출제한다.

④ 평가문항 출제 시 지필고사의 경우 실제 출제문항의 최소 3배수를 출제한다.

69 이러닝 평가결과 관리에 대한 설명으로 옳지 않은 것은?

① 지필고사 채점은 시스템에 의해 자동으로 채점이 진행된다.

② 과제에 대한 채점은 교 · 강사가 첨삭지도를 포함하여 진행한다.

③ 서술형은 서술형은 교 · 강사, 튜터 등이 직접 채점하여 진행한다.

④ 서술 내용의 모사 여부는 교 · 강사가 먼저 파악하고 모사 관리 프로그램으로 확인한다.

70 평가문항의 유형별 장 · 단점에 대한 설명으로 옳지 않은 것은?

① 연결하기 문제는 분석, 종합과 같은 높은 수준의 성취도를 측정하기 어렵다.

② 진실 · 거짓 문제는 문제 출제에 많은 시간과 노력이 소요된다.

③ 객관식 문제는 분명한 정답을 기준으로 객관적인 채점이 가능하다.

④ 서술형 문제는 세부 지식보다 광범위한 주제에 대한 이해도 측정이 가능하다.

제3과목	이러닝 운영 관리

---

71 이러닝 운영 기획에서 요구분석의 주요내용으로 가장 적절하지 않은 것은?

① 학습자 분석

② 고객의 요구 분석

③ 교육과정 분석

④ 시스템 분석

72 교육 수요 예측을 위한 방법 중 다음 〈보기〉에 해당하는 개념은?

> 어떤 상품이나 제품을 판매하는 데 필요한 세분화된 고객정보를 말하는 것으로 지역, 연령, 성별, 소득, 학력, 소비수준, 종교, 가치관 등을 분석하여 접근하는 것을 말한다.

① 4P 전략
② 포지셔닝
③ 시장세분화
④ 목표시장 설정

73 이러닝 운영의 사업기획 시 운영 전 단계의 사업기획 요소가 아닌 것은?

① 차수 구분 등 과정 개설
② 지정확인 등 등록
③ 진도관리 등 모니터링
④ 오리엔테이션 등 강의 내용 공지

74 이러닝 운영계획 수립에서 다음 〈보기〉에 해당하는 계획 요소는?

> 운영에 대한 구체적인 방향과 체계적인 운영 절차를 결정하는 활동으로 이를 통해 해당 과정 운영의 특성을 살리고 학습자의 만족을 향상시키는 방법들이 모색될 수 있다.

① 운영전략 수립
② 일정계획 수립
③ 홍보계획 수립
④ 평가전략 수립

75 이러닝 운영에서 일반적으로 활용되는 운영전략 중 다음 〈보기〉에 해당하는 전략은?

> 학습자 스스로 학습참여 여부부터 목표 설정, 프로그램의 선정, 학습평가에 이르기까지 학습의 전 과정을
> 자발적으로 선택하고 결정하여 수행하는 학습형태

① 맞춤서비스 전략
② 자기주도학습 전략
③ 체계적 운영관리지원 전략
④ 홍보지원 전략

76 이러닝 과정 관리 사항에서 교육과정 중 관리 사항에 해당하는 것은?

① 수강신청 관리
② 차수에 관한 행정 관리
③ 과정에 대한 만족도 조사
④ 시스템상에서 관리되어야 하는 공지사항

77 이러닝 운영인력 중 LMS 운영을 지원하고, 사이트의 유지보수 및 R&D의 역할을 수행하는 인력은?

① 이러닝 과정 운영자
② 이러닝 교사
③ 이러닝 강사
④ 시스템 관리자

78 온라인을 통하여 학습자들의 성적, 진도, 출결 사항 등 학사 전반에 걸친 사항을 통합적으로 관리해 주
는 시스템은?

① FAQ
② LMS
③ LMCS
④ LCMS

79 이러닝 운영에서 활용되는 운영전략 중 맞춤 서비스 지원의 세부 활동 예시에 해당하지 않는 것은?

① ASP 운영 요청서 작성 및 분석

② 고객사 및 개별학습자 요구조사 · 분석

③ 기업담당자에 대한 전담 관리자 배정

④ 운영 관련 각종 통계자료 관리 및 분석

80 이러닝 과정 운영 결과를 분석하는 활동에 포함되는 영역이 아닌 것은?

① 학습자 활동 분석

② 교육대상의 역량 체계 분석

③ 온라인 교 · 강사의 운영활동 분석

④ 운영실적 자료 및 교육효과 분석

81 이러닝 운영 평가관리에서 학습자 만족도 조사 평가 영역으로 옳게 묶인 것은?

① 학습자 평가 영역 – 전문지식

② 교 · 강사 평가 영역 – 학습동기 및 준비

③ 교수설계 평가 영역 – 교육분위기

④ 학습위생 평가 영역 – 교육흥미도

82 이러닝 학습 콘텐츠 특성 중 다음 〈보기〉의 괄호에 해당하는 용어로 옳은 것은?

> 이러닝 콘텐츠는 일반 오프라인 학습의 (   )에 해당하는 것으로서 이러닝의 핵심 요소이다.

① 태도(Attitude)

② 반응(Recation)

③ 수업(Instruction)

④ 행동(Behavior)

83 이러닝 과정에서 학업성취도를 평가할 때 기능 영역 평가 도구로 옳은 것은?

① 수행평가

② 지필고사

③ 역할놀이

④ 프로젝트

84 이러닝 평가를 위한 커크패트릭(Kirkpatrick) 4단계 평가모형에서 다음 〈보기〉의 괄호 안에 들어갈 평가 방법 단계는?

> 커크패트릭(Kirkpatrick) 4단계 평가모형 중 (   )의 평가방법
> - 사전/사후 검사 비교
> - 통제/연수 집단 비교
> - 지필평가, checklist 등

① 1단계 반응(Recation)

② 2단계 학습(Learning)

③ 3단계 행동(Behavior)

④ 4단계 결과(Result)

85 이러닝운영 평가관리에서 학업성취도 평가 문항 개발에 대한 내용으로 옳은 것은?

① 학업성취도 평가 문항은 과제나 토론의 경우 단답형의 유형으로 출제한다.

② 평가문항은 지필고사의 경우 실제 출제 문항의 최소 5배수를 출제한다.

③ 평가문항수는 평가계획 수립 시 2~3배 내에서 출제하도록 선정한다.

④ 평가문항에 대한 검수 체크리스트를 활용하여 검토하고 개발을 완료한다.

86 학습자의 학업성취도에 영향을 미치는 평가 요소 중 평가 내용 영역이 아닌 것은?

① 지식 영역

② 기술 영역

③ 태도 영역

④ 사회 영역

87 이러닝 과정 평가에 대한 설명으로 옳지 않은 것은?

① 이러닝 교육훈련의 전반적인 과정 운영 전체 프로세스에 대한 양적인 평가를 제외한 질적인 평가만을 말한다.

② 운영된 전반적인 프로세스에 대해 자료를 수집하고 목적에 따라 분석하여 결과를 해석하는 활동에 이르기까지 총체적인 파악활동을 말한다.

③ 이러닝 과정 평가를 확인하기 전에 반드시 이러닝 과정 운영계획서에 포함된 평가영역과 평가 방법, 세부 기준을 확인하여야 시행착오를 줄일 수 있다.

④ 이러닝 과정 운영계획에 따라 실제평가 이루어졌는지를 확인할 때 평가주체, 평가시기, 평가절차 관점에서 확인하여야 효과적이다.

88 학업성취도 평가 도구 중 다음 〈보기〉에 해당하는 것은?

> • 해당 과정에서 습득한 지식이나 정보를 서술형으로 작성하게 하는 도구이다.
> • 주로 문장 작성, 수식 계산, 도표 작성하는 내용, 이미지 구성 등이 해당한다.

① 지필시험
② 실기시험
③ 설문조사
④ 과제수행

89 과정만족도 평가에 대한 설명으로 옳지 않은 것은?

① 교육훈련의 효과 또는 개별학습자의 학업성취 수준을 평가하는 것이다.
② 교육훈련 과정의 구성, 운영상의 특징, 문제점 및 개선사항 등을 파악하는 것이다.
③ 여러 문제점 등을 보완하여 교육운영의 질적 향상을 최종목표로 두고 있다.
④ 교육훈련에 참가한 학습자의 교육과정에 대한 느낌이나 반응 정도를 만족도 문항으로 측정하는 것이다.

90 과정 운영결과 보고서 작성에 대한 설명으로 옳지 않은 것은?

① 학습관리시스템의 운영결과 보고서 기능을 활용하는 것이 효과적이다.

② 과정 개설 시 기본적인 구성요소는 반드시 수동으로 작성해야 한다.

③ 교육훈련 기관에 따라 추가 내용을 별첨자료로 작성할 수도 있다.

④ 기본적으로 과정명, 교육대상, 교육인원, 교육기관, 고용보험 여부, 수료기준 등이 포함된다.

91 다음의 평가 방법과 관련 있는 학습 콘텐츠 개발 적합성 평가의 기준은?

- 만족도 검사 결과 확인
- 평가 내용 적합성 확인
- 평가 방법 적합성 확인

① 학습평가 요소의 적합성

② 학습콘텐츠 사용의 용이성

③ 학습콘텐츠의 학습목표 달성 적합도

④ 학습콘텐츠의 교수설계 요소의 적합성

92 이러닝 콘텐츠 내용 적합성에 대한 설명으로 옳지 않은 것은?

① 내용 적합성 평가는 개발이 완료된 콘텐츠만을 대상으로 한다.

② 내용전문가와 콘텐츠개발자의 질 관리 절차를 통해 평가가 이루어진다.

③ 이러닝 학습을 운영하는 과정에서 활용된 학습콘텐츠의 내용에 관한 것이다.

④ 품질관리 차원의 인증과정을 통해 학습내용에 대한 적합성 평가가 이루어진다.

93 교·강사 활동 평가기준 수립 시 고려사항으로 옳지 않은 것은?

① 운영기관의 특성 확인

② 과정 만족도 조사결과 평가

③ 운영기획서의 과정운영 목표 확인

④ 교·강사 활동에 대한 평가기준 작성

94 교 · 강사 활동 결과 분석 중 질의응답의 충실성에 대한 설명으로 옳지 않은 것은?

① 학습자의 질문에 대한 답변은 늦어도 56시간 이내에 한다.

② 교 · 강사는 가능한 한 신속하게, 그리고 정확하게 답변내용을 제공할 필요가 있다.

③ 질의응답이 제때 이루어지지 않는다면 학습자의 학습 의욕을 감소시킬 수 있다.

④ 질의응답은 전체 학습자들이 공유하는 게시판에 등록하는 것이 학습자들에게 도움을 줄 수 있다.

95 교 · 강사 활동 평가 등급에 대한 설명으로 옳지 않은 것은?

① 교 · 강사 활동 평가 결과를 기반으로 A, B, C, D 등으로 산정될 수 있다.

② C등급을 받은 교 · 강사는 다음 과정의 운영 시에 배제해야 할 대상이 된다.

③ 교 · 강사 활동에 대한 평가결과 등급 구분은 학습자들의 만족도 평가를 활용할 수 있다.

④ 교 · 강사들의 활동 평가를 등급화하는 것은 이러닝 과정 운영의 질을 높이는 방법 중 하나이다.

96 이러닝 시스템 운영 결과 관리에 대한 내용으로 틀린 것은?

① 이러닝 시스템의 운영 성과를 분석하기 위하여 반드시 사전에 시스템 운영 결과 내용을 점검해야 한다.

② 고객 활동 기능 지원을 위한 시스템 운영 결과는 운영 준비 과정을 지원하는 시스템 운영 결과의 구성 요인에 해당한다.

③ 이러닝 시스템 운영 결과는 운영 준비 과정, 실시과정, 운영 종료 후 분석 과정으로 구분하여 결과를 취합한다.

④ 이러닝 시스템 운영 결과를 기반으로 운영 목표 달성도를 얼마나 달성했는지 이에 대한 개선 사항은 무엇인지 기록해야 한다.

97 이러닝 시스템 운영 성과를 분석하기 위하여 시스템 운영 결과를 취합하려고 한다. 다음 중 운영 진행 과정에 해당하는 시스템 운영결과는?

① 수강신청 관리를 위한 시스템 운영결과

② 교육과정 개설 준비를 위한 시스템 운영결과

③ 평가 관리 기능 지원을 위한 시스템 운영결과

④ 학습자 학습 활동 기능 지원을 위한 시스템 운영결과

98 이러닝 운영결과 보고서를 작성하기 위하여 각 과정에 대해 평가하고자 한다. 다음 중 학사 관리 과정을 평가하는 질문을 모두 고르면?

> ⊙ 연간 학사일정을 기준으로 개별 학사일정을 수립하였는가?
> ⓛ 과정에 등록된 학습자정보를 관리하였는가?
> ⓒ 개설된 교육과정별로 수강신청 명단을 확인하고 수강 처리하였는가?
> ⓔ 학습자의 최종성적 확정 여부를 확인하였는가?
> ⑩ 과정을 수료한 학습자에게 수료증을 발급하였는가?

① ⊙, ⓛ
② ⓛ, ⑩
③ ⓛ, ⓔ, ⑩
④ ⊙, ⓒ, ⑩

99 다음 중 이러닝 운영 준비 과정 관련 자료가 아닌 것은?

① 과정 운영계획서
② 운영관계법령
③ 교육과정별 과정계요서
④ 교 · 강사 불편사항 취합자료

100 이러닝 과정 운영에 대한 최종 평가보고서를 작성할 때 알맞은 내용은?

① 이러닝 과정 운영에 대한 자료는 평가보고서 제출 이후 학습운영시스템상에서 모두 삭제된다.
② 주차, 중간 및 최종 과정의 운영결과를 취합하고 분석한 결과, 특이사항, 문제점 및 대응책, 개선사항 등을 포함한다.
③ 시스템 운영결과는 이러닝 시스템 보고서로 따로 작성하고 운영과정 평가보고서에는 포함하지 않는다.
④ 운영결과를 기반으로 성과를 산출하고 개선사항을 도출하여 종료된 과정에 대해 반성하기 위한 목적으로 작성된다.

제3회 │ 모의고사

정답 및 해설 p.224

제1과목 │ **이러닝 운영계획 수립**

---

01 다음 중 이러닝 산업에 대한 설명으로 옳지 않은 것은?

① 방송기술을 활용하여 이루어지는 학습을 위한 서비스를 제작한다.

② 교육 사각지대 학습자의 학습권 확장을 위한 콘텐츠 개발을 지원한다.

③ 전자적 수단 등을 활용하여 이루어지는 학습을 위한 콘텐츠를 개발한다.

④ 전파 · 정보통신 기술을 활용하여 이루어지는 학습을 위한 솔루션을 제작한다.

02 다음 중 학습효과 제고를 위한 학습서비스 고도화에 해당하지 않는 것은?

① 양방향

② 실감형

③ 지능형

④ 맞춤형

03 정부는 DICE 분야를 중심으로 산업현장의 특성에 맞는 실감형 가상훈련 기술 개발 및 콘텐츠 개발을 추진하고 있다. 다음 중 '실감형 가상훈련 기술'에 해당하지 않는 것은?

① 가상현실(VR) 기반의 직무체험 · 실습

② 메타버스(Metaverse) 기반의 협업형 근무 · 제조훈련

③ 웨어러블(Wearable) 기반의 커뮤니케이션 기능 개선

④ 증강현실(AR) 기반의 현장운영을 통한 업무 효율 제고

04 다음 중 '공공·민간 훈련기관, 개인 등이 개발한 콘텐츠를 유·무료로 판매·거래할 수 있는 것'을 가리키는 용어는?

① 일자리매칭

② 평생교육 플랫폼

③ STEP 콘텐츠 마켓

④ K-에듀 통합 플랫폼

05 다음 중 SaaS LMS의 장점으로 옳지 않은 것은?

① 유연성과 편의성

② 최적화된 소프트웨어

③ 중앙 집중식 데이터 스토리지

④ 교육 흥미 향상을 위한 게이미피케이션

06 다음 중 메타버스(Metaverse)에 대한 설명으로 옳지 않은 것은?

① HMD를 활용한다.

② 3차원 공간 플랫폼이다.

③ 개인화된 학습기회를 제공한다.

④ AR/VR을 통한 재설계된 학습 공간이다.

07 학점은행제 원격교육기관에서 평가인정 학습과목을 개설한 경우, 수업일수로 옳은 것은?

① 출석 수업을 포함하여 15주 이상, 시간제등록제의 경우에는 8주 이상

② 출석 수업을 제외하고 15주 이상, 시간제등록제의 경우에는 8주 이상

③ 출석 수업을 포함하여 18주 이상, 시간제등록제의 경우에는 10주 이상

④ 출석 수업을 제외하고 18주 이상, 시간제등록제의 경우에는 10주 이상

08 다음 〈보기〉는 원격훈련시설의 장비요건 중 네트워크 훈련에 관한 내용이다. 각각의 빈칸에 들어갈 숫자를 차례대로 바르게 나열한 것은?

- 자체 훈련 : 인터넷 전용선 (   )M 이상을 갖출 것
- 위탁 훈련 : 인터넷 전용선 (   )M 이상을 갖출 것(단, 스트리밍 서비스를 하는 경우 최소 (   )인 이상의 동시 사용자를 지원할 수 있을 것)

---

① 80 − 100 − 50
② 100 − 100 − 50
③ 100 − 200 − 80
④ 200 − 100 − 80

09 콘텐츠 개발 절차 중 실행 단계의 산출물이 아닌 것은?

① 납품확인서
② 개발완료보고서
③ 검수확인서
④ 고용보험신고자료

10 이러닝 콘텐츠 개발자원 중 인지적 요소의 개발방식과 거리가 먼 것은?

① 스트리밍 방식
② 사례기반 방식
③ 목표지향 방식
④ 튜토리얼 방식

11 콘텐츠 학습을 위한 개인용 컴퓨터의 하드웨어 사양 항목이 아닌 것은?

① CPU − 1GHz 이상
② 메모리 − 1GB RAM 이상
③ 통신회선 − ADSL, 전용선(LAN), 광랜, 무선랜
④ 미디어 플레이어 − Windows Media Player 10 이상

12 모듈 형태의 구조화된 체계에서 컴퓨터가 학습내용을 설명하고 안내하며 피드백하는 콘텐츠 학습 유형은?

① 반복연습형

② 사례기반형

③ 문제해결형

④ 개인교수형

13 콘텐츠 유형 중 동영상을 기반으로 진행되며 강의내용에 따라 텍스트자료가 바뀔 수 있는 제작 방식을 가지는 것은?

① WBI형

② 텍스트형

③ 혼합형

④ VOD형

14 자바서블릿을 지원하고, 실시간 모니터링, 자체부하 테스트 등의 기능을 제공하는 웹 서버는?

① 아파치(Apache)

② 엔진엑스(Nginx)

③ 아이플래닛(Iplanet)

④ 인터넷정보서버(IIS ; Internet Information Server)

15 콘텐츠 개발의 분석 및 기획 단계에서 프로젝트의 기획, 예산 및 인력을 배정하는 참여인력은?

① PM

② SCORM

③ IT전문가

④ 교수설계자

16 추진 일정에 따른 품질관리 가이드라인 중 분석·설계 단계의 추진 내용이 아닌 것은?

① 요구분석 정리

② CD & 과정개요서

③ 스토리보드 작성

④ 프로토타입 개발

17 학습시스템 요구사항 중 소프트웨어 요구사항 항목이 아닌 것은?

① 보안 관련 장비

② 운영체제(OS)

③ WAS 서버 소프트웨어

④ 네트워크 관련 소프트웨어

18 학습관리시스템(LMS)의 학습자 모드의 주요 기능과 가장 거리가 먼 것은?

① 소속조직이나 고객사의 이러닝 교육에 대한 비전 및 핵심요소 등을 설명

② 교육과정의 목적과 회차별 내용을 확인

③ 학습자 개인의 교육이력 정보 확인

④ 학습자별 이러닝 학습결과 확인

19 다음 〈보기〉에서 설명하는 웹 서버 소프트웨어는?

> 가장 대중적인 웹 서버로 무료이며 많은 사람들이 사용하는 웹 서버이다. 오픈소스로 개방되어 있다는 점이 가장 좋은 장점이다. 자바 서블릿을 지원하고, 실시간 모니터링, 자체 부하 테스트 등의 기능을 제공한다.

① 아파치(Apache)

② IIS(Internet Information Server)

③ 아이플래닛(iPlanet)

④ 엔진엑스(Nginx)

20 다음 〈보기〉의 학습시스템 개발절차를 올바른 순서로 나열한 것은?

ⓐ 과정 운영

ⓑ 교수자료 개발

ⓒ 학습구조 설계

ⓓ 요구 분석

ⓔ 운영효율성 평가

---

① ⓐ – ⓑ – ⓒ – ⓓ – ⓔ

② ⓑ – ⓒ – ⓓ – ⓐ – ⓔ

③ ⓒ – ⓓ – ⓐ – ⓑ – ⓔ

④ ⓓ – ⓒ – ⓑ – ⓐ – ⓔ

21 다음 〈보기〉에서 이용되는 이러닝 요소기술은?

그림과 같이 태양계에 관한 내용이 담긴 지구과학책에 가상의 태양계를 증강시키고, 학습자의 요구에 따라 태양의 움직임과 모습을 관찰하고, 태양계 행성들의 자전, 공전 움직임뿐 아니라 행성 내부의 모습까지도 들여다볼 수 있다.

---

① 오픈소스

② 증강현실 학습기술

③ 가상체험 학습기술

④ 시뮬레이션 학습기술

22 다음 〈보기〉에서 설명하는 표준은?

> 세계적으로 많이 사용되고 있는 이러닝 표준으로서 콘텐츠 객체와 학습자의 상호작용에 대한 정보를 전달하기 위한 다양한 API(Application Program Interface)를 제공하며, 정보를 표현하기 위한 데이터 모델, 학습콘텐츠의 호환성을 보장하기 위한 콘텐츠 패키징, 학습콘텐츠를 정의하기 위한 표준 메타데이터 요소, 학습콘텐츠 구성을 위한 표준 순열 규칙과 내비게이션이 정의되어 있다.

① JTC1/SC36
② Learning Design
③ SCORM
④ LTI

23 다음 〈보기〉에서 설명하고 있는 이러닝 산업 표준의 용어로 옳은 것은?

> 이러닝 환경에서 학습자 경험데이터를 정의하고 서로 다른 학습시스템 간에 데이터를 상호 교환하기 위한 응용프로그램인터페이스(API) 표준, 스콤(SCORM) 표준의 후속이다. 스콤(SCORM)은 SCORM 표준을 적용한 시스템과 콘텐츠일 경우만 호환이 되었으나 xAPI는 xAPI 표준이 적용되지 않은 학습관리시스템(LMS)과 학습도구 등과도 데이터를 주고받을 수 있어 다양한 학습활동데이터(학습시간, 진도율 등)를 추적 관리할 수 있다. xAPI 학습자 경험데이터는 LRS(Learning Record Store)에 저장되어, 타 시스템이 LRS에 접근해 저장된 데이터를 조회하여 학습 분석하고 활용할 수 있게 한다. 데이터 구조는 프로그래밍 전문지식이 없어도 누구나 쉽게 해석할 수 있는 간단한 구조로 되어 있다. xAPI는 공개소스소프트웨어(OSS)이다.

① HTML5
② EDUPUB
③ xAPI
④ Caliper Analytics

24 학습시스템 리스크 관리를 위해 장애등급을 측정할 때, 측정절차를 올바른 순서대로 나열한 것은?

> ㉠ 영향도의 측정
> ㉡ 장애복구의 우선순위 결정
> ㉢ 장애의 식별
> ㉣ 긴급도의 측정

① ㉠ – ㉡ – ㉢ – ㉣
② ㉠ – ㉣ – ㉢ – ㉡
③ ㉢ – ㉠ – ㉣ – ㉡
④ ㉢ – ㉣ – ㉠ – ㉡

25 인터뷰를 통한 요구사항 수집방법에 대한 설명으로 옳은 것은?

① 시나리오 완료 후의 시스템 상태에 관한 기술에 대한 정보를 얻을 수 있다.
② 정상적인 사건의 흐름과 그에 대한 예외 흐름에 대한 정보를 얻을 수 있다.
③ 동시에 수행되어야 할 다른 행위의 정보를 얻을 수 있다.
④ 개발된 제품이 사용될 조직 안에서의 작업 수행과정에 대한 정보를 얻을 수 있다.

26 다음 요구사항 분석 중 비기능적 요구사항이 아닌 것은?

① 운용제약
② 기밀보안성
③ 명령어의 실행 결과
④ 개발비용

27 다음 〈보기〉에서 설명하는 요구사항 분석기법은?

> • 시스템의 기능을 정의하기 위해 프로세스 도출
> • 도출된 프로세스 간의 데이터 흐름 정의

① 기능적 분석

② 비기능적 분석

③ 구조적 분석

④ 객체지향 분석

28 학습시스템 이해관계자 분석 시 학습자 특성분석 항목으로 알맞은 것은?

① 이러닝 학습 수행능력

② 멀티미디어 콘텐츠 활용능력

③ 답변의 즉시성

④ 실시간 토의의 효과성

29 교수자 요구사항 분석 수행 절차를 순서대로 나열한 것은?

> ㉠ 교수학습 방법에 대한 주요 개념과 정의 분석
> ㉡ 선정된 교수학습 방법이 실제 수업에 적용될 가능성이 있는지 조사
> ㉢ 실제 교수학습 방법의 사용 실태 조사
> ㉣ 지원하고자 하는 교수학습 모형의 종류 파악
> ㉤ 주요 교수학습 방법을 선정하여 비교 및 분석

① ㉠ → ㉡ → ㉢ → ㉣ → ㉤

② ㉠ → ㉣ → ㉢ → ㉤ → ㉡

③ ㉡ → ㉠ → ㉣ → ㉢ → ㉤

④ ㉡ → ㉤ → ㉢ → ㉣ → ㉠

30 학습시스템 이해관계자 분석을 위한 참여자의 역할 정의가 올바르지 않은 것은?

① 학습자 : 학습에 있어서 가장 능동적인 역할을 하는 자

② 교수자 : 학습자의 참여를 유도하는 역할을 하는 자

③ 튜터 : 교수자와 학습자 간의 상호작용을 원활히 할 수 있는 학습활동의 역할을 하는 자

④ 에이전트 : 교육을 효과적으로 실시하기 위해 가장 중요한 역할을 하는 자

31 교수이론에 대한 설명으로 가장 알맞은 것은?

① 학습형상의 원인 및 과정을 설명하고 학습과 관련된 요인을 이해하도록 하는 이론적 설명이다.

② 경험을 통하여 새로운 능력, 행동, 적응능력을 획득하고 습득하게 되는 과정을 설명하기 위해 만들어
진 이론이다.

③ 학습자의 수행개선을 위한 예방적 측면이 강하다.

④ 학습자에게 가장 적합한 교수설계나 방법 등을 처방한다.

32 ADL의 SCORM(Sharable Contents Object Reference Model)에 관한 설명으로 알맞지 않은 것은?

① 미국 전자학습 표준연구개발 기관의 높은 수준을 충족하기 위한 참조 모델이다.

② 학습콘텐츠의 검색과 공유에 사용한다.

③ 학습관리시스템을 통해 제공되는 런타임 환경을 정의한다.

④ 학습 설계를 목적에 따라 A, B, C 3단계로 분류하여 기술한다.

33 이러닝 운영 사이트 점검에 대한 내용으로 알맞은 것은?

① 테스트용 ID로 로그인하여 페이지가 정상 작동되고, 동영상이 제대로 재생되는지 확인한다.

② 학습자의 강의 이수에 불편함이 없도록 학습자의 학습 완료 이후 사이트를 점검한다.

③ 사이트에서 화면이 하얗게 보이는 오류 등을 발견하면 학습자에게 문제를 알리고 각자 해결 방안을 마
련하도록 공지한다.

④ 학습자가 동영상을 재생할 때 사용하는 미디어 플레이어 버전이 콘텐츠를 제작할 때 사용한 미디어 플
레이어 버전보다 높으면 학습자가 학습할 때 동영상이 재생되지 않는다.

34 다음 〈보기〉의 설명에 해당하는 학습관리시스템(LMS)의 메뉴는?

> • 중복로그인 제한을 관리할 수 있다.
> • 결제방식을 선택할 수 있다.
> • 연결도메인을 추가할 수 있다.
> • 실명인증 및 본인인증 서비스를 제공할 수 있다.
> • 원격지원 서비스 등을 관리할 수 있다.

① 게시판 관리
② 교육 관리
③ 디자인 관리
④ 사이트 기본정보

35 이러닝 콘텐츠 점검할 때, 〈보기〉의 내용은 어느 점검 항목에 해당하는가?

> • 이러닝 콘텐츠의 제작목적과 학습목표와의 부합 여부
> • 학습목표에 맞는 내용으로 콘텐츠가 구성되는지 여부
> • 내레이션이 학습자의 수준과 과정의 성격에 맞는지 여부

① 화면 구성
② 교육 내용
③ 수강 환경
④ 제작 환경

36 학습관리시스템(LMS)에 평가문항 등록 시 포함되는 정보가 아닌 것은?

① 응시가능 횟수
② 시간체크 여부
③ 응시대상 안내
④ 수료 평균점수

37 이러닝 교육과정의 학습 자료 및 평가문항에 대한 설명으로 알맞지 않은 것은?

① 진단평가는 학습자의 기초능력 전반을 진단하는 평가로 강의 진행 전에 이루어진다.

② 과정 운영자는 사전에 설문조사를 등록하여 학습자들의 평가와 성적 확인이 이루어진 후 학생들이 설문조사에 참여하도록 한다.

③ 학습자는 해당 차시 종료 후 형성평가를 통하여 강의에서 원하는 학습목표를 제대로 달성했는지 확인할 수 있다.

④ 과정 운영자는 학습자가 학습 전에 오류 시 대처방법, 학습기간, 수료조건, 학습 시 주의사항을 알 수 있도록 관련 내용을 사전에 등록해야 한다.

38 개별 학사일정 수립 과정을 순서에 맞게 나열한 것은?

㉠ 학사일정 수립하기

㉡ 관리자 ID로 로그인하기

㉢ 교육관리 메뉴 클릭하기

㉣ 수립된 학사일정 공지하기

㉤ 과정제작 및 계획 메뉴에서 작업 시행하기

---

① ㉢ - ㉡ - ㉤ - ㉣ - ㉠

② ㉡ - ㉤ - ㉢ - ㉠ - ㉣

③ ㉡ - ㉢ - ㉤ - ㉠ - ㉣

④ ㉣ - ㉡ - ㉤ - ㉢ - ㉠

39 수립된 학사일정을 공지하는 방법으로 옳지 않은 것은?

① 수립된 학사일정을 협업부서에 공지하여 업무의 효율성을 높인다.

② 내부 협업부서에 학사일정을 전달할 때에는 정확성을 위하여 대면하여 알린다.

③ 사전에 제작한 콘텐츠가 사용되는 강의라도 교 · 강사에게 학사일정을 공지한다.

④ 과정 운영자는 사전에 학사일정을 문자, 메일, 팝업메시지 등을 통하여 공지한다.

40 학습자가 수강 취소 후 재등록을 요청할 때 이를 처리하는 학습관리시스템(LMS)의 메뉴는?

① 디자인 관리

② 회원 관리

③ 게시판 관리

④ 교육 관리

제2과목	이러닝 활동 지원

41 학습콘텐츠 관리시스템(LCMS)에 대한 설명으로 옳지 않은 것은?

① 주 사용자는 콘텐츠 개발자 및 교수설계자이다.

② 학습콘텐츠의 제작 · 전달 · 관리를 위한 시스템이다.

③ 콘텐츠 저작도구, 정보 기록도구 등이 추가되기도 한다.

④ 수업 등 직접적인 학습관리에 이용된다.

42 학습자 지원시스템의 주요 기능으로 볼 수 없는 것은?

① 교과 학습 기능

② 메뉴 관리 기능

③ 커뮤니티 기능

④ 시험 응시 기능

43 학습관리시스템에서 교수자에게 필요한 기능이 아닌 것은?

① 첨부파일 용량 제한 수정

② 수업 주차별 출결 현황 등록 · 수정

③ 학습목차 조회 및 등록 · 수정

④ 강의계획서 조회 · 수정

44 다음 〈보기〉와 같은 확인이 필요한 운영지원 도구 분석 단계는?

- 학습자를 위한 일정 관리 기능이 구성되어 있는가?
- 다양한 도구 등을 활용한 능동적 학습을 지원하는가?

---

① 학습자 중심에서 분석

② 교수자 중심에서 분석

③ 유연성 및 적응성 분석

④ 모니터링 기능 분석

45 다음 〈보기〉에서 설명하는 기기의 특징으로 옳은 것은?

- OS는 애플에서 공급하는 iOS와 구글에서 공급하는 안드로이드를 사용한다.
- 최근 사용률이 높아지면서 학습자가 학습에 대한 거부감을 줄이는 데 도움이 된다.

---

① 데스크톱 PC

② 노트북

③ 태블릿

④ 스마트폰

46 학습자가 로그인 전에 확인할 수 있는 학습절차로 옳은 것은?

① 진도율

② 과목별 강사명

③ 수강신청한 과목명

④ 과제 제출 여부

47 학습자-학습자 상호작용에 대한 설명으로 옳은 것은?

① 튜터링에 필요한 정책 및 절차가 미리 마련되어야 한다.

② 가장 빈번하게 일어나는 상호작용에 해당한다.

③ 학습은 동료학습자와의 의사소통 사이에서도 일어날 수 있다고 본다.

④ 학습 과정에서 모르는 것이 있거나 추가 의견이 있는 경우 가장 활발하다.

48 학습자료 등록 시 주의사항으로 옳지 않은 것은?

① 자료의 이름 작성 시 특수문자는 되도록 지양한다.

② 파워포인트의 이미지 용량이 클 경우 그림압축 기능을 사용한다.

③ 문서를 PDF 형식으로 올릴 경우 모바일에서는 확인하기 어렵다.

④ 자료실에 자료를 올릴 때 자료에 대한 친절한 설명이 추가되는 것이 좋다.

49 다음 〈보기〉의 설명에 해당하는 학습 독려 수단은?

> • 전통적으로 많이 사용하고 있는 독려 수단이다.
> • 회원가입 후 또는 수정신청 완료를 알림할 때 주로 사용한다.
> • 진도율이 미미한 경우 독려하는 경우에도 사용할 수 있다.

① 전 화

② 문자(SMS)

③ 푸시알림

④ 이메일(e-mail)

50 FAQ 게시판의 주제별 문의사항 중 장애관련 문의에 속하는 것은?

① 회원가입은 어떻게 하나요?

② 아이디, 비밀번호를 잊어버렸어요.

③ 수강신청을 변경하거나 취소하고 싶어요.

④ 동영상이 재생 중에 멈춰요.

51 채팅을 활용한 학습자 질문 대응에 대한 설명으로 옳지 않은 것은?

① 채팅을 활용할 경우 그에 맞는 기술적 지원이 함께 필요하다.

② 실시간으로 문의에 대응할 인력이 충분히 확보되어 있어야 한다.

③ 채팅의 경우 문의 사례가 다양하므로 운영매뉴얼은 사용되지 않는다.

④ 채팅을 활용한 질문 대응을 외부서비스 또는 솔루션으로 해결할 수도 있다.

52 〈보기〉의 학습동기 전략과 관련있는 Keller의 학습 동기유발 요소는?

> • 학습에 필요한 조건 제시 전략 : 수업목표 및 평가기준을 제시, 시험의 조건 등을 확인하게 함
> • 성공의 기회 제시 전략 : 난이도가 쉬운 것에서 어려운 것 순으로 과제 제시
> • 개인적 조절감 증대 전략 : 스스로 학습 속도 조절, 난이도가 너무 높을 경우 회귀 가능, 내적 요인으로 귀인하게 함

① 주의집중(Attention)

② 관련성(Relevance)

③ 자신감(Confidence)

④ 만족감(Satisfaction)

53 다음 〈보기〉에서 설명하는 이러닝 학습 전략은?

> • 학습자가 메타인지적, 동기적, 행동적으로 적극적으로 학습에 참여하도록 하는 것이다.
> • 학습자의 동기와 자기효능감을 높이기 위한 설계전략이 필요하다.

① 자기주도 학습전략

② 학습관리 전략

③ 웹 기반 협동학습 전략

④ 액션–성찰 학습전략

54 학습자의 이러닝 학습활동을 촉진하는 방법으로 옳지 않은 것은?

① 운영계획서 일정에 따라 과제와 평가에 참여하도록 독려한다.

② 학습과정에서 발생하는 학습자의 질문에 신속히 대응한다.

③ 학습을 위해 온라인 커뮤니티 활동을 자제하도록 독려한다.

④ 학습자의 학습활동 참여의 어려움을 파악하고 해결하려 노력한다.

55 이러닝 튜터의 학습활동 안내 역할로 적절하지 않은 것은?

① 학습 시작 시 학습자에게 학습 절차를 안내한다.

② 학습에 필요한 과제수행 방법을 학습자에게 안내한다.

③ 학습에 필요한 상호작용 방법을 학습자에게 안내한다.

④ 학습에 필요한 기기의 할인이벤트를 학습자에게 안내한다.

56 이러닝 운영 단계별 필요문서 중 〈보기〉의 설명에 해당하는 문서는?

> 강의명, 강사, 연락처, 강의목적, 강의구성 내용 등 단위 운영과목에 관한 세부내용을 담고 있는 문서

① 과정 운영계획서

② 교 · 강사 프로파일 자료

③ 학습과목별 강의계획서

④ 교육과정별 과정 개요서

57 이러닝 과정만족도 조사 활동에 대한 설명으로 옳지 않은 것은?

① 과정만족도 평가는 대부분 과정이 운영된 직후 실시한다.

② 과정만족도 조사결과를 분석하여 사업기획 업무에 필요한 시사점을 파악한다.

③ 주요평가 내용은 학습자 요인, 교 · 강사 요인, 교육내용 요인, 교육환경 요인이다.

④ 학습자의 수료 여부를 판단하고 교육과정의 지속 여부에 대한 의사결정 자료로 활용된다.

58 이러닝 교육과정 개설 활동 수행 여부에 대한 고려사항으로 옳은 것은?

① 학습자에게 제공 예정인 교육과정의 특성을 분석하였는가?

② 중복 신청을 비롯한 신청오류 등을 학습자에게 안내하였는가?

③ 교육과정별 콘텐츠의 오류 여부를 점검하여 수정을 요청하였는가?

④ 이러닝 운영을 위한 학습관리시스템(LMS)을 점검하여 문제점을 해결하였는가?

59 이러닝 학습촉진 활동 수행 여부에 대한 고려사항으로 옳지 않은 것은?

① 학습자의 PC, 모바일 학습환경을 원격지원하였는가?

② 학습자에게 학습 의욕을 고취하는 활동을 수행하였는가?

③ 학습자의 학습활동 참여의 어려움을 파악하고 해결하였는가?

④ 학습 과정 중에 발생하는 학습자의 질문에 신속히 대응하였는가?

60 다음 이러닝 운영활동 중에서 성격이 다른 하나는?

교육과정 개설활동, 학습자정보 확인활동, 수강신청 관리활동, 수강오류 관리활동, 교 · 강사 선정 관리활동

① 교육과정 개설활동

② 수강신청 관리활동

③ 수강오류 관리활동

④ 교 · 강사 선정 관리활동

61 이러닝 운영 최종 결과보고서에 반영되어야 할 항목으로 옳지 않은 것은?

① 전달된 개선사항이 실행되었는가?

② 도출된 개선사항을 관리자에게 정확하게 전달했는가?

③ 운영성과 결과 분석을 기반으로 개선사항을 도출했는가?

④ 과정 운영상에서 수집된 자료를 기반으로 운영성과 결과를 분석했는가?

62 과정성취도 측정을 위한 평가유형에 대한 설명으로 옳지 않은 것은?

① 자가평가는 다른 평가자들의 피드백이 부족할 수 있다.

② 정량적 평가는 객관적인 평가로 이러닝에서 많이 활용된다.

③ 포트폴리오 평가는 객관적이며 표준화된 평가지표를 활용할 수 있다.

④ 정성적 평가는 주관적인 평가지표를 활용하며 자세한 피드백을 제공할 수 있다.

63 측정 시기에 따른 평가유형 중에서 〈보기〉의 설명에 해당하는 것은?

> - 학습이 시작되기 전에 학습자들의 수준을 파악하기 위해 실시한다.
> - 학습자의 특성을 사전에 파악하여 적절한 교수처방을 내리기 위한 평가이다.
> - 평가도구로 준비도 검사, 적성검사, 자기보고서, 관찰법 등을 사용한다.

① 진단평가
② 형성평가
③ 총괄평가
④ 포트폴리오 평가

64 과정성취도 측정을 위한 평가영역과 평가도구가 바르게 연결되지 않은 것은?

① 지식 영역 – 사례 연구
② 기능 영역 – 역할놀이
③ 태도 영역 – 지필고사
④ 기능 영역 – 문제해결 시나리오

65 단위별 평가의 활용성에 대한 설명 중 그 성격이 다른 하나는?

① 난이도가 너무 높으면 학습자들이 포기할 가능성이 높다.
② 학습자의 능력과 수준에 따라 적절한 난이도 설정이 중요하다.
③ 학습자가 자신의 학습성취도를 파악하여 자신감을 높일 수 있다.
④ 적절한 난이도는 학습자들의 학습동기를 유지하여 학습효과를 극대화한다.

66 단위별 성취도 측정을 위한 평가 중에서 과정의 끝에 시행하는 것이 좋은 것은?

① 토 론
② 평가시험
③ 프로젝트
④ 포트폴리오

67 성취도 요소별 측정 평가도구에 대한 설명으로 옳은 것은?

① 지식 측정 평가도구는 포트폴리오, 프로젝트, 시험 등이다.

② 응용력 측정 평가도구는 객관식, 단답형, 서술형 문제 등이다.

③ 이해도 측정 평가도구는 개념 맵, 요약문, 비교분석, 설명 등이다.

④ 분석력 측정 평가도구는 사례연구, 프로젝트 수행, 문제해결 등이다.

68 과정 평가유형에 따른 과제 및 시험방법에 대한 설명으로 옳지 않은 것은?

① 서술형 문제는 교·강사, 튜터 등이 직접 채점한다.

② 지필고사는 시스템에 의해 자동으로 채점이 진행된다.

③ 동일기관 학습자에게는 같은 유형의 시험지가 자동 배정되도록 관리한다.

④ 서술형 답안의 모사 여부는 교·강사의 채점 전에 모사관리 프로그램을 통해 판단한다.

69 평가문항의 작성 지침에 대한 설명 중 그 성격이 다른 하나는?

① 교재에 있는 문장을 그대로 사용하지 않는다.

② 정답이 가능한 단어나 기호로 응답되도록 질문한다.

③ 질문 여백 뒤에 오는 조사가 정답을 암시하지 않게 한다.

④ 주어진 주제나 요구에 대해 자유로운 형식으로 서술하는 유형이다.

70 다음 중 문항 곤란도에 대한 설명이 아닌 것은?

① 개개 문항의 어려운 정도를 뜻한다.

② 선택형이냐, 서답형이냐에 따라 해당 지수의 산출공식이 달라진다.

③ 문항이 교육생의 능력을 변별하는 정도를 나타내는 지수이다.

④ 곤란도 지수가 높을수록 쉬운 문항이고, 곤란도 지수가 낮을수록 어려운 문항이다.

71 학습스타일을 능동적인 실험, 반성적인 관찰, 구체적인 경험, 추상적인 개념화로 구분한 학자는?

① 콜브(Kolb)

② 콜버그(Kolberg)

③ 에릭슨(Erikson)

④ 프로이트(Freud)

72 교육수요 예측에서 포지셔닝에 대한 설명으로 옳은 것은?

① 표적시장 안에 있는 학습자들의 마음속에 우리 기관과 다른 기관을 서로 비교해서 어떻게 인식되느냐 하는 것을 말한다.

② 특정한 교육 프로그램에 대하여 비슷한 성향을 가진 학습자들을 다른 성향을 가진 학습자들과 구분하여 하나의 집단으로 묶는 것이다.

③ 기업의 내부환경과 외부환경을 분석하여 강점·약점·기회·위협 요인을 규정하고 이를 토대로 전략을 수립하는 것이다.

④ 상품·서비스·포장·디자인·브랜드·품질 등의 요소로 제품의 차별화와 서비스의 차별화를 어떻게 할 것인가 따져 보는 것이다.

73 이러닝 운영의 사업기획 시 운영 중 단계의 사업기획 요소로만 바르게 묶인 것은?

> ㉠ 학습 진행 안내 및 독려 전략
> ㉡ 학습 진행 문제발생 대응 전략
> ㉢ 과정 선정 및 구성 전략
> ㉣ 학습자료 제작 방향
> ㉤ 마케팅 및 홍보 기법 개선

① ㉠, ㉡, ㉢

② ㉠, ㉡, ㉣

③ ㉡, ㉢, ㉣

④ ㉠, ㉡, ㉤

74 이러닝 운영 기획 과정에서 운영계획 수립에 대한 설명으로 옳지 않은 것은?

① 이러닝 과정을 개설하고 운영하기 위한 목적이다.

② 운영 전부터 운영 후까지의 전반적인 계획안을 작성하는 활동이다.

③ 운영계획 수립의 주요 활동으로는 운영전략 수립, 일정계획 수립, 강의계획 수립이 있다.

④ 운영계획 활동은 성과중심의 기업교육훈련 목표를 달성하기 위한 핵심 활동이다.

75 이러닝 운영의 사업기획 요소에 대한 설명으로 옳은 것은?

① 자료실 및 커뮤니티 관리는 이러닝 운영 프로세스에서 운영 전 단계에 해당한다.

② 이러닝 운영의 구체적인 교수학습 활동이 진행되는 단계는 운영 중 단계에 해당한다.

③ 운영 중 단계의 사업기획 요소는 과정선정 및 구성전략, 과정등록의 고용보험 매출계획 등이 고려될 수 있다.

④ 과정이 완료된 후 평가처리, 설문분석, 운영 결과보고 등이 이루어지는 것은 운영 중 단계이다.

76 이러닝 과정 관리사항 중 교육과정 전 관리사항에 해당하는 것을 〈보기〉에서 모두 고르면?

> ㉠ 과정 홍보 관리
> ㉡ 수강 여부 결정
> ㉢ 과정에 대한 만족도 조사
> ㉣ 과정별 코드나 이수학점 관리
> ㉤ 공지사항, 게시판, 과제물 관리

① ㉠, ㉡, ㉢

② ㉡, ㉢, ㉣

③ ㉠, ㉡, ㉣

④ ㉠, ㉢, ㉤

77 이러닝 교육과정 중 운영전략 수립에서 확인할 내용으로 옳지 않은 것은?

① 학습을 촉진하고 독려하며 참여를 높이는 요소로 구성되었는지를 확인한다.

② 온라인에서 학습 일정관리와 학습독려를 학습진도 상황에 맞게 제공하였는지 확인한다.

③ 이벤트, 학습포인트 제도 등을 통해 학습에 대한 보상을 제공하였는지를 확인한다.

④ 자료를 마련하고 학습자 모집 및 마케팅에 활용하는 내용을 확인한다.

78 LMS 점검을 통한 이러닝 과정 품질유지를 하려고 할 때 이러닝 과정 운영자가 수시로 체크해야 할 부분이 아닌 것은?

① 학습분량이 적절한지 체크한다.

② 학습목표가 명확한지 체크한다.

③ 이러닝 시스템이 잘 적용되었는지 체크한다.

④ 이러닝 과정의 교수-학습 전략이 적절한지 체크한다.

79 이러닝 운영에서 콘텐츠 요구사항 점검을 위한 평가 내용 중 학습내용구현에 해당하는 평가 기준은?

① 학습에 대한 지속적 흥미와 동기를 유지할 수 있도록 다양한 동기유발 전략을 적용

② 텍스트와 그래픽, 애니메이션 등의 요소를 학습내용의 특성을 고려하여 적절히 구현

③ 학습내용 중 삽입되는 이미지, 애니메이션 등의 시각적 요소와 전체 UI 간 조화를 고려하여 일관성 있게 표현

④ 학습 진행 중 학습자의 능동적 반응을 유도하거나 의견 공유의 기회를 제공하는 등의 상호작용 전략을 적절히 적용

80 이러닝 과정 운영 결과분석을 위한 체크리스트 중 필수사항으로만 바르게 묶인 것은?

> ㉠ 평가결과는 그룹별로 관리되는가?
>
> ㉡ 평가결과는 개별적으로 관리되는가?
>
> ㉢ 내용이해도(성취도) 평가결과는 관리되는가?
>
> ㉣ 평가결과는 과정의 수료기준으로 활용되는가?
>
> ㉤ 평가결과는 교육의 효과성 판단을 위해 활용되는가?

① ㉠, ㉡, ㉢

② ㉡, ㉢, ㉣

③ ㉠, ㉢, ㉣

④ ㉠, ㉡, ㉣

81 이러닝 운영 평가 학습자 만족도 조사 방법 중 다음 〈보기〉의 예시에 해당하는 방법은?

> Q. 현재 업무 중 평가기법을 사용하고 있습니까?
>
> A. 예/아니요

① 개방형 질문

② 체크리스트

③ 순위작성법

④ 단일 선택형 질문

82 이러닝 과정 평가에 대한 설명으로 옳지 않은 것은?

① 이러닝 과정 평가는 이러닝 과정 운영전반에 대한 총체적인 평가활동이다.

② 이러닝 과정 평가는 평가주체, 평가시기, 평가절차에 따라 구분된다.

③ 이러닝 과정 평가시기는 정기평가와 수시평가로 나눈다.

④ 이러닝 과정 평가절차는 내부평가와 외부평가로 나눈다.

83 이러닝 평가를 위한 커크패트릭(Kirkpatrick) 4단계 평가모형 중 3단계 행동(Behavior)의 개념으로 옳은 것은?

① 프로그램 참여결과 얻어진 태도변화, 지식증진, 기술향상의 정도를 측정하는 것이다.

② 프로그램 참여결과 얻어진 직무행동 변화를 측정하는 것이다.

③ 참가자들이 프로그램에 어떻게 반응했는가를 측정하는 것으로 고객만족도를 측정하는 것이다.

④ 훈련결과가 조직의 개선에 기여한 정도를 투자회수율에 근거하여 평가하는 것이다.

84 이러닝운영 평가관리에서 학업성취도 평가의 개념으로 옳지 않은 것은?

① 이러닝을 통한 교육훈련의 결과로 학습자의 지식, 기술, 태도 측면이 어느 정도 향상되었는지를 측정하는 것이다.

② 이러닝 과정이 시작하기 전에 제시된 학습목표를 어느 정도 달성하였는지를 확인하는 것이다.

③ 교육과정 중 학습목표 달성을 중심으로 평가하는 것이어서 총괄평가보다는 형성평가 성격을 지닌다.

④ 커크패트릭(Kirkpatrick)의 4단계 평가모형에서 2단계인 학습(Learning)에 해당하므로 학습자가 이해하고 습득한 원리, 개념, 사실, 기술 등의 정도를 파악하는 것이다.

85 이러닝운영 평가관리에서 학업성취도 평가 설계 방법 중 다음 〈보기〉에 해당하는 설계 방법은?

> • 교육 직후 KSA 습득 정도, 학습목표 달성정도 파악에 유용
> • 사전평가 자료가 없는 관계로 교육효과 판단 불가

① 직후평가

② 사전평가

③ 사후평가

④ 사전/직후/사후평가

86 이러닝 과정에서 제공한 학습 내용 영역별로 학습자의 변화 정도를 파악하기 위한 평가방법은?

① 사전평가

② 사후평가

③ 사전 · 사후평가

④ 사후 · 직후평가

87 이러닝 과정 평가의 방법 중 양적 평가방법이 아닌 것은?

① 과제 수행

② 학업성취도평가의 시험

③ 의견에 대한 피드백

④ 만족도 평가의 설문조사

88 학업성취도 평가도구 중 지필 시험 출제에 대한 설명으로 옳지 않은 것은?

① 4지 선다형 또는 5지 선다형의 구성으로 출제한다.

② 선다형의 경우 명확한 정답을 선택할 수 있도록 지문을 제시한다.

③ 부정적인 질문의 경우 밑줄 또는 굵은 표시 등을 표시한다.

④ 단답형의 경우 다양한 답이 발생할 수 있도록 하는 것이 중요하다.

89 이러닝 과정 운영 평가절차 중 과정진행 평가에 해당하는 것은?

① 과정 계획 수립

② 학습자 지원요소

③ 학습자 평가결과 제공

④ 보충심화자료 제공

90 이러닝운영 평가관리 중 학업성취도 평가 일정관리 지원에 대한 설명으로 옳지 않은 것은?

① 학업성취도 평가 참여가 어려운 경우 사전에 시기를 조절해준다.

② 학습자가 반드시 동시에 시험을 실시하는 경우를 제외하고 시험시기를 선택할 수 있도록 한다.

③ 공인인증서, IPIN 서비스 등 개인을 식별할 수 있는 방법을 활용하여 부정한 방법으로 참여하는 것을 예방한다.

④ 일과 학습을 병행하는 이러닝 과정 운영의 경우 학습자 참여를 높이기 위해 확인을 생략하여 사용할 수 있는 동일 IP를 지원한다.

91 이러닝 학습콘텐츠 개발 적합성 평가의 기준으로 옳지 않은 것은?

① 학습목표 달성 적합도

② 학습내용 선정의 적합성

③ 학습평가 요소의 적합성

④ 학습콘텐츠 사용의 용이성

92 이러닝 과정 운영목표의 의미로 옳지 않은 것은?

① 과정을 왜 운영해야 하는가에 대한 필요성을 제시하는 것을 의미한다.

② 운영목표의 적합성에 해당되지 않은 학습내용은 배제되어야 한다는 의미이다.

③ 국가에서 설정한 교육과정 운영을 위한 이러닝 전문가들이 설정한 목표를 의미한다.

④ 이익추구라는 실리를 넘어서서 특정 교육과정에서 달성해야 하는 교육목표를 제시하는 것을 의미한다.

93 교 · 강사 활동의 평가기준 수립에 대한 설명으로 옳지 않은 것은?

① 교 · 강사의 평가기준 수립에 반영하기 위해 이러닝 운영기관의 특성을 확인한다.

② 운영기획서에 제시되어 있는 과정운영의 목표에 해당하는 세부내용을 확인한다.

③ 교 · 강사가 수행할 역할을 기반으로 객관적으로 평가할 수 있는 기준을 작성한다.

④ 평가기준에 대한 적합성을 확인하기 위해 담당자가 평가기준의 타당성을 확인한다.

94 다음의 설명과 관련 있는 교 · 강사 활동 결과분석 내용은?

> • 토론의 경우 토론주제를 공지하고 학습자들이 제시하는 토론 의견에 대한 댓글, 첨삭, 정리 등을 한다.
> • 과제의 경우 과제내용 첨삭지도, 학습자들이 게시판이나 커뮤니티 등에서 제시하는 의견에 대한 피드백, 요청자료 제공 등을 한다.

① 질의응답의 충실성 분석

② 첨삭지도 및 채점활동 분석

③ 보조자료 등록 현황 분석

④ 학습 상호작용 활동 분석

95 교 · 강사 활동 평가등급 중 활동이 미흡하거나 다소 부족하여 일부 교육훈련을 통해서 양질의 교 · 강사로서의 역할을 수행하도록 지원하는 것이 바람직한 등급은?

① A등급

② B등급

③ C등급

④ D등급

96 이러닝 시스템 운영결과 중 운영준비 과정에 해당하는 것은?

① 고객활동 기능 지원을 위한 시스템 운영 결과

② 학사관리 기능 지원을 위한 시스템 운영 결과

③ 과정평가 관리 지원을 위한 시스템 운영 결과

④ 학사일정 수립 준비를 위한 시스템 운영 결과

97 이러닝 시스템 운영결과의 확인 사항 중 교 · 강사 활동지원 기능에 해당하지 않는 것은?

① 교 · 강사 평가관리 기능

② 교 · 강사 활동안내 기능

③ 교 · 강사 수행관리 기능

④ 교 · 강사 불편사항 지원 기능

98 이러닝 운영 활동에 대한 결과를 분석하고자 할 때, 운영환경 준비활동 수행 여부 점검 문항으로 알맞은 것은?

① 학습관리시스템(LMS)에 교육과정과 세부차시를 등록하였는가?

② 교육과정별로 콘텐츠의 오류 여부를 점검하여 수정을 요청하였는가?

③ 운영예정 과정에 대한 운영자정보를 등록하였는가?

④ 운영예정인 교육과정에 대해 서식과 일정을 준수하여 관계기관에 절차에 따라 신고하였는가?

99 이러닝 운영 성과를 분석하기 위하여 관련자료를 확인하고자 한다. 〈보기〉에서 설명하는 자료는 무엇인가?

> 시험성적, 과제물성적, 학습과정 참여(토론, 게시판 등)성적, 출석관리자료(학습시간, 진도율 등)에 관한 내용으로 구성된다.

① 학습자 프로파일
② 과목별 강의계획서
③ 학업성취도 자료
④ 성과보고 자료

100 이러닝 운영에 대한 최종 평가보고서를 작성하는 절차를 순서에 맞게 나열한 것은?

> ㉠ 이러닝 운영 과정의 결과물 분석
> ㉡ 이러닝 운영 과정의 개선사항 반영
> ㉢ 이러닝 운영 과정의 결과물 취합
> ㉣ 이러닝 운영 과정 최종 평가보고서 작성

① ㉠ – ㉡ – ㉢ – ㉣
② ㉠ – ㉢ – ㉣ – ㉡
③ ㉢ – ㉠ – ㉡ – ㉣
④ ㉢ – ㉡ – ㉠ – ㉣

제1회 모의고사 | 정답 및 해설

01	02	03	04	05	06	07	08	09	10	11	12	13	14	15
③	②	④	②	①	②	④	①	③	③	④	③	②	③	①
16	**17**	**18**	**19**	**20**	**21**	**22**	**23**	**24**	**25**	**26**	**27**	**28**	**29**	**30**
②	③	①	③	②	①	④	②	①	④	③	④	②	④	①
31	**32**	**33**	**34**	**35**	**36**	**37**	**38**	**39**	**40**	**41**	**42**	**43**	**44**	**45**
④	④	③	④	②	③	④	①	④	③	②	④	④	③	④
46	**47**	**48**	**49**	**50**	**51**	**52**	**53**	**54**	**55**	**56**	**57**	**58**	**59**	**60**
②	④	②	①	③	③	②	③	③	③	②	②	③	②	④
61	**62**	**63**	**64**	**65**	**66**	**67**	**68**	**69**	**70**	**71**	**72**	**73**	**74**	**75**
④	④	②	④	④	④	②	①	①	③	③	②	③	③	④
76	**77**	**78**	**79**	**80**	**81**	**82**	**83**	**84**	**85**	**86**	**87**	**88**	**89**	**90**
③	②	③	①	④	②	②	②	③	②	④	④	④	④	③
91	**92**	**93**	**94**	**95**	**96**	**97**	**98**	**99**	**100**					
①	②	①	③	②	③	③	②	③	④					

제1과목 | 이러닝 운영계획 수립

01

이러닝 산업 특수분류
기존의 분류였던 '이러닝 콘텐츠, 이러닝 솔루션, 이러닝 서비스'에 '이러닝 하드웨어'가 추가되었다.

02

① 콘텐츠 사업체 : 이러닝에 필요한 정보와 자료를 멀티미디어 형태로 개발, 제작, 가공, 유통하는 사업체
③ 솔루션 사업체 : 이러닝에 필요한 교육관련 정보시스템의 전부 혹은 일부를 개발, 제작, 가공, 유통하는 사업체
④ 하드웨어 사업체 : 이러닝 서비스 제공 및 이용에 필요한 기기 및 설비를 제조하고 유통하는 사업체

03

DICE는 Dangerous(위험), Impossible(어려움), Counter-effective(부작용), Expensive(고비용)를 의미한다.

더알아보기

DICE(위험 · 어려움 · 부작용 · 고비용) 분야를 중심으로 산업현장의 특성에 맞는 실감형 가상훈련 기술 개발 및 콘텐츠 개발 추진
- 실감형 : 산업현장 직무체험 · 운영 · 유지 · 정비 및 제조현장 안전관리 등을 가상에서 구현하는 메타버스 등 실감형 기술 개발
- 콘텐츠 : IoT · 5G · 우주산업 등 디지털 신기술 분야 콘텐츠 개발 확대로 실제현장 적용에 선제 대응(예 우주산업 분야 위성통신 중계 안테나 구축 · 정비, 5G/IoT 통신장비 점검 · 정비)

04

② SaaS LMS : 클라우드에서 사용할 수 있는 학습관리 시스템으로, 이용자는 컴퓨터에 이러닝 LMS 소프트웨어를 설치하는 대신 클라우드로 연결하여 전 세계 어디서나 LMS 소프트웨어에 접속할 수 있고, 사용자 정보와 콘텐츠 등 모든 데이터는 클라우드 상에서 호스팅되기 때문에 서버가 필요 없으며, 시스템에 로그인해서 콘텐츠 제작 후 배포만 하면 되기 때문에 사용에 용이하다.

① Wearable : 정보통신(IT) 기기를 사용자 손목, 팔, 머리 등 몸에 지니고 다닐 수 있는 기기로 만드는 기술이다.

③ Metaverse : 아바타(avatar)를 통해 실제현실과 같은 사회, 경제, 교육, 문화, 과학기술 활동을 할 수 있는 3차원 공간 플랫폼이다.

④ Machine Learing : 인공지능의 연구분야 중 하나로, 인간의 학습능력과 같은 기능을 컴퓨터에서 실현하고자 하는 기술 및 기법이다.

05

② 메타버스(Metaverse), ③ 머신러닝(Machine Learing), ④ 웨어러블(Wearable)은 서비스 관련 기술이다.

더알아보기

가상현실(VR)
- 콘텐츠 관련 기술 중 하나이다.
- 컴퓨터로 만들어 놓은 가상의 세계에서 사람이 실제와 같은 체험을 할 수 있도록 하는 최첨단 기술이다.
- 머리에 장착하는 디스플레이 디바이스인 HMD를 활용하여 체험 가능하다.

증강현실(AR)
- 사용자가 눈으로 보는 현실화면 또는 실영상에 문자, 그래픽과 같은 가상정보를 실시간으로 중첩 및 합성하여 하나의 영상으로 보여주는 기술이다.
- 현실세계를 가상세계로 보완해주는 기술로, 사용자가 보고 있는 실사영상에 3차원 가상영상을 겹침으로써 현실 환경과 가상화면과의 구분이 모호하다.
- 디스플레이를 통해 현실에 존재하지 않는 가상공간에 몰입하도록 하는 가상현실(VR)과는 구분되는 개념이다.

07

④ 이러닝(전자학습)산업 발전 및 이러닝 활용 촉진에 관한 법률은 이러닝산업 발전 및 이러닝의 활용 촉진에 필요한 사항을 정함으로써 이러닝을 활성화하여 국민의 삶과 교육의 질을 향상시키고 국민경제의 건전한 발전에 이바지함을 목적으로 하는 법령이다.

① 위원장은 산업통상자원부차관 중에서 산업통상자원부장관이 지정하고, 부위원장은 교육부 고위공무원단에 속하는 일반직 공무원 또는 3급 공무원 중 교육부장관이 지명한다.

더알아보기

이러닝진흥위원회(이러닝(전자학습)산업 발전 및 이러닝 활용 촉진에 관한 법률 제8조)
- 기본계획의 수립 및 시행계획의 수립 · 추진에 관한 사항 등을 심의 · 의결하기 위하여 산업통상자원부에 이러닝진흥위원회를 둔다.
- 위원회는 위원장 1명과 부위원장 1명을 포함하여 20명 이내의 위원으로 구성한다.
- 위원회에 간사위원 1명을 두며, 간사위원은 산업통상자원부 소속 위원이 된다.
- 위원장 지정 및 부위원장 · 위원 지명

위원장	산업통상자원부차관 중에서 산업통상자원부장관이 지정하는 사람
부위원장	교육부 고위공무원단에 속하는 일반직공무원 또는 3급 공무원 중 교육부장관이 지명하는 사람
위원	• 기획재정부, 과학기술정보통신부, 문화체육관광부, 산업통상자원부, 고용노동부, 중소벤처기업부 및 인사혁신처의 고위공무원단에 속하는 일반직공무원 또는 3급 공무원 중에서 해당 소속 기관의 장이 지명하는 사람 각 1명 • 「소비자기본법」에 따른 한국소비자원이 추천하는 소비자단체 소속 전문가 2명 • 이러닝산업에 관한 전문지식 · 경험이 풍부한 사람 중 위원장이 위촉하는 사람

09

④ ADDIE모형의 개발 단계는 이러닝 콘텐츠의 학습을 위한 활동 중심으로 제작, 교수 자료의 개발, 프로토타입의 제작, 사용성 검사 등의 세부적인 활동 단계를 거쳐 최종 교안, 완성된 강의 콘텐츠 제작물 등을 만들어 낸다.
① 분석 단계, ② 설계 단계, ③ 실행 단계이다.

10

③ 포토샵은 그래픽 콘텐츠 제작 소프트웨어에 속한다. 그래픽 콘텐츠 제작 소프트웨어에는 포토샵, 일러스트레이터, 3D 데이터 모델링 소프트웨어가 있다.
① · ② · ④ 웹프로그래밍 소프트웨어는 크게 인터넷프로그래밍 언어와 웹에디터 소프트웨어로 분류된다. 인터넷프로그래밍 언어에는 HTML5, XML, ASP, PHP(하이퍼텍스트 프리프로세스), JSP(Java Server Page), ActiveX가 있으며, 웹에디터 소프트웨어에는 브라켓(Brackets), 에디터플러스, 나모웹에디터, 드림위버(Dreamweaver) 등이 있다.

11

④ 영상촬영 장비 : 방송용 디지털 캠코더(3CCD/3CMOS HD/HDV급 이상)
① 음향 제작장비, ② 그래픽 편집장비, ③ 영상 변환장비이다.

12

③ OS(운영체계)는 응용 소프트웨어를 위한 기반 환경을 제공하여 사용자가 컴퓨터를 사용할 수 있도록 중재 역할을 해 주는 프로그램을 말하며, 이러닝 시스템은 윈도우(Window), 리눅스(Linux), 유닉스(Unix) OS를 사용한다.
① 정보제공형 : 특정 목적 달성을 의도하지 않고 다양한 학습활동에 활용할 수 있도록 최신화된 학습정보를 수시로 제공하는 유형이다.
② 사례기반형 : 학습 주제와 관련된 특정 사례에 기초한 다양한 관련 요소들을 파악하고 필요한 정보를 검색 수집하며 문제해결활동을 수행하는 유형이다.
④ 문제해결형 : 주어진 문제를 인식하고 가설을 설정한 뒤, 관련 자료를 탐색 · 수집 · 가설 검증을 통해 해결안이나 결론을 내리는 형태로 진행되는 학습유형이다.

13

② WBI(Web Based Instruction) 유형 : 인터넷의 웹 브라우즈 기능의 특성과 자원을 활용하여 다양한 학습 활동을 가능하게 하는 방식으로 선형적인 진행보다는 다차원적인 진행을 구현할 수 있다. 교수자와 학습자, 학습자와 학습자 사이의 상호작용이 쉽다.
① VOD(Video on Demand) 유형 : 동영상을 기반으로 하는 방식으로 간편하고 저렴한 제작비로 많이 사용되고 있다.
③ 텍스트(Text) 유형 : 글자 위주의 방식으로 화면상의 문자를 보고 학습이 가능하며 다른 유형에 비해 인쇄물로의 빠르게 변환하기 쉬운 장점이 있다.
④ 혼합형 유형 : 텍스트, 동영상, 하이퍼텍스트를 혼합하여 개발된 강의자료이다.

14

③ 아이플래닛(Iplanet)의 라이선스 버전은 아파치나 IIS보다 기능이 뛰어나며, 대형 사이트에서 주로 사용한다.
① 엔진엑스(Nginx) : 엔진엑스는 더 적은 자원으로 더 빠르게 데이터를 서비스할 수 있는 웹 서버로 개발의 목적이 잘 사용하지 않는 기능은 제외하여 높은 성능의 추구이다.
② 아파치(Apache) : 가장 대중적인 웹 서버로 무료이며 많은 사람들이 사용하는 웹 서버이다. 아파치의 가장 좋은 장점은 오픈소스로 개방되어 있다는 점이다. 아파치는 자바서블릿을 지원하고, 실시간 모니터링, 자체 부하테스트 등의 기능을 제공한다.
④ 인터넷정보서버(IIS ; Internet Information Server) : MS사에서 WINDOW 전용 웹 서버로 개발한 서버로 윈도우즈 사용자라면 무료로 IIS를 설치할 수 있다. IIS의 특징은 검색 엔진, 스트리밍 오디오, 비디오 기능이 포함되어 있다는 점이다. 또한, 예상되는 부하의 범위와 이에 대한 응답을 조절하는 기능도 포함되어 있다.

15

① 산출물 · 평가문항 검토는 심의 · 검토 위원의 담당업무이다. 개발 추진기관의 업무담당자 업무는 ② · ③ · ④ 외에 산출물 검사 및 탑재가 있다.

16

콘텐츠 개발 요구분석서 단계별 분석대상
- 개발 목적 단계 : 개발 목적
- 학습자환경 단계 : 콘텐츠 수용 범위
- 개발 범위 단계 : 학습내용, 교육과정
- 콘텐츠 유형 단계 : 콘텐츠 형태, 교수 · 학습 유형
- 사용 대상 단계 : Class, 연령
- 요구기능 단계 : 학습자 시스템환경, 인터넷도구, 교수 · 학습 도구
- 기대효과 단계 : 학습의 효율성, 경제성, 효용성

17

① 대학교 이러닝 시스템 : 온라인/오프라인/블랜디드러닝 과정을 혼합한 형태로 진행되며, 시행요령, 평생교육법 시행규칙, 사이버대학 설립지침서 등 관련법규를 준수하여야 한다.

② 기업교육 이러닝 시스템 : 기업의 목표와 성과를 달성하기 위한 조직구성원의 역량 개발을 목적으로 하며, 관리자가 주도적으로 강좌를 운영하고 튜터(내용전문가)가 학생 관리, 질의응답, 학습독려 등의 전반적인 강좌운영을 지원한다.

④ B2C(학원교육 등) 이러닝 시스템 : 서비스 목적에 따라 전화수업, 화상강의 수업 등을 연계하여 수업을 진행하며, 회원가입, 수강신청, 수강승인, 결제, 학습, 평가, 교육결과관리, 수료증 발급의 모든 프로세스가 이러닝 시스템에서 이뤄진다.

18

이러닝 시스템 관리자 모드는 학습자들의 학습지원 및 관리가 이뤄지는 곳이며 고객의 요구에 따라 기능이 달라질 수 있다. 여기서 개발사업의 고객은 조직내부의 이해관계자, 사업 발주자가 될 수 있다.

19

③ 웹 애플리케이션 서버(Web Application Server ; WAS) : HTTP를 통해 사용자 컴퓨터나 장치에 애플리케이션을 수행해 주는 미들웨어로 일반적으로 WAS로 불리기도 한다.
이러닝 시스템에서 요구되는 서버는 웹서버, DB 서버, 스트리밍(Streaming) 서버, 저장용(Storage) 서버이다.

① 웹 서버(Web Server) : 인터넷상에서 웹 브라우저 클라이언트(Client)로부터 HTTP 요청을 받아들이고, HTML 문서와 같은 웹 페이지들을 보내주는 역할을 하는 운영 소프트웨어로 하드웨어 서버에 설치하여 사용된다.

② 스트리밍 서버 : 이러닝 동영상을 스트리밍으로 서비스하기 위해 필요한 서버이다.

④ 저장용 서버 : 네트워크를 통해 데이터를 저장하고 관리하는 서버로 DAS, NAS, SAN 스토리지의 유형이 있으며, NAS(Network-Attached Storage) 서버로 불리기도 한다.

20

① HTML5 : HTML의 다음 버전으로 플러그인(plug-in) 없이도 웹상에서 향상된 어플리케이션을 개발할 수 있도록 기존의 HTML을 발전시킨 것이다.

③ Experience API(xAPI) : ADL에서 제정한 스콤(SCORM) 표준의 후속이다. 스콤(SCORM)은 SCORM 표준을 적용한 시스템과 콘텐츠일 경우만 호환이 되었으나, xAPI는 xAPI 표준이 적용되지 않은 학습관리시스템(LMS)과 학습도구 등과도 데이터를 주고받을 수 있으므로 다양한 학습활동 데이터(학습시간, 진도율 등)를 추적 관리할 수 있다.

④ ActiveX : Microsoft의 구성요소 기술로서 플러그인보다 일반화된 구성요소객체모델(COM)의 일부이며 웹 페이지 내에서 작은 구성요소나 제어를 생성하기 위한 기술이다.

21

증강현실 학습의 주요기술에는 인식기술, 자세 추정기술, 증강현실 콘텐츠 저작 기술이 있다. 맞춤형 학습기술은 학습자의 특성에 맞추어 개별 학습자에게 제공하는 모든 교육적인 노력을 의미한다.

22

④ IRT 또는 규칙장 이론(rule space theory) 등과 같은 학습 평가 기술과 학습자의 인지 및 정의적 특성을 고려한 '학습자 중심 적응형 학습지원 기술'을 활용하여 학습자의 능력과 필요한 학습 특성들을 동적으로 정확히 측정하고 이에 따라 가장 적절한 학습콘텐츠와 평가문제들을 적응적으로 제공하는 것은 '맞춤형 학습 기술'에 대한 설명이다.
〈보기〉 및 ① · ② · ③은 협력형 학습 기술에 대한 설명이다.

23

② 학습콘텐츠관리시스템(LCMS)은 개별화된 이러닝 콘텐츠를 학습객체의 형태로 만들어 이를 저장하고 조합하고 학습자에게 전달하는 일련의 시스템을 말한다. 학습관리시스템(LMS)이 학습활동을 전개시킴으로써 학습을 통해 역량을 강화시키는 반면, 학습콘텐츠관리시스템(LCMS)은 학습 콘텐츠의 제작, 재사용, 전달, 관리가 가능하게 해준다.

24

② 학습흐름도 : 스토리보드에 제시된 지원기능으로 강의 방식, 학습목표, 주제별 구성, 퀴즈, 보충학습, 적용, 다음 차시 준비 등을 설명한다.

③ 완성된 강의 콘텐츠 : 개발 단계에서 학습할 자료를 만들어 내는 과정의 산출물이다.

④ 분석조사서 : 분석 단계에서 요구분석, 학습자 분석, 직무 및 과제 내용분석, 환경분석의 결과물이다.

25

④ 개발프로젝트 참여자들과의 직접적인 대화를 통하여 정보를 수집하는 일반적인 기법은 인터뷰를 통한 요구사항 수집 방법에 대한 설명이다.

26

학습시스템 요구사항

기능적 요구사항	• 처리 및 절차 • 입출력 양식 • 명령어의 실행 결과, 키보드의 구체적 조작 • 주기적인 자료 출력
비기능적 요구사항	• 성능 : 응답시간, 데이터 처리량 • 환경 : 개발 운용 및 유지보수 환경에 관한 요구 • 신뢰도 : 소프트웨어의 정확성 • 개발 계획 : 사용자의 요구 • 개발 비용 : 사용자의 투자 한계 • 운용 제약 : 시스템 운용상의 제약 요구 • 기밀 보안성 : 불법적 접근 금지 및 보안 유지 • 트레이드오프 : 개발 기간, 비기능 요구들의 우선순위

27

객체지향 분석
요구사항을 수집하고 유스케이스의 실체화 과정을 통해 수집된 요구사항을 분석하는 것이다.

28

요구사항 명세서(SRS ; Software Requirements Specification)

정 의	분석된 요구사항을 소프트웨어 시스템이 수행하여야 할 모든 기능과 시스템에 관련된 구현상의 제약조건 및 개발자와 사용자 간에 합의한 성능에 대한 사항 등을 명세한 프로젝트 산출물 중 가장 중요한 문서
기 능	• 공동 목표 제시 • 수행 대상에 관한 기술

29

④ 교수자의 이러닝 체제 도입에 대한 요구 정도 분석은 교수자의 이러닝에 대한 상황 분석에 대한 설명이다.

교수자 특성 분석

교수자의 일반적 특성	• 교수 선호도 조사 • 교수자의 강의 경력 및 이력 • 교수자 정보
교수자의 이러닝에 대한 상황 분석	• 교수자의 이러닝 체제 도입 요구 정도 • 이러닝 희망 이유 • 이러닝 주요 요소
교수자의 역량	• 학습자 중심의 소통과 통제 능력 • 다양한 멀티미디어 콘텐츠 제작 및 활용 능력 • 토의 및 과제 피드백의 효과성 • 답변의 즉시성

30

② 학습활동을 지원하는 도우미는 에이전트이다.

③ 학습자의 학습에 도움을 주고 교수자와 학습자 간의 상호작용을 원활히 할 수 있는 학습활동의 역할을 하는 자는 튜터이다.

④ 학습자의 참여를 유도하는 역할을 하는 자는 교육을 효과적으로 실시하기 위한 가장 중요한 요인인 교수자이다.

31

④ 학습자에게 가장 적합한 교수설계나 교수방법 등을 처방하는 측면이 강한 것은 교수이론에 대한 설명이다.

32

Glaser의 교수학습 과정 절차
수업목표 확정 → 출발점 행동의 진단 → 수업의 실제 → 학습결과의 평가

33

③ 이러닝 과정 운영자는 테스트용 ID를 통해 학습 사이트로 로그인하고 문제 될 소지를 발견하면 시스템 관리자에게 문제를 알리고, 팝업메시지, FAQ 등을 통해 학습자가 강의를 정상적으로 이수할 수 있도록 도와야 한다. 사이트를 폐쇄하면 학습자에게 혼란을 줄 수 있으므로 폐쇄해서는 안 된다.

34

② 이러닝 콘텐츠의 점검 항목에는 교육 내용, 화면 구성, 제작 환경 등이 있다. 학습자의 인터넷망 적절성 여부는 이러닝 콘텐츠의 점검 항목에 해당하지 않는다.

더알아보기

이러닝 콘텐츠 점검 항목

교육 내용	• 이러닝 콘텐츠의 제작목적과 학습목표와의 부합 여부 • 학습목표에 맞는 내용으로 콘텐츠가 구성되는지 여부 • 내레이션이 학습자의 수준과 과정의 성격에 맞는지 여부
화면 구성	• 학습자가 알아야 할 핵심정보가 화면상에 표현되는지 여부 • 자막 및 그래픽 작업에서의 오탈자 유무 • 영상과 내레이션의 자연스러운 매칭 정도 • 사운드나 BGM이 영상의 목적에 맞게 흐르는지 여부
제작 환경	• 배우의 목소리 크기나 의상, 메이크업이 적절한지 여부 • 최종납품 매체의 영상포맷을 고려한 콘텐츠인지 여부 • 카메라 앵글의 적절성 여부

35

이러닝 교육과정을 등록은 보통 '과정 분류, 강의 만들기, 과정 만들기, 과정 개설하기' 등의 절차로 진행된다.

36

③ 과정 운영자는 과정 시작 전 설문조사 등을 등록해서 학습자가 과정에 대한 만족도를 평가할 수 있도록 해야 한다.
① 학습자들에게 제공되는 자료는 과정이 시작되기 전에 등록해야 한다.
② 강의계획서는 학습목표, 학습개요, 주별 학습내용, 평가방법, 수료조건 등 강의에 대한 사전 정보를 담고 있다. 오류 시 대처방법, 학습기간에 대한 설명, 수료 필수조건 등의 내용을 담고 있는 것은 공지사항이다.
④ 진단평가는 강의 진행 전에 이루어지는 평가이다.

37

개별 · 연간 학사일정을 수립하면 협업부서, 교 · 강사, 학습자 등에게 공지한다.

38

전자문서 작성은 '전자문서에 로그인 → 기안문 작성 화면으로 이동 → 기안문에 대한 정보 입력 → 기안문 작성 → 첨부 파일 첨부 → 결재 올리기 → 결재 완료 후 발송' 순으로 이루어진다.

39

④ 학습자가 수강 신청을 잘못한 경우 학습자에게 연락하여 내용 확인 후 처리해야 한다.

40

강의 운영의 효율성과 학습자의 학습만족도를 높이기 위해 학습관리시스템(LMS)에 운영자를 사전에 등록하여 관리하게 한다. 운영자 정보를 등록하고, 접속 계정을 부여한 후 수강신청별로 운영자를 배치할 수 있다.

제2과목	이러닝 활동 지원

41

② 중요성에 따라 독립적인 시스템으로 운영될 수도 있다.

42

콘텐츠 변환 시스템, 모니터링 시스템 등은 콘텐츠 개발 · 운영지원 도구에 해당한다.

43

④ 권한 설정 조정 기능은 시스템을 운영 · 관리하는 관리자에게 필요한 기능이다.

44

③ 학습환경이 학습자 개인마다 서로 다르므로 학습자의 학습환경을 고려하여 다양한 학습지원 방식을 개발하고 적용할 필요가 있다.

45

④ 기기의 웹 브라우저 등이 낮은 버전일 경우 동영상 재생 등에 문제가 될 수 있지만, 반드시 기기 자체가 가장 고사양의 최신 버전일 필요는 없다.

46

② 과제의 점수에 따라서 성적 결과가 달라지고, 성적에 따라서 수료 여부가 결정되기 때문에 과제 평가 후 이의신청 기능이 있어야 하며, 이의신청 접수 시 처리방안도 정책적으로 마련해 놓아야 한다.

47

③ 진도 여부에 따라 수료 결과가 달라질 수 있다. 즉 학습 진도의 누적 수치에 따라서 수료, 미수료의 기준이 결정될 수 있다.

48

② 학습자-교 · 강사 상호작용에 대한 설명이다. 학습자-교 · 강사 상호작용은 첨삭과 평가 등을 통해 이루어지는 경우가 많고, 학습 진행상의 질문과 답변을 통해서 이루어지기도 한다.

49

① 학습자료로 많이 활용되는 것은 문서로, 한글(hwp), 워드(doc, docx), 엑셀(xls, xlsx) 등의 파일을 주로 사용한다.

50

③ 용량제한이 있거나 용량이 클 경우, 자료를 여러 개로 쪼개서 나누어 등록하는 방법을 사용한다.

51

① 너무 자주 독려해도 좋지 않지만 너무 독려를 하지 않아서 수료율에 영향을 주면 안 되므로 적절한 균형점을 찾는 것이 필요하다.
② 관리 자체가 목적이 아니라 학습을 다시 할 수 있도록 함이 목적임을 기억한다.
④ 비용효과성을 따져가면서 독려를 진행할 필요가 있다.

52

② 채팅 시 학습자가 많은 경우 원활하게 소통하기 어렵다는 단점이 있다.

53

③ 실시간으로 학습자의 다양한 질문에 대응하는 것에는 FAQ 게시판보다 채팅을 활용하는 것이 더 적절하다.

54

④ 이러닝에서 학습이 촉진되기 위해서는 학습자에게 사회적 관계 형성의 기회가 제공되는 것이 중요하다. 즉, 학습자들이 친밀하고 인간적인 사회적 환경을 만들 수 있도록 인간관계를 조성해 주고, 학습자 집단의 단결을 도모하는 활동들이 마련되어야 한다.

55

② 오류의 수준에 따라서 운영자가 관리자 기능에서 직접 해결할 수 있는 것들도 있지만, 운영자가 관리자 기능에서 직접 처리하지 못하는 오류의 경우는 기술 지원팀에 요청하여 처리해야 한다.

56

② 교 · 강사에 대한 학사 일정, 교수학습환경 안내는 교 · 강사 지원에 해당한다.

57

② 학업성취도 자료는 이러닝 운영실시 과정에 필요한 문서이다. 이러닝 운영 준비과정에 필요한 문서는 과정 운영계획서, 운영 관계법령, 학습과목별 강의계획서, 교육과정별 과정 개요서 등이다.

58

③ 과정만족도 조사 자료는 이러닝 과정 학습활동에 관한 학습자의 만족도를 조사한 자료로, 이러닝 운영 실시과정에 필요한 문서이다. 콘텐츠기획서, 교 · 강사 관리자료, 시스템 운영현황 자료는 이러닝 운영 종료 후 과정에 필요한 문서이다.

59

② 과정 만족도 조사는 학습자들의 반응만족도 측정으로 과정운영의 구성, 특징, 문제점 및 개선사항 등을 파악하기 위함이므로 대부분 과정이 운영된 직후에 실시한다.
① 학업성취도 평가, ③ · ④ 과정만족도 조사에 대한 설명이다.

60

④ 이러닝 운영 학사관리는 학습자의 정보를 확인하고 성적처리를 수행한 후 수료기준에 따라 처리하는 활동이다.

61

④ 학사관리지원 수행 여부에 대한 고려사항에 해당한다.

62

① 평가내용에 따라 평가 방법을 선정한 후에 언제 실시할 것인지를 결정한다.
② 진단평가는 사전평가로 평가의 시점이 학업성취도 평가에 영향을 줄 수 있다.
③ 학습이 조금이라도 진행된 후에는 사전평가를 하지 않아야 한다.

63

② 형성평가는 학습 및 교수가 진행되는 상태에서 학습자에게 피드백을 주고 교육과정과 수업방법을 개선하기 위해 실시하는 평가이다. 학습자의 학습진행 속도를 조절하고, 학습자의 학습에 대한 강화역할을 하며, 학습곤란을 진단하고 교정한다.

교 · 강사의 학습지도 방법 개선에 도움을 주며, 교수−학습 과정 중에 학습자들의 이해 수준을 수시로 점검한다.

64

④ 과정만족도 조사 활동에 대한 설명이다. 과정평가의 활용성은 학습효과 파악, 적극적인 참여 유도, 학습자들의 학습수준 파악, 과정 난이도 파악, 콘텐츠 개발 피드백 제공의 이점을 얻을 수 있다.

65

④ 진실 · 거짓 문제에 대한 설명이다. 진실 · 거짓 문제의 장점은 학습자의 내용 이해도를 간단하게 측정 가능하다는 것이고, 단점은 무작위로 응답하더라도 50%는 정답이 될 수 있으므로, 다른 유형에 비해 타당도가 낮다는 것이다.

66

학업성취도 측정 영역별 특징

영 역	특 징
지식 영역	• 업무 수행 시 필요한 지식의 학습정도를 평가 • 사실, 개념, 절차, 원리 등에 대한 이해정도를 평가 • 지필고사, 사례연구, 과제 등의 평가도구를 활용
기능 영역	• 업무수행 시 필요한 기능의 보유정도를 평가 • 업무수행, 현장적용 등에 대한 신체적 능력 평가 • 실기시험, 역할놀이, 프로젝트, 시뮬레이션 등을 활용
태도 영역	• 업무 수행 시 필요한 태도의 변화 정도를 평가 • 문제상황, 대인관계, 업무 해결 등에 대한 정서적 감정 평가 • 지필고사, 사례연구, 문제해결 시나리오, 역할놀이 등을 활용

67

② 적용 단위는 지식을 바탕으로 문제를 해결하거나 실생활에서 활용할 수 있는 능력을 기르는 데 중점을 두는 단계이다. 이 단위에서는 프로젝트나 과제를 시행하는 것이 적절하다.

68

평가문항의 유형별 문항 분류

선택형 문항	서답형 문항
진위형, 선다형, 연결형	논술형, 단답형, 괄호형, 완성형

69

① 문항 난이도는 문항의 쉽고 어려운 정도를 뜻하며, 정답률과 같은 의미이다. 난이도가 높으면 문제가 쉽고 정답률이 높으며, 난이도가 낮으면 문제가 어렵고 정답률이 낮다.

70

③ 문항 곤란도에 대한 설명이다. 문항 곤란도는 문항 형식이 선택형인지, 서술형인지에 따라 산출 공식이 달라지며, 선택형 문항의 경우에도 미달항과 추측요인의 제거 여부에 따라서도 산출 공식이 달라진다.

제3과목	이러닝 운영 관리

71

이러닝 운영 기획을 위한 중요한 활동이자 첫 번째 단계가 요구분석이다. 요구분석은 이러닝 운영에 대한 기초적인 자료를 확보하는 역할을 수행하는데, 요구분석 결과를 기반으로 운영 계획을 수립하고 실제적인 운영을 준비하는 활동이 진행되기 때문이다.

72

① 조절자(Assimilator) : 추상적인 개념화와 반성적인 관찰을 선호하는 학습자로 이론적 모형을 창출하는 능력을 가지고 있고 아이디어나 이론 자체의 타당성에 관심을 가지는 특성이 있다.
③ 수렴자(Converger) : 추상적인 개념화와 능동적인 실험을 선호하는 학습자로 '발산자'와는 반대입장을 가지며 문제나 과제가 제시될 때 정답을 찾기 위해 아주 빠르게 움직이고 사람보다는 사물을 다루는 것을 선호한다.
④ 동화자(Accommodator) : 구체적인 경험과 능동적인 실험을 선호하는 학습자로 조절자와는 반대입장을 가지며 일을 하는

것과 새로운 경험을 강조하고 실제문제를 해결하기 위한 개념이나 원리를 활용하는 방법에 관심을 가지는 특징이 있다.

> **더알아보기**
>
> Kolb의 학습스타일 분류
>
>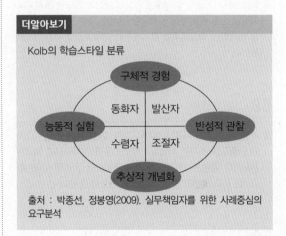
>
> 출처 : 박종선, 정봉영(2009). 실무책임자를 위한 사례중심의 요구분석

73

필립 코틀러(P. Kotler)의 시장 세분화 성공 조건
• 측정 가능해야 한다.
• 충분한 규모 시장성이 있어야 한다.
• 소비자가 쉽게 서비스를 이용할 수 있어야 한다.
• 분류한 시장이 차별화되어야 한다.
• 실행가능성이 있어야 한다.

74

③ 운영할 과정에 대한 전반적인 운영활동과 그에 따른 학사일정을 계획하는 것은 이러닝 운영계획 수립 체계 중 일정계획 수립에 해당한다.

75

이러닝 운영계획 수립 시 고려할 사항
• 교육과정 운영일정
• 수강신청일정
• 교육대상의 규모 및 분반, 차수 등의 결정
• 평가 기준 및 배점
• 수료 기준
• 과정 운영자 배정
• 과정 튜터 배정
• 학습 콘텐츠에 대한 검토
• 요구분석 대상(학습자, 운영자, 튜터)에 대한 분석결과 반영

76

교육기관마다 공통기능과 차별요소가 있고 인터페이스 등이 다를 수는 있지만 기본적으로 제공되어야 하는 필수기능 중심으로 먼저 점검하고 과정에 따라 필요한 부가기능을 점검하면 효율적이다.

77

② 이러닝 교·강사의 역할이다.

> **더알아보기**
>
> 이러닝 과정 운영자의 역할
> - 이러닝 학습과정을 총괄·관리하는 인력으로 학습자의 학사관리, 학습시작 전·중·후 프로세스에 따른 운영을 담당
> - 학사일정 전반에 대한 안내, 학습독려일정을 계획, SMS·이메일·전화 등을 통해 학습자를 독려를 진행하는 등 학습자 관리에 매우 중요한 역할을 함
> - 인바운드 학습자 질의상담, 원격지원 등 기술 지원
> - 학습자의 학습방향 유도 및 과제안내 등 학습 방향을 제시

78

③ 권고사항에 해당한다.
권고사항
- 교육 수요에 대한 분석결과는 확인되었는가?
- 비용—효과에 대한 분석결과는 반영되었는가?
- 요구분석대상(학습자, 운영자, 교육담당자, 교수자, 튜터)에 대한 분석결과는 반영되었는가?

79

① 이러닝 운영에서 활용되는 운영전략 중 체계적 운영관리 지원의 세부활동에 해당한다.

80

④ 콘텐츠 요구사항 점검을 위한 평가내용 중 교수설계에 해당하는 평가기준이다.

81

② 학습자 만족도 조사는 교육의 과정과 운영상의 문제점을 수정, 보완함으로써 교육의 질을 향상시키기 위해 실시한다.

82

② 성인 이러닝 학습자는 자발적이고 강한 학습동기를 가지고 있고, 스스로 생애주기 설계에 부합하는 학습을 수행하고자 하는 특성을 보인다.

83

② 과정진행 평가는 이러닝 과정 운영이 계획대로 적절하게 진행되고 있는지를 평가하는 것으로 과정에 제공되는 콘텐츠, 교·강사 활동, 상호작용 활동, 학습자 지원요소, 학습관리시스템 운영 상황, 이러닝 과정의 학습자 평가활동 등이 포함된다.

84

①·②·④ 2단계 학습(Learning)에 대한 평가조건이다.

85

① 평가준비 단계, ③·④ 평가결과 관리 단계에 해당한다.

86

이러닝 학습촉진 방법
- 학습자 중심의 다양한 학습지원과 학습자의 적극적인 참여 촉진
- 교수자는 촉진자 역할을 수행
- 다양한 유형의 상호작용 촉진
- 학습과정에 대한 지속적인 모니터링
- 학습자의 감성적 측면에서 긍정적인 학습환경을 조성
- 학습자에게 사회적 관계 형성의 기회 제공

87

④ 태도 영역은 지필고사, 문제해결 시나리오, 역할놀이, 구두발표, 사례연구 등을 활용한다.
ⓒ·ⓔ 기능 영역에 활용하는 평가도구이다.

88

④ 학업성취도를 분석하기 위해서는 실제 평가에서 평가 내용과 평가도구, 그에 따른 평가 시기를 중심으로 살펴보는 것이 필요하다.

89

① 습득한 단편적인 지식으로 과제평가 문항을 구성하면 과제모사율이 높아져 과제평가 결과를 신뢰하기 어렵다.
② 과제내용을 정형화된 지식 조사보다는 사례 분석, 시사점 제시, 자신의 의견 작성 등과 같이 모사하기 어려우면서 학습의 정도를 결과로 파악할 수 있는 내용으로 구성한다.
③ 과제평가에 대한 구체적인 평가기준, 채점방법, 감점요인 등을 사전에 안내한다.

90

③ 평가요소 중 주관식 서술형은 교 · 강사가 별도로 채점하여 점수를 부여한다.

91

① 이러닝 과정의 운영을 준비하는 과정에서 학습콘텐츠 오류를 확인하여 오류가 발견되었다면 수정을 요청하고 수정되었는지를 확인해야 한다. 이는 이러닝 운영과정에서 활용될 학습콘텐츠에 대한 가장 기본적인 운영 적합성을 평가하는 것으로 매우 중요하다.

92

② 일반적으로 학습내용의 평가기준은 학습목표, 학습내용의 선정기준, 구성 및 조직, 난이도, 학습분량, 보조 학습자료, 내용의 저작권, 윤리적 규범 등을 고려할 수 있다. 평가기준 중 학습난이도는 학습내용은 학습자의 지식수준이나 발달단계에 맞게 구성되어 있는가를 평가하는 것이다.
① 학습분량 : 학습시간은 학습내용을 학습하기에 적절한 학습시간을 고려하고 있는가?
③ 학습 목표 : 학습목표가 명확하고 적절하게 제시되고 있는가?
④ 학습내용 선정 : 학습자의 지식, 기술, 경험의 수준에 맞게 적합한 학습내용으로 구성되어 있는가?

93

① 교 · 강사 활동을 평가하기 위해서는 사전에 작성된 된 평가기준을 기반으로 평가를 수행해야 한다.

94

③ 운영기관의 특성에 맞춰 교 · 강사의 활동을 평가하기 위한 평가기준을 수립할 수 있으며 이를 위해 운영기관의 특성 확인, 운영기획서의 과정 운영목표 확인, 교 · 강사 활동에 대한 평가기준 작성, 작성된 교 · 강사 활동평가 기준의 검토 등을 수행한다.
ⓒ 교 · 강사 활동을 평가기준에 적합하게 평가하는 것으로 학습관리시스템(LMS)에 저장된 과정 운영정보 및 자료확인과 학습자들의 학습만족도 조사결과 확인 등의 내용을 검토한다.

95

② 교 · 강사가 학습과 관련된 자료를 주기적으로 학습자료 게시판에 등록하는 학습지원 활동을 통해서 보다 심화되거나 폭넓은 학습을 수행하는 데 도움을 받을 수 있다.

96

④ 평가문항 출제, 학습자의 진도 체크, 학습내용 공지 등을 수행하는 기능은 학습관리시스템의 교수활동 지원 기능에 해당하고, 과제 제출, 토론 참여 등을 수행하는 기능은 학습활동 지원 기능에 해당한다. 운영활동 지원 기능에는 학습자나 교 · 강사 정보 관리, 과목별 학습자 관리, 과목정보 관리, 학습현황 분석 및 각종 통계처리, 과목 이수정보 관리 등을 수행하는 기능 등이 해당한다.

97

③ 학습자 학습활동 기능 지원을 위한 시스템 운영 결과 내용에는 '학습환경 지원 기능, 학습과정 안내 기능, 학습촉진 기능, 수강오류 관리 기능' 등이 있다.
㉠ 성적처리 기능은 학사관리 기능 지원을 위한 시스템 운영결과 내용에 해당한다.
ⓒ 평가문항 등록 기능은 교육과정 개설준비를 위한 시스템 운영결과 내용에 해당한다.
ⓜ 멀티미디어 기기에서의 콘텐츠 구동은 운영환경 준비를 위한 시스템 운영결과 내용에 해당한다.

98

② 과정만족도 조사 활동수행 여부 점검은 이러닝 진행활동 결과 관리 항목에 해당한다.

99

③ 학업성취자료는 운영진행 과정 중 과정 평가관리와 관련된 자료이다. 따라서 운영 종료 후 과정의 성과를 분석하는 자료로 적절하지 않다.

100

이러닝 과정 운영에 대한 최종 평가보고서는 운영과정과 운영결과를 기반으로 콘텐츠, 교·강사, 시스템 운영, 과정운영활동과 개선사항에 대한 내용으로 구성된다.

01	02	03	04	05	06	07	08	09	10	11	12	13	14	15
①	③	①	③	③	③	①	①	①	③	④	③	②	③	②
16	17	18	19	20	21	22	23	24	25	26	27	28	29	30
②	②	②	③	①	③	②	④	④	①	④	④	④	③	②
31	32	33	34	35	36	37	38	39	40	41	42	43	44	45
①	②	④	①	③	①	②	②	③	①	③	②	④	④	②
46	47	48	49	50	51	52	53	54	55	56	57	58	59	60
②	④	④	④	③	③	①	④	①	②	③	④	①	②	④
61	62	63	64	65	66	67	68	69	70	71	72	73	74	75
③	③	①	①	①	①	④	④	④	②	④	③	③	①	②
76	77	78	79	80	81	82	83	84	85	86	87	88	89	90
④	④	②	④	②	④	③	①	②	④	④	①	④	①	②
91	92	93	94	95	96	97	98	99	100					
①	①	②	①	②	②	④	③	④	②					

제1과목 | 이러닝 운영계획 수립

01

이러닝 산업 특수분류[산업통상자원부(2015년)]

세부 범위		정 의
기 존	이러닝 콘텐츠	이러닝을 위한 학습내용물을 개발, 제작 또는 유통하는 사업
	이러닝 솔루션	이러닝을 위한 개발도구, 응용소프트웨어 등의 패키지 소프트웨어 개발과 이에 대한 유지 · 보수업 및 관련 인프라 임대업
	이러닝 서비스	전자적 수단, 정보통신 및 전파 · 방송기술을 활용한 학습 · 훈련 제공 사업
추 가	이러닝 하드웨어	이러닝 서비스 제공 및 이용을 위해 필요한 기기 · 설비 제조, 유통 사업

02

양방향 · 실감형 · 지능형 학습서비스의 예시
- 양방향 : 비대면 실시간 코딩교육, 비대면 공학실습 서비스 등
- 실감형 : 유 · 아동 AR학습 플랫폼, 메타버스 기반 학습 콘텐츠 플랫폼 등
- 지능형 : 감성 · 인지교감 AI서비스, 유 · 아동 행동 분석 서비스 등

03

② 평생교육 플랫폼, ③ 학습관리시스템(LMS ; Learning Management System), ④ 머신러닝(Machine Learning)에 대한 설명이다.

더알아보기

STEP(Smart Training Education Platform)
직업훈련 접근성 제고, 온–오프라인 융합 新 훈련방식 지원을 위해 콘텐츠 마켓 · 학습관리시스템(LMS) 등을 제공하는 종합플랫폼

04

① 가상현실(VR) : 컴퓨터로 만들어 놓은 가상의 세계에서 사람이 실제와 같은 체험을 할 수 있도록 하는 최첨단 기술
② 증강현실(AR) : 사용자가 눈으로 보는 현실화면 또는 실영상에 문자, 그래픽과 같은 가상정보를 실시간으로 중첩 및 합성하여 하나의 영상으로 보여주는 기술
④ 서비스형 솔루션(SaaS) : 개인이나 기업이 컴퓨팅 소프트웨어를 필요한 만큼 가져가 쓸 수 있게 인터넷으로 제공하는 사업 체계

05

③ 컴퓨터에 이러닝 LMS 소프트웨어를 설치할 필요가 없다.

06

③ 증강현실(AR)에 대한 설명이다.

07

원격훈련의 유형 및 정의(사업주 직업능력개발훈련 지원규정 제2조)

유 형	정 의
인터넷 원격훈련	정보통신매체를 활용하여 훈련이 실시되고 훈련생관리 등이 웹상으로 이루어지는 원격훈련
스마트 훈련	위치기반서비스, 가상현실 등 스마트 기기의 기술적 요소를 활용하거나 특성화된 교수 방법을 적용하여 원격 등의 방법으로 훈련이 실시되고 훈련생관리 등이 웹상으로 이루어지는 훈련
우편 원격훈련	인쇄매체로 된 훈련교재를 이용하여 훈련이 실시되고 훈련생관리 등이 웹상으로 이루어지는 원격훈련
혼합훈련	집체훈련, 현장훈련 및 원격훈련 중에서 두 종류 이상의 훈련을 병행하여 실시하는 직업능력 개발훈련

08

① 창업 활성화는 정부에서 수행하는 기능으로, 산업통상자원부 장관은 이러닝사업의 창업과 발전을 위하여 창업지원계획을 수립하여야 하고, 정부는 창업지원계획에 따라 투자하는 등 필요한 지원을 할 수 있다[이러닝(전자학습)산업 발전 및 이러닝 활용 촉진에 관한 법률 제12조].

09

① 요구분석서의 개발 범위에는 학습내용과 교육과정이 있다.

콘텐츠 개발 요구분석서 단계 및 분석대상

- 개발 목적 – 개발 목적
- 학습자 환경 – 콘텐츠 수용 범위
- 개발 범위 – 학습내용, 교육과정
- 콘텐츠 유형 – 콘텐츠 형태, 교수 · 학습 유형
- 사용 대상 – 반(Class), 연령
- 요구기능 – 학습자 시스템 환경, 인터넷도구, 교수 · 학습 도구
- 기대효과 – 학습의 효율성, 경제성, 효용성

10

③ 이러닝 콘텐츠 개발 자원 중 인지적 요소에 해당한다. 인지적 요소는 설계 전략과 관련하여 다양한 자원을 선정할 수 있다. 그 방식에는 튜토리얼 방식(Tutorial), 사례기반 방식(CBL), 스토리 기반 방식, 목표지향 방식(GBL) 등이 있으며, 흐름을 전개해 나갈 교수설계 전략을 선정하고, 분석된 내용과 선정한 교수설계 전략에 대한 이론적 근거를 확인해야 한다.

튜토리얼은 무언가를 배우기 위해 사용하는 교습소재, 지침을 의미한다.

11

인코딩 장비는 웹에서 다운로딩이나 스트리밍하도록 출력물을 바꿀 수 있는 장비로서 영상 변환을 위한 장비이다.

콘텐츠 개발을 위한 하드웨어 권장 환경

하드웨어	규 격
영상 촬영 장비	방송용 디지털 캠코더(3CCD/3CMOS HD/HDV급 이상)
영상 편집 장비	HDV급 이상 동영상 편집용 선형(Linear) 또는 비선형(Nonlinear) 편집 시스템
영상 변환 장비	인코딩 장비(웹에서 다운로딩 또는 스트리밍 가능하도록 출력물을 변환할 수 있는 장비)
음향 제작 장비	음향 조정기, 앰프, 마이크 등
그래픽 편집 장비	PC, 스캐너, 디지털 카메라 등

출처 : 한국교육학술정보원(2012). 2012년 원격교육연수원 운영 매뉴얼. 교육자료 TM 2012-21. 21.

12

② WBI는 웹 기반 학습에서 보편적으로 많이 사용하는 비대면 수업에 사용된다.

개발 형태에 따른 콘텐츠 유형

유 형	특 성
VOD	• 교수자 강의와 교안 합성을 이용한 동영상 기반 방식 • 컴퓨터, 휴대용 정보통신 기기 등에서 많이 사용 • 주로 강의자가 강의한 것을 촬영한 형태 • 컴퓨터 화면 녹화와 음성을 결합한 녹음 강의 방식
WBI	• 웹 기반 학습에서 보편적으로 많이 사용하는 비대면 수업 • 하이퍼텍스트를 기반으로 링크와 노드를 통해 선형적인 진행보다는 다차원적인 항해를 구현
텍스트	• 한글문서, 워드문서, PDF, 전자책 등과 같은 글자 위주의 개발 방식 • 다른 유형에 비해 인쇄물로의 변환이 쉬움
혼합형	• 동영상과 텍스트 또는 하이퍼텍스트를 혼합 • 동영상 강의를 기반으로 진행되며 강의 내용에 따라 텍스트 자료가 바뀔 수 있는 제작 방식
애니메이션형	• 애니메이션을 기반으로 한 방식으로 플래시가 대표적 • 여러 가지 다양한 이벤트나 학습자 적응형으로 학습내용을 분기하여 진행 • 다른 콘텐츠에 비해 제작 시간이 오래 소요되고 제작 비용이 높음

13

② VOD 유형의 동영상 편집은 스튜디오에서 촬영한 경우에는 하드웨어 편집 장비를 이용하거나 편집용 소프트웨어가 활용된다.

14

〈보기〉는 웹 서버의 규격 사양으로 ① · ② · ④는 동일 사양을 갖추면 된다. 다만, 학사행정 서버와 백업용 데이터베이스 서버는 클러스터링이 필요하지 않다.

15

콘텐츠 개발 절차 단계
기획 및 분석 → 설계 → 개발 → 실행 → 평가

더알아보기

절차 단계	내 용
기획 및 분석	• 요구분석 • 과정기획(개발 방향, 초기내용 분석) • 학습자분석 • 기술 및 환경분석 • SME섭외 및 선정 • 협력업체 선정(외주 개발 시) • 고객사 승인(분석결과)
설 계	• SME와 내용원고 각색, 협업활동 • 내용분석 • 교수설계 : 거시설계와 미시설계 • 프로토타입 설계 및 개발 • 프로토타입 검수–수정–설계안 수정 • 스토리보드 작성 · 검수 • 고객사 승인(설계 결과)
개 발	• 디자인 시안 개발/프로토타입 개발 • 검수된 스토리보드 개발 착수 • 개발물 1차 검수 및 가 포팅 • 개발물 수정 보완 • 서비스 서버 포팅 • 파일럿 테스트 • 최종 개발물 검수 및 수정 • 고객사 승인(개발 결과)
실 행	• 고용보험 신고자료 준비 • 개발완료보고서 작성 • 운영준비 및 과정 운영(운영팀)
평 가	• 협력업체 평가 • 학습자 평가(운영팀) • 이러닝 강좌 평가(운영팀)

16

메릴(Merrill)이 제시한 내용요소제시이론을 참고하여 내용 차원과 수행 차원으로 학습내용의 수준을 설정할 수 있다. 내용요소제시이론은 학습의 수행 차원을 기억, 활용, 발견의 세 단계로 나누며, 내용 차원은 사실, 개념, 절차, 원리의 4가지 유형으로 나눈다.

17

② 기업교육 이러닝 시스템의 수업은 기간제, 상시제, 기수제로 운영되고 환급과정, 비환급과정으로 나눠지며, 고용보험 환급과정은 '인터넷통신훈련 시행요령'을 준수해야 한다.

18

② IIS(Internet Information Server)에 대한 설명이다.

더알아보기

웹 서버의 종류
• 아파치(Apache) : 가장 대중적인 웹 서버로 무료이며 많은 사람들이 사용한다. 오픈소스로 개방되어 있다는 점이 가장 큰 장점이며 자바 서블릿을 지원하고 실시간 모니터링, 자체 부하 테스트 등의 기능을 제공한다.
• 엔진엑스(Nginx) : 더 적은 자원으로 더 빠르게 데이터를 서비스할 수 있는 웹 서버로 잘 사용하지 않는 기능은 제외함으로써 높은 성능을 추구하고 있다.
• Iplanet(Sun One Java Web Server) : SUN사에서 개발한 웹 서버로 공개버전, 상용버전이 있다. 라이선스 버전의 경우 아파치나 IIS에 비해 기능이 뛰어나며 대형사이트에서 주로 사용한다. 여러 가지 기능을 관리할 수 있도록 자체 jsp/servlet 엔진을 제공한다는 점이 장점이다.

19

③ 수료기준을 중심으로 학습자들의 수료처리 여부 결정은 관리자모드의 기능과 관련된 항목이다.

20

① 이러닝 시스템 개발사업에서 개발 소스를 제외한 모든 OS, DBMS 등의 소프트웨어는 이러닝 시스템 개발 내용과는 별도로 진행되는 내용이므로, 이러닝 시스템을 제안하는 경우 해당 부분의 확인이 필수적이며, 특히 DBMS의 경우 개발비 이상의 비용이 투입될 수 있으므로 요구사항을 반드시 확인해야 한다.

21

③ 가상체험 학습 기술은 증강 가상(AV)과 혼합 현실 기술(MR)이 융합된 교육 기술로 학습자에게 특정 가상 공간이나 상황에 대한 몰입감을 부여하여 생생한 가상 경험을 제공함으로써 학습효율을 높이기 위한 기술이다. 가상체험 학습 기술의 주요 핵심 기능을 담당하는 기능으로는 학습자 영상추출기술, 인체 추적 및 제스처 인식 기술, 영상 합성 기술, 콘텐츠 관리 기술, 이벤트 처리 기술 등이 있다.

22

② 이러닝 시스템 표준화 목적은 재사용 가능성, 접근성, 상호운용성, 항구성이다.

더알아보기

이러닝 시스템 표준화 목적

재사용 가능성 (Reusability)	기존 학습객체 또는 콘텐츠를 학습자료로서 다양하게 응용하여 새로운 학습콘텐츠를 구축할 수 있음
접근성 (Accessibility)	원격지에서 학습자료에 쉽게 접근하여 검색하거나 배포할 수 있음
상호운용성 (Interoperability)	서로 다른 도구 및 플랫폼에서 개발된 학습자료가 상호 간에 공유되거나 그대로 사용될 수 있음
항구성 (Durability)	한번 개발된 학습자료는 새로운 기술이나 환경변화에 큰 비용부담 없이 쉽게 적응이 가능함

23

ⓒ 제18조(평가배점)
추정가격 중 하드웨어의 비중이 50% 이상인 사업인 경우에는 정보시스템 사업등은 기술능력평가의 배점한도를 80점으로 할 수 있다.
ⓒ 제7조(기술적용계획 수립 및 상호운용성 등 기술평가)
행정기관등의 장은 사업계획서 및 제안요청서 작성 시 별지 제1호 서식의 기술적용계획표를 작성하여야 한다. 다만, 기관의 기술참조모형 또는 사업의 특성에 따라 기술적용계획표 항목을 조정하여 사용할 수 있다.

24

① 분석조사서는 분석 단계의 산출물이다.
② 프로그램 개발 완료 보고서는 평가 단계의 산출물이다.
③ 테스트 보고서는 운영 단계의 산출물이다.

25

요구사항 수집
고객이 원하는 요구사항을 수집하고 수집된 요구사항을 만족시키기 위해 개발해야 하는 스스템에 대해 시스템 기능 및 제약사항을 식별하고 이해히는 단계이다.

26

④ 시나리오를 통한 요구사항 수집 방법에서 동시에 수행되어야 할 다른 행위의 정보가 필수적으로 포함되어야 한다.

27

④ 환경에 대한 내용은 개발 운용 및 유지보수 환경에 관한 요구로 소프트웨어의 정확성에 대한 내용은 신뢰도에 대한 설명이다.

28

요구사항 명세서(SRS ; Software Requirements Specification)
분석된 요구사항을 소프트웨어 시스템이 수행하여야 할 모든 기능과 시스템에 관련된 구현상의 제약조건 및 개발자와 사용자 간에 합의한 성능에 대한 사항 등을 명세한 프로젝트 산출물 중 가장 중요한 문서

29

학습자 요구사항 분석 수행 절차
교수자의 교수학습 모형 분석 → 교수학습 모형에 맞는 수업모델 비교 및 분석 → 수업모델의 사용 실태 분석 → 실제 수업에 적용된 수업모델 조사 및 분석

30

② 학습에 있어서 가장 능동적인 참여자의 역할을 하는 자는 학습자이다.

31

② 학습행위를 유발하려는 체계로 교육과정에 내포된 내용을 가르치는 일은 교수 활동이다.
③ 경험을 통하여 새로운 능력, 행동, 적응능력을 획득하고 습득하게 되는 과정을 설명하기 위해서 만들어진 이론은 학습이론이다.
④ 교수학습 활동이란 교수자가 가르친 것을 학습자가 배우는 활동으로 상호의존적 특성을 가진다.

32

② 학습자원을 관리하는 모델은 Learning Design이 아니라 미국 전자학습 표준연구개발 기관인 ADL(Advanced Distributed Learning)의 SCORM(Sharable Contents Object Reference Model)이다.

33

① 사이트 기본 정보 : 중복로그인 제한, 결제방식 등을 선택할 수 있으며, 연결 도메인 추가, 실명인증 및 본인인증 서비스 제공, 원격지원 서비스 등을 관리한다.
② 디자인 관리 : 디자인 스킨 설정, 디자인 상세 설정, 스타일 시트 관리, 메인팝업 관리, 이미지 관리 등의 작업을 수행한다.
③ 매출 관리 : 매출진행 관리, 고객취소 요청, 고객취소 기록, 결재 수단별 관리 등의 작업을 수행한다.

34

데스크톱 PC에서의 콘텐츠 구동 여부의 확인 순서
1. 웹 브라우저 실행
2. 주소창에 이러닝 학습 사이트 주소 입력
3. 테스트용 ID 및 비밀번호로 로그인
4. 탑재된 동영상 콘텐츠 찾아가기 & 플레이 버튼 클릭
5. 정상 구동 여부 확인

35

③ 콘텐츠가 정상적으로 제작되었지만 사이트에서 재생되지 않거나, 사이트에 표시되지 않거나, 엑스박스 등으로 표시되는 시스템상의 오류는 이러닝 시스템 개발자에게 연락해서 문제를 해결한다.

36

① 교 · 강사가 제작한 평가문항은 학습 시작 전에 시스템상에 미리 등록해야 한다.

37

② 형성평가는 학습진행 중 각 차시 종료 후 강의에서 원하는 학습목표를 제대로 달성했는지 확인하는 평가이다.

38

② 당해 연도의 학사일정 계획은 보통 전년도 연말에 수립된다.

39

연간 학사일정은 1년간의 주요 일정으로, 강의 신청일, 연수 시작일, 강의 종료일, 강의 평가일 등이 제시된다.

40

① 수강신청 이후 승인되면 승인된 학습자 목록만 따로 확인할 수 있고, 목록에서 학습자의 이름, 이이디 등을 클릭하면 학습자 정보를 확인할 수 있다.
② 강의 환불의 경우 PG(Payment Gateway)사와 시스템상 연동되어 있을 수 있다. 이 경우 PG사의 환불 관련 데이터와 비교해야 한다.
③ 입과 안내 문구를 전달하는 매체(이메일, 문자 등)에 따라 담을 수 있는 정보가 각각 다르기 때문에 매체에 맞게 입과 안내 문구를 설정해야 한다.
④ 학습관리시스템에 교 · 강사로 지정되면 과정에 대한 현황을 모니터링할 수 있으며 과제, 평가 등에 대하여 채점할 수도 있다. 운영자로 등록되면 각종 관리자 기능을 사용할 수 있다.

41

③ 학습관리시스템(LMS)의 주요관리 대상은 학습자이다.

42

② 지식경영시스템은 개인 학습자의 학습지원 도구와 관련이 없다.

43

④ 과제 첨삭 기능은 대표적인 교수자 기능에 해당한다.

44

④ 회원관리 정보는 관련 운영자 외에 쉽게 접근 및 조회가 불가
능하도록 보안을 강화하여 시스템을 설정해야 한다.

45

② 이동식으로 사용하며, 최근 크롬북으로 많이 활용되고 있는
기기는 노트북이다.

46

② 학습창이 자동으로 닫히는 경우는 학습자의 컴퓨터 웹 브라우
저에서 팝업창 차단 옵션이 활성화되어 있거나 별도의 플러그
인 등이 학습 창과 충돌하여 발생할 수 있다. 이때는 웹 브라
우저의 속성을 변경하거나 충돌하는 것으로 추정되는 플러그
인을 삭제하는 등의 방법을 시도해볼 수 있다.
①·③·④ 학습지원시스템에 의한 문제상황일 가능성이 높다.

47

④ 동영상 강좌를 수강해야 하는 페이지의 경우 해당 페이지를
접속하기만 해도 진도가 체크되는 경우도 있지만, 해당 페이
지 속에 있는 동영상 시간만큼 학습을 해야 체크되는 경우도
있다. 즉, 학습관리시스템의 기능적인 특성에 따라서 진도체크
방법이 달라질 수 있다.

48

④ 총괄평가를 거의 마지막 기간에 몰아서 하는 경우가 많은데,
해당 일정에 트래픽이 엄청나게 몰려 시스템장애가 발생하는
경우도 있다. 따라서 과정의 특성과 일정상황에 맞춰 운영일
정을 미리 조정하고 파악할 필요가 있다.

49

③ 최근 이러닝 트렌드는 시스템과 콘텐츠의 경계가 점점 없어지
는 추세이며, 특히 모바일 환경에서 학습을 진행하는 경우가
많기 때문에 시스템과 콘텐츠의 상호작용이 서로 섞여 이루어
지는 경우가 많다.

50

④ mp4는 비디오 자료의 확장자에 해당한다.

51

③ 학습 독려 수단 중 푸시알림에 대한 설명이다.

52

① 포털사이트의 카페 등과 같은 형식의 커뮤니티와 다르게 학습
커뮤니티는 학습에 특화되어 있다. 학습자 자신이 원하는 주
제와 관련된 배움을 원하는 사람들의 모임이기 때문에 학습
커뮤니티에 오는 사람들의 목적을 달성할 수 있도록 지원해야
한다.

53

④ 회원탈퇴 및 환불에 대한 정보확인은 학습 독려 상황에 적합
하지 않다.

54

① 학습자가 자신의 학습결과를 향상시키기 위해 학습활동 전반
에 대한 관리를 의도적으로 수행하는 전략은 학습관리 전략이다.

55

② 이러닝 학습에서 교수자는 정보 · 자원 제공의 역할도 중요하지만, 관리 · 촉진의 역할이 더욱 부각된다.

56

④ 운영자의 효과적인 운영활동 중 학습자 정보 확인활동에 해당한다.

57

④ 수강신청 관리활동 수행 여부에 대한 고려사항이다.

58

① 성과보고 자료는 이러닝 운영 종료 후 과정관련 문서이다. 나머지는 모두 이러닝 운영 실시과정 관련 문서이다.

59

① 학습 촉진활동 수행 여부 점검은 학습활동 지원의 점검항목이다. 이러닝 준비활동의 점검항목은 운영환경 준비활동 수행 여부 점검, 교육과정 개설활동 수행 여부 점검, 학사일정 수립활동 수행 여부 점검, 수강신청 관리활동 수행 여부 점검이다.

60

④ 이러닝 운영 준비활동 중 학습활동 지원의 학습 촉진활동 수행 여부 점검 확인 문항이다. 이러닝 과정 평가관리에는 과정 만족도 조사활동과 학업성취도 관리활동이 있다.

61

③ 교육과정 개설 활동은 운영자 관점의 운영 활동에 해당한다. 학습자 관점의 효과적인 운영 활동은 학습환경 지원 활동, 학습 안내 활동, 학습촉진 활동, 수강오류 관리 활동이 있다.

62

③ 평가문항 개발은 평가준비 단계의 활동이다.

학업성취도 평가의 절차

단계 구분	세부 활동
평가 준비	평가계획 수립, 평가문항 개발, 문제은행 관리
평가 실시	평가 유형별 시험지 배정, 평가유형별 실시
평가 결과관리	모사관, 채점 및 첨삭 지도, 평가결과 검수, 성적 공지 및 이의신청 처리

63

평가문항의 유형별 분류

진위형	진위형, 군집형
선다형	최선다형, 정답형, 다답형, 불완전 문장형, 부정형
조합형	단순조합형, 복합조합형, 분류조합형
단답형	–
완성형	불완전 문장형, 불완전 도표형, 제한 완성형
논문형	–
기 타	순서 나열형, 정정형

64

① 진단평가에 대한 내용이다.

형성평가는 학습 및 교수가 진행되고 있는 상태에서 학생에게 피드백을 주고 수업방법을 개선하기 위해 실시하는 평가로, 학습진행 속도조절, 학습에 대한 동기부여, 학습곤란 진단 및 교정, 교육과정 및 수업방법 개선의 기능이 있다.

65

단위별 평가유형에 따른 과제 및 시험방법

단위 구분	과제 및 시험 방법
지식 단위	• 기본적인 개념과 지식 습득에 중점을 두는 단계 • 평가시험(객관식, 서술형, 주관식 등)을 시행하는 것이 적절 • 다양한 유형의 문제로 학습자의 이해도와 학습성취도를 측정

적용 단위	• 지식을 바탕으로 한 문제 해결과 실생활 활용 능력에 중점을 두는 단계 • 프로젝트나 과제를 시행하는 것이 적절 • 지식을 활용하여 문제를 해결하거나 주어진 주제에 대한 연구 · 발표 활동을 수행
분석 단위	• 복잡한 문제나 상황을 분석 · 해결하는 능력에 중점을 두는 단계 • 포트폴리오를 시행하는 것이 적절
종합 단위	• 지식과 능력을 종합하여 응용할 수 있는 능력에 중점을 두는 단계 • 프로젝트, 과제, 평가시험, 포트폴리오 등으로 학습자의 종합적인 학습성취도를 평가

66

① 모사 관리에 대한 설명으로, 일반적으로 70~80% 이상으로 모사율 기준을 적용하고 있다. 모사자료로 판단될 경우 원본과 모사자료 모두 부정행위로 간주하여 0점 처리한다.

67

④ 문항 난이도 지수는 정답의 백분율이기 때문에 난이도 지수가 높을수록 그 문항이 쉽다는 뜻이다.

68

평가문항 작성 지침
• 지필고사는 선다형, 진위형, 단답형 유형으로 출제하며, 과제 · 토론은 서술형 유형으로 출제한다.
• 지필고사는 실제 출제문항의 최소 3배수를, 과제는 4배수를 출제하여 문제은행 방식으로 저장한다.

69

④ 서술형 문제 정답의 모사 여부는 교 · 강사의 채점 이전에 모사 관리 프로그램을 통해 검색 · 조치한다.

70

② 객관식 문제의 단점에 해당한다.

평가문항의 유형별 특징

유형 구분		장점과 단점
객관식 문제	장 점	• 다양한 주제에 대한 학습자의 지식 평가가 가능하다. • 분명한 정답을 기준으로 객관적인 채점이 가능하다.
	단 점	• 문제 형식의 제약으로 다양한 측면에서의 학습자 성취 측정이 어렵다. • 정답이 아니라고 분류되는 경우 창의적 · 비판적 태도를 억압할 수 있다. • 문제 출제에 많은 시간과 노력이 소요된다.
진실 · 거짓 문제	장 점	학습자의 내용 이해도를 간단하게 측정할 수 있다.
	단 점	50%는 정답이 될 수 있으므로 다른 유형보다 타당도가 낮다.
연결하기 문제	장 점	단어와 뜻, 항목과 예시 관계에 대한 지식을 간단하게 측정할 수 있다.
	단 점	분석, 종합과 같은 높은 수준의 성취도를 측정하기 어렵다.
서술형 문제	장 점	지식을 정리 · 통합 · 해석하여 학습자의 언어로 표현하는 능력을 측정할 수 있다.
	단 점	• 문항 수가 적으므로 내용 타당도가 낮을 수 있다. • 객관적인 채점이 어렵다.

제3과목	이러닝 운영 관리

71

이러닝 운영 기획에서 요구분석은 학습자, 고객의 요구, 교육과정, 학습환경을 분석하는 것을 의미한다. 요구분석의 주요내용은 요구가 발생한 본질적인 원인을 확인하고 이를 해결하기 위한 가장 적절한 해결방안을 모색하는 데 핵심적인 역할을 한다.

72

③ 시장세분화에 대한 설명이다. 시장세분화는 STP 전략 중 하나이다.
① 4P 전략 : 4P 전략의 4P는 Product, Price, Place, Promotion을 말한다.
② 포지셔닝 : STP 전략 중 하나로 타사와의 경쟁과 차별성에서 어떤 자리매김을 할 것인지 설정하는 것을 말한다.
④ 목표시장 설정 : STP 전략 중 하나로 해당 상품의 이미지나 특징에 적합한 시장을 설정하는 것을 말한다.

73

이러닝 운영 전 단계 사업기획 요소 세부 내용
- 과정 개설 : 차수 구분, 과정 기본 정보 등록 등
- 등록 : 고용보험 신고, 지정 확인 등
- 안내 메일 발송 : 홈페이지 공지, 개별 이메일 발송 등
- 강의 내용 공지 : 오리엔테이션, 과정개요 등 관련자료 제공, 전화/이메일/SMS 공지 등
- 교 · 강사 사전교육 : 매뉴얼 제공, 활동가이드, 평가지침, 모니터링 안내 등

74

① 운영전략 수립은 이러닝 운영계획 수립 체계에서 운영에 대한 구체적인 방향과 체계적인 운영 절차를 결정하는 활동이기 때문에 매우 중요한 요소이다. 운영전략 수립을 통해 해당 과정 운영의 특성을 살리고 학습자의 만족을 향상시킬 수 있는 방법들이 모색될 수 있다.

75

② 자기주도학습은 학습자 스스로 학습참여 여부부터 목표 설정, 프로그램의 선정, 학습평가에 이르기까지 학습의 전 과정을 자발적으로 선택하고 결정하여 수행하는 학습형태를 말한다. 이러닝은 인터넷을 기반으로 스스로 학습하는 자기주도적 학습환경이므로 이러한 학습을 진행하고 관리할 수 있는 지원이 운영과정에 중요한 역할을 한다.

76

④ 교육과정 중 관리에는 학사일정, 시스템상에서 관리되어야 하는 공지사항, 게시판, 토론, 과제물 등이 포함된다.
① · ② 교육과정 전 관리, ③ 교육과정 후 관리에 해당한다.

77

① 이러닝 과정 운영자는 이러닝 학습과정을 총괄 · 관리하는 인력으로 학습자의 학사관리, 학습 시작 전 · 중 · 후 프로세스에 따른 운영을 담당하는 역할을 한다.
② · ③ 이러닝 교사 · 강사는 기본적으로 학습자의 학습 질의응답, 평가문제 출제 및 채점, 과제 출제 및 첨삭지도, 학습활동(주차별 진도학습, 시험, 과제)의 내용관리, 지속적인 과정 내용분석, 학습자 수준별 학습자료 제작 및 제공 등의 역할을 한다.

78

② 학습관리시스템(LMS)은 온라인을 통하여 학습자들의 성적, 진도, 출결사항 등 학사 전반에 걸친 사항을 통합적으로 관리해 주는 시스템으로 주요메뉴로는 사이트 기본정보, 디자인 관리, 교육 관리, 게시판 관리, 매출 관리, 회원 관리 등이 있다.

79

④ 체계적 운영관리 지원의 세부활동 예시에 해당한다.

더알아보기

맞춤 서비스 지원의 세부활동 예시
- ASP 운영 요청서 작성 및 분석
- 고객사 및 개별학습자 요구조사 · 분석
- ASP별 맞춤형 홈페이지 구성
- 교육대상의 역량체계에 따른 진단 서비스
- 기업담당자의 관리기능 강화 및 운영매뉴얼 제공
- 기업담당자에 대한 전담 관리자 배정
- 교육결과 보고 및 피드백 제공

80

과정 운영결과를 분석하는 활동에 포함되는 영역에는 학습자의 운영 만족도 분석, 운영인력의 운영활동 및 의견분석, 운영 실적 자료 및 교육효과 분석, 학습자활동 분석, 온라인 교 · 강사의 운영활동 분석 등이 있다.

81

④ 학습위생 평가 영역에는 피로(교육기간, 교육일정 편성, 학습시간 적절성, 교육흥미도, 심리적 안정성)가 있다.
① 전문지식은 교 · 강사 평가 영역이다.
② 학습동기 및 준비는 학습자 평가 영역이다.
③ 교육분위기는 학습환경 요인 평가 영역이다.

82

③ 이러닝 콘텐츠는 일반 오프라인 학습의 '수업(Instruction)'에 해당하는 것으로서 이러닝의 핵심 요소이며, 어떠한 콘텐츠가 제공되느냐에 따라 이러닝의 질을 좌우할 수 있으므로 이러닝 콘텐츠의 질은 매우 중요하다.

83

학업성취도 평가의 평가 영역

평가 영역	세부 내용	평가 도구	평가 결과
지식 영역	사실, 개념, 절차원리 등에 대한 이해 정도	지필고사, 문답법, 과제, 프로젝트 등	정량적 평가
기능 영역	업무 수행, 현장적용 등에 대한 신체적 능력 정도	수행평가, 실기시험 등	정량적 평가, 정성적 평가
태도 영역	문제해결, 대인관계 등에 대한 정서적 감정이나 반응 정도	지필고사, 역할놀이 등	정성적 평가

84

① 1단계 반응(Recation)의 평가방법 : 설문지, 인터뷰 등
③ 3단계 행동(Behavior)의 평가방법 : 통제/연수 집단 비교, 설문지, 인터뷰 실행계획, 관찰 등
④ 4단계 결과(Result)의 평가방법 : 통제/연수 집단 비교, 사전/사후 검사비교, 비용/효과 고려

85

① 학업성취도 평가 문항은 지필평가의 경우 선다형, 진위형, 단답형 등의 유형으로 출제하고 과제, 토론과 같은 경우 서술형의 유형으로 출제한다.
② 평가문항은 지필고사의 경우 실제 출제 문항의 최소 3배수를 출제하고, 과제의 경우 5배수를 출제한다.
③ 평가문항수는 평가계획 수립 시 3~5배 내에서 출제하도록 선정하고 평가 기준에 대한 비율(100점 중 60% 이하 과락 적용 등)도 선정한다.

86

학업성취도 평가를 위한 평가 내용은 학습목표 달성 여부를 판단하기 위한 내용이므로 지식, 기술, 태도 영역으로 구분된다.

87

① 이러닝 과정 평가는 이러닝 교육훈련의 전반적인 과정 운영 전체 프로세스에 대한 양적인 평가와 질적인 평가를 의미한다. 양적 평가는 통계적으로 수량화 가능한 자료나 증거를 사용하여 평가 대상을 분석하는 방법으로 평가자의 주관적인 판단을 배제한 평가기준으로 분석적이고 계량적으로 평가하는 것을 말하고, 질적 평가는 주관적인 판단이나 의견으로 표현되는 평가방법으로 수량화하기 어려운 평가에 사용된다.

88

④ 과제수행은 해당 과정에서 습득한 지식이나 정보를 서술형으로 작성하게 하는 도구이다. 주로 문장 작성, 수식 계산, 도표 작성하는 내용, 이미지 구성 등이 해당되며 워드, 엑셀, 파워포인트, 통계분석 등과 같은 응용 프로그램을 활용하여 수행하게 된다.

89

① 과정만족도 평가는 교육훈련의 효과 또는 개별학습자의 학업성취 수준을 평가하는 것이라기보다 교육훈련 과정의 구성, 운영상의 특징, 문제점 및 개선사항 등을 파악하고 수정 보완하여 교육 운영의 질적 향상을 모두하기 위한 것이다.

90

② 과정 운영결과 보고서는 과정 개설 시 선택한 정보에 따라 기본적인 구성요소는 자동으로 작성된다.

91

① 학습평가 요소의 적합성은 만족도 검사결과, 평가내용 적합성, 평가방법 적합성 등을 확인한다.
② 게시판 자료와 만족도 검사결과, 학습콘텐츠 사용의 용이성 등을 확인한다.
③ 평가결과(학업성취도), 운영준비 과정에서 학습콘텐츠 오류 적합성 등을 확인한다.
④ 학습만족도에 대한 결과 중 학습콘텐츠의 교수설계 요소에 대한 학습자들의 반응을 확인한다.

92

① 일반적으로 학습콘텐츠 내용 자체의 적합성은 학습콘텐츠를 개발하는 과정에서 이루어지며 개발된 이후에도 개발된 이후의 학습콘텐츠 내용의 적합성도 관리된다.
② 학습콘텐츠 내용 자체의 적합성은 학습콘텐츠를 개발하는 과정에서 내용전문가와 콘텐츠개발자의 질 관리 절차를 통해 다루어진다.
③ 콘텐츠내용 적합성은 이러닝 학습을 운영하는 과정에서 활용된 학습콘텐츠의 내용에 대한 적합성을 의미한다.
④ 교사연수를 위한 학점인정에 활용되는 원격교육콘텐츠의 경우, 한국교육학술정보원(KERIS)으로부터 품질인증을 받는 과정에서 학습내용에 대한 적합성 평가가 이루어진다.

93

과정만족도 조사결과 평가는 교 · 강사 활동을 평가기준에 평가하기 위한 것으로 학습과정에 참여하여 경험을 한 실제 학습자들의 반응을 통해 교 · 강사의 활동에 대한 평가를 수행한다는 의미가 있어 학습만족도 평가에 대한 결과를 근거로 반영하는 것은 매우 중요하다.
교 · 강사 활동 평가 기준 수립 시 방안
· 운영기관의 특성 확인
· 운영기획서의 과정 운영목표 확인
· 교 · 강사 활동에 대한 평가기준 작성
· 작성된 교 · 강사 활동평가 기준의 검토

94

① 교 · 강사는 이러닝 학습과정 운영 중에 학습자가 제기한 학습내용에 관한 질문에 대해 24시간 이내에 신속하고 정확하게 답변을 하는 것이 이상적이며, 아무리 늦어도 48시간 이내에 제공되어야 한다.

95

② C등급은 교육훈련을 통해서 양질의 교 · 강사로서의 역할을 수행하도록 지원하는 것이 바람직하다. 다음 과정의 운영 시에 배제해야 할 대상이 되는 등급은 D등급에 해당한다.
① 교 · 강사의 A등급은 양질의 우수, B등급은 보통, C등급은 활동이 미흡하거나 다소 부족, D등급은 활동이 불량한 교 · 강사를 의미한다.
③ 교 · 강사들의 활동 결과를 등급화하여 구분하여 우수한 교 · 강사에 대해서는 인센티브를 부여하고 활동이 저조한 교 · 강사에 대해서는 향후 과정을 운영할 때 불이익을 주거나 과정 운영에서 배제하는 식의 관리가 가능하다.

④ 일반적으로 교 · 강사 활동에 대한 평가결과 등급 구분은 학습자들의 만족도 평가와 학습관리시스템(LMS)에 저장된 활동내역에 대한 정보를 활용한다.

96

② 고객 활동 기능지원을 위한 시스템 운영결과는 운영 실시과정을 지원하는 시스템 운영결과의 구성요인에 해당한다.

97

① · ② 운영 준비과정을 지원하는 시스템 운영결과에 해당한다.
③ 운영 완료 후의 시스템 운영결과에 해당한다.

98

㉠ 학사일정 수립 과정을 평가하는 질문, ㉢ 교육과정 개설 과정을 평가하는 질문이다.

99

④ 교 · 강사 불편사항 취합자료는 이러닝 운영 진행과정 관련자료에 해당한다.

100

① 이러닝 과정 운영에 대한 제반자료와 결과물은 운영기관의 학습운영시스템(LMS)에 모두 저장되어 관리된다.
③ 이러닝 과정 운영 최종 평가보고서는 시스템 운영결과에 대한 내용을 포함한다.
④ 이러닝 과정 운영 최종 평가보고서는 운영과정과 결과를 기반으로 최종적으로 성과를 산출하고 개선사항을 도출하여 향후 운영과정에 반영하기 위한 목적으로 작성된다.

제3회 모의고사 | 정답 및 해설

01	02	03	04	05	06	07	08	09	10	11	12	13	14	15
②	④	③	③	④	①	①	②	③	①	④	④	③	①	①
16	17	18	19	20	21	22	23	24	25	26	27	28	29	30
②	①	④	①	④	②	③	③	③	④	③	③	①	②	④
31	32	33	34	35	36	37	38	39	40	41	42	43	44	45
④	④	①	④	②	④	②	③	②	④	④	②	①	①	④
46	47	48	49	50	51	52	53	54	55	56	57	58	59	60
②	③	③	②	④	③	③	①	③	④	③	④	①	①	③
61	62	63	64	65	66	67	68	69	70	71	72	73	74	75
②	③	①	③	③	④	③	③	④	③	①	①	②	③	②
76	77	78	79	80	81	82	83	84	85	86	87	88	89	90
③	④	③	②	②	④	④	②	③	①	③	③	④	②	④
91	92	93	94	95	96	97	98	99	100					
②	③	④	④	③	④	①	②	③	④					

제1과목   이러닝 운영계획 수립

01

② 이러닝 특화 디지털 콘텐츠 보급 · 확산을 위한 정부 정책 중 하나이다.

더알아보기

이러닝 산업의 정의
'전자적 수단, 정보통신 및 전파 · 방송기술을 활용하여 이루어지는 학습'을 위한 콘텐츠, 솔루션, 서비스, 하드웨어를 개발, 제작 및 유통하는 사업을 의미한다.

02

④ 맞춤형 : 지능형 에듀테크 기술을 활용하여 교사 · 학습자에게 맞는 학습기회를 제공하기 위한 것으로, AI 기술 등에 기반하여 개인별 학습 성향 · 역량에 맞는 정보 · 가이드 제공 및 챗봇 기반의 지능형 튜터링 서비스 고도화에 해당한다.
　예 개인화 학습을 위한 AI 추천 서비스, AI 튜터 서비스

03

③ 웨어러블(Wearable)은 정보통신(IT) 기기를 사용자 손목, 팔, 머리 등 몸에 지니고 다닐 수 있는 기기로 만드는 기술을 말하며, 이러한 기술로 이러닝 솔루션 기능을 향상시킬 수 있다.

실감형 가상훈련 기술

실감형 기술	사 례
가상현실(VR) 기반의 직무체험 · 실습	• 가상환경 기반 용접훈련, 항만 크레인 조작 훈련 • 가상운항 기반 승무원 트레이닝 서비스
증강현실(AR) 기반의 현장운영을 통한 업무 효율 제고	• 반도체 공정장비 모니터링 훈련 서비스 • 문서 가시화 기능을 활용 제조 설비 운영 대응
메타버스 (Metaverse) 기반의 협업형 근무 · 제조훈련	• 차량품질 평가를 위한 원격전문가(아바타) 간의 협업형 제조훈련 서비스 • 원격근무 협업 서비스 시스템 개발

04

③ STEP 콘텐츠 마켓 : 산재되어 있는 다양한 훈련제공 주체의 콘텐츠를 한 곳에서 검색 · 이용을 가능하게 하는 콘텐츠 오픈 마켓을 말한다.
① 일자리매칭 : 이러닝 산업인력과 수요 기업 간에 OJT(신입직원 대상 직장 내 교육훈련 및 지도교육) 인턴십을 제공하는 산업인력 유인 활성화 방안을 말한다.
② 평생교육 플랫폼 : 학습자가 평생교육 콘텐츠를 맞춤형으로 제공받고 학습이력을 통합 관리할 수 있는 '온국민평생배움터'를 말한다.
④ K-에듀 통합 플랫폼 : 사용자에게 다양한 교수 · 학습서비스 및 맞춤형학습환경을 제공하는 미래형 교수학습지원 플랫폼을 말한다.

05

④ 교육 흥미 향상을 위한 게이미피케이션은 메타버스 활용의 장점에 해당한다.

SaaS LMS의 장점

최적화된 소프트웨어	클라우드 기반 LMS는 대규모 학습 및 교육 프로그램을 제공 관리 및 보고하는 데 최적화
중앙 집중식 데이터 스토리지	모든 데이터가 한 곳의 서버에서 안전하게 유지될 수 있으며 클라우드를 통해 데이터 호스팅 가능
확장성	하드웨어나 소프트웨어를 설치할 필요가 없으므로 편리, 이용자가 증가 혹은 감소에 맞춰 수용 용량 적용 가능
예측 가능한 가격 책정	대부분 이용자 수를 기반으로 가격을 책정하기 때문에 예산 활용 예측이 가능
빠른 수정 및 적용	이미 짜여 있는 구조 안에서 필요한 내용만 입력해 활용할 수 있으며 수정이 필요한 경우에도 빠르게 적용 가능
유연성과 편의성	클라우드 상에서 운영되기 때문에 전 세계 어디서든 인터넷만 있다면 이용 가능
신속한 유지보수	고객 서버 및 플랫폼을 유지 · 관리하는 전담팀이 있어 고객이 수리에 직접 대응하지 않아도 되며 빠른 유지보수 작업 가능
타사 소프트웨어와의 원활한 통합	API나 Zapier 같은 도구를 사용하여 타사 시스템과 쉽게 통합할 수 있어 웨비나 도구나 HRM 시스템에 쉽게 접근 가능

06

① 아바타(avatar)를 활용한다. HMD를 활용하는 것은 가상현실(VR) 기술이다.

메타버스(Metaverse)
• 개념 : 아바타(avatar)를 통해 실제 현실과 같은 사회, 경제, 교육, 문화, 과학기술 활동을 할 수 있는 3차원 공간 플랫폼
• 교육업계에서 메타버스 활용 장점 : AR/VR을 통한 재설계된 학습 공간, 인공지능 활용 교육지원, 개인화된 학습 기회, 교육 흥미향상을 위한 게이미피케이션(게임적 사고 · 과정 적용) 등

07

① 수업일수는 출석 수업을 포함하여 15주 이상 지속되어야 한다. 단, 고등교육법 시행령 제53조 제6항에 의한 시간제등록제의 경우에는 8주 이상 지속되어야 한다(원격교육에 대한 학점인정 기준 제4조 제1항).

> **더알아보기**
>
> 학점은행제 원격교육기관
> 평생교육진흥원 학점은행 관련 부서에서 인증한 학점은행제 원격교육기관은 이러닝을 활용한 원격교육을 실시할 수 있고 학점인정 대상인 평가인정 학습과목을 개설할 수 있다.

08

네트워크[원격훈련시설의 장비요건(직업능력개발훈련시설의 인력, 시설장비 요건 등에 관한 규정 별표 1)]

자체 훈련	ISP업체를 통한 서비스 제공 등 안정성 있는 서비스 방법을 확보하여야 하며, 인터넷 전용선 100M 이상을 갖출 것
위탁 훈련	• ISP업체를 통한 서비스 제공 등 안정성 있는 서비스 방법을 확보하여야 하며, 인터넷 전용선 100M 이상을 갖출 것(단, 스트리밍 서비스를 하는 경우 최소 50인 이상의 동시 사용자를 지원할 수 있을 것) • 자체 DNS 등록 및 환경을 구축하고 있을 것 • 여러 종류의 교육 훈련용 콘텐츠 제공을 위한 프로토콜의 지원 가능할 것

09

③ 실행 단계의 산출물에는 고용보험신고자료, 개발완료보고서, 납품확인서가 있다. 검수확인서는 개발 단계의 산출물이다.

10

④ 스트리밍 방식은 온라인상에서 실시간으로 방송을 제공하는 방식을 말한다.

①·②·③ 이러닝 콘텐츠 개발자원 중 인지적 요소의 개발방식에는 튜토리얼 방식(Tutorial), 사례기반 방식(CBL, Case Based Learning), 스토리기반 방식(Storytelling), 목표 지향 방식(GBL, Goal Based Learning) 등이 있다.

11

④ 미디어 플레이어는 소프트웨어에 속하는 항목이다.

> **더알아보기**
>
> 권장 PC(Personal Computer) 사양

구 분	항 목	권장사항
하드웨어 환경	CPU	1GHz 이상
	메모리	1GB RAM 이상
	통신회선	ADSL,전용선(LAN), 광랜, 무선랜
	멀티미디어 장비	헤드셋 또는 스피커, 마이크
소프트웨어 환경	운영체계	Windows 7 이상 권장
	브라우저	Chrome, Safari, FireFox 및 Internet Explorer 9.0 이하에서는 정상적인 수강이 어려울 수 있음
	미디어 플레이어	Windows Media Player 10 이상
	해상도	1280 * 768 이상

12

④ 개인교수형 : 모듈 형태의 구조화된 체계에서, 교수자가 개별적으로 학습자를 가르치는 것처럼 컴퓨터가 학습 내용을 설명·안내·피드백하는 유형이다.

① 반복연습형 : 학습의 숙달을 위해 학습자들에게 특정 주제에 관한 연습 및 문제 풀이의 기회를 반복적으로 제공하는 유형이다.

② 사례기반형 : 학습주제와 관련된 특정 사례에 기초한 다양한 관련 요소들을 파악하고 필요한 정보를 검색 수집하며 문제해결 활동을 수행하는 유형이다.

③ 문제해결형 : 주어진 문제를 인식하고 가설을 설정한 뒤, 관련 자료를 탐색·수집·가설 검증을 통해 해결안이나 결론을 내리는 형태로 진행되는 학습 유형이다.

13

③ 혼합형 : 동영상과 텍스트 또는 하이퍼텍스트를 혼합한 콘텐츠 유형이다.

① WBI형 : 웹 기반 학습에서 보편적으로 많이 사용되는 방식으로 주로 하이퍼텍스트를 기반으로 링크와 노드를 통해 선형적인 진행보다는 다차원적인 진행을 구현하는 방식이다.

② 텍스트 : 한글문서, 워드문서, PDF, 전자책 등과 같은 글자 위주의 개발 방식이다.
④ VOD형 : 교수자 + 교안 합성을 이용하여 동영상을 기반으로 하는 방식이다.

14

① 아파치(Apache) : 가장 대중적인 웹 서버로 무료이며 많은 사람들이 사용한다. 아파치의 가장 좋은 장점은 오픈소스로 개방되어 있다는 점이다.
② 엔진엑스(Nginx) : 더 적은 자원으로 더 빠르게 데이터를 서비스할 수 있는 웹 서버이다.
③ 아이플래닛(Iplanet) : 라이선스 버전의 경우 아파치나 IIS에 비해 기능이 뛰어나며 대형 사이트에서 주로 사용한다.
④ 인터넷정보서버(IIS ; Internet Information Server) : 검색엔진, 스트리밍 오디오, 비디오 기능이 포함되어 있다.

15

① 콘텐츠 개발의 분석 및 개발 단계는 학습자의 요구사항 분석, 대상자 분석, 프로젝트의 기획 등을 담당한다. 이 단계에는 PM, SCORMIT, 전문가교수, 설계자 등의 인력이 참여하는데 PM은 프로젝트 기획, 예산 및 인력 배정의 역할을 수행한다.
② SCORM(콘텐츠개발표준모델) : SCORM 적용 범위를 결정하는 역할을 한다. SCORM의 준용사항에는 메타데이터 적용 정도(필수/선택범위), 학습정보관리(DataModel) 정도, Packaging 정도(LMS/웹 서비스)가 있다.
③ IT전문가 : 서비스환경 및 시스템환경 적용기술을 결정한다.
④ 교수설계자 : 학습대상자 분석 및 콘텐츠 유형을 결정한다.

16

② CD & 과정개요서는 결과물의 추진 내용이다.
①·③·④ 분석, 설계 단계의 추진 내용에는 요구분석 정리, 설계전략 및 Idea 검토, 원고 집필 및 검토, 스토리보드 작성 및 검토, 프로토타입 개발 등이 있다.

17

소프트웨어 요구사항 항목으로는 운영체제(OS), 데이터 관리 시스템(DBMS), WEB 서버 소프트웨어, WAS 서버 소프트웨어, 네트워크 관련 소프트웨어, 보안 관련 소프트웨어, 저작도구 관련 소프트웨어, 리포팅툴 관련 소프트웨어 등이 있다.

더알아보기

하드웨어 요구사항
• 서버 : 웹서버, DB 서버, 스트리밍(Streaming) 서버, 저장용(Storage) 서버 등
• 네트워크 장비 : 이러닝 서비스를 진행하기 위해 필요한 스위치, 라우터 등
• 보안 관련 장비 : 이러닝 서비스의 보안을 위한 방화벽 등

18

④ 학습자별 이러닝 학습결과 확인은 이러닝 시스템의 관리자 모드의 주요 기능이다.

19

① 아파치(Apache) 웹 서버에 대한 설명이다.

20

학습시스템 개발은 '분석 → 설계 → 개발 → 실행 → 평가' 단계로 진행된다.

21

② 증강현실 학습 기술은 물리적인 현실공간에 컴퓨터 그래픽스 기술로 만들어진 가상의 객체나 소리, 동영상과 같은 멀티미디어 요소를 증강하고, 학습자와 가상의 요소들이 상호작용하여 학습자에게 부가적인 정보뿐 아니라 실재감 및 몰입감을 제공하여 학습 효과를 높이기 위한 기술을 말한다.

22

① JTC1/SC36은 국제표준화기구(ISO)와 국제전기기술위원회(IEC)의 공동기술위원회 산하 분과위원회로, 학습, 교육, 훈련을 위한 정보기술 분야의 용어, 교육정보 메타데이터, 품질인증, 접근성, 상호운용성 기술 등에 대한 국제표준을 개발한다.
② Learning Design(학습설계)은 학습목표를 달성하기 위한 학습활동과 이에 필요한 자원, 기능, 순서를 서술하는 기술 및 방법을 말하며 다양한 교수설계들을 지원하기 위한 표준규격으로 특정 교수방법에 한정하지 않고 혁신을 지원하는 프레임워크 개발을 목적으로 개발된 표준이다.
④ LTI(Learning Tool Interoperability)는 학습도구와 이러닝 시스템 간의 API 규격을 정의하는 개발 표준을 말하며 이를 통해 타 이러닝 시스템을 학습도구로 연계시킬 수 있다.

23

Experience API는 학습관련 데이터 표준인 SCORM으로부터 출발하여 더욱 간단하고 유연하게 사용될 수 있도록 최소한의 일관된 어휘를 통해 데이터를 생산하고 전송할 수 있도록 한 표준이다. Caliper Analytics와 IMS Common Cartridge도 Experience API와 마찬가지로 학습 활동 정보를 수집하기 위한 대표적인 표준이라 할 수 있지만 SCORM에서 출발하지는 않았다. HTML5는 차세대 웹 표준으로 확정(2014년 10월 28일)되었으며, 기존 텍스트와 하이퍼링크만 표시하던 HTML이 멀티미디어 등 다양한 애플리케이션까지 표현 · 제공하도록 진화한 '웹 프로그래밍 언어'이다. 예를 들어, 오디오 · 비디오 · 그래픽 처리, 위치정보 제공 등 다양한 기능을 제공함으로써, 웹 자체에서 처리할 수 있는 기능이 대폭 향상되었습니다. EDUPUB은 교육용 전자책표현 기술이다.

24

장애등급의 측정절차는 '장애의 식별 →영향도의 측정 → 긴급도의 측정 → 장애복구의 우선순위 결정' 순서로 진행된다.

25

인터뷰를 통한 요구사항 수집방법에서 획득 가능한 정보
- 개발된 제품이 사용될 조직 안에서의 작업 수행과정에 대한 정보
- 사용자에 대한 정보

26

비기능적 요구사항
- 개발계획
- 개발비용
- 신뢰도
- 운용제약
- 기밀보안성
- 성능 및 환경
- 트레이드오프

27

구조적 분석
- 시스템 기능 위주의 분석
- 프로세스를 도출하여 프로세스 간의 데이터 흐름 정의

28

교수자 특성 분석

교수자의 일반적 특성	• 교수자 정보 • 교수 선호도 조사 • 교수자의 강의경력 및 이력
교수자의 이러닝에 대한 상황 분석	• 교수자의 이러닝 체제 도입요구 정도 • 이러닝 희망이유 • 이러닝 주요요소
교수자의 교육 역량	• 학습자 중심의 소통과 통제능력 • 다양한 멀티미디어 콘텐츠제작 및 활용능력 • 토의 및 과제 피드백의 효과성 • 답변의 즉시성

29

교수자 요구사항 분석 수행 절차
교수학습 방법에 대한 주요 개념과 정의 분석 → 지원하고자 하는 교수학습 모형의 종류 파악 → 실제 교수학습 방법의 사용 실태 조사 → 주요 교수학습 방법을 선정하여 비교 및 분석 → 선정된 교수학습 방법이 실제수업에 적용될 가능성이 있는지 조사

30

④ 교육을 효과적으로 실시하기 위한 가장 중요한 요인은 교수자로, 에이전트는 교수활동과 학습활동을 지원하는 역할을 한다.

31

④ 교수이론은 학습자의 수행 개선을 위한 예방적 측면보다는 학습자에게 가장 적합한 교수설계나 방법 등을 처방하는 측면이 강하다.

32

Learning Design 단계

A단계	기본적인 학습설계를 지원하기 위한 기본용어로 구성
B단계	A단계에 속성과 조건을 추가
	학습자의 학습이력에 기초한 개인화 제공 및 시퀀싱과 상호작용 가능
C단계	B단계에 통지가 추가됨으로써 특정 이벤트를 기반으로 학습지원

33

① 이러닝 과정 운영자는 학습자의 학습이 이루어지기 전에 테스트용 ID로 사이트에 로그인하여 사이트에 오류가 없는지 점검해야 한다.
② 이러닝 과정 운영자는 사전에 학습 사이트를 점검하여 학습자가 강의를 이수하는 데 불편함이 없도록 해야 한다.
③ 문제가 될 소지를 미리 발견하면 시스템 관리자에게 문제를 알리고 해결방안을 마련하도록 한 뒤 팝업 메시지, FAQ 등을 통해 학습자가 강의를 정상적으로 이수할 수 있도록 도와야 한다.
④ 콘텐츠 제작 시 미디어 플레이어의 버전이 학습자의 미디어 플레이어 버전보다 높으면 학습자의 인터넷 환경에서 동영상이 재생되지 않는다.

34

학습관리시스템(LMS)의 사이트 기본정보 메뉴를 통하여 중복로그인 제한, 결제방식 등을 선택할 수 있으며 연결도메인 추가, 실명인증 및 본인인증 서비스, 원격지원 서비스 등을 관리할 수 있다.

35

이러닝 콘텐츠 점검 시 이러닝 콘텐츠의 제작목적과 학습목표가 부합되는지, 학습목표에 맞는 내용으로 콘텐츠가 구성되는지, 학습자의 수준과 과정의 성격에 맞는지 등은 교육내용 점검 항목에 해당한다.

36

학습관리시스템(LMS)에 평가문항을 등록할 때 시험명, 시간체크 여부, 응시가능 횟수, 정답해설 사용 여부, 응시대상 안내 등의 정보를 입력한다. 수료 평균점수는 교육과정 개설하기 단계에서 지정하는 정보이다.

37

② 강의나 과정 운영의 만족도, 시스템이나 콘텐츠의 만족도를 묻는 설문 조사는 일반적으로 학습자들이 필수적으로 하는 평가나 성적 확인 전에 먼저 실시하도록 한다.

38

개별 학사일정은 '관리자 ID로 로그인 → 교육관리 메뉴 클릭 → 과정 제작 및 계획 메뉴에서 작업 시행 → 학사일정 수립' 과정으로 진행된다. 학사일정이 수립된 이후에는 협업부서, 교·강사, 학습자 등에게 일정을 공지한다.

39

② 협업부서에 수립된 학사일정을 공지할 때에는 조직에서 사용하는 통신망(사내 전화, 인트라넷, 메신저 등)을 활용하거나, 공문서를 통해 내부 결재하는 방법 등을 활용할 수 있다.

40

수강 취소 후 재등록은 학습관리시스템(LMS)에 운영자 계정으로 로그인한 뒤 '교육 관리' 메뉴의 '수강 관리 – 수강 취소 현황' 내에서 처리할 수 있다.

제2과목	이러닝 활동 지원

41

④ 수업 등 직접적인 학습관리가 이용되는 것은 학습관리시스템(LMS)에 해당한다.

42

② 메뉴 관리 기능은 운영자 지원시스템의 주요 기능이다.

43

① 첨부파일 용량 제한 수정은 시스템을 운영·관리하는 관리자에게 필요한 기능이다.

44

① 학습자가 원활히 학습활동을 하는 데 도움이 되도록 운영지원 도구가 구축되었는지 분석하는 단계이다.

45

④ 스마트폰은 최근 사용률이 높아지면서 학습자가 부담 없이 학습활동에 접속하는 데 도움을 준다.

46

② 과목별 강사명은 로그인 전 확인이 가능하다.
① · ③ · ④ 로그인 후 마이페이지 등을 통해 확인할 수 있다.

47

③ 학습이 꼭 교 · 강사의 강의 내용이나 콘텐츠 내용으로 이루어지는 것이 아니라 동료학습자와의 의사소통 사이에서도 일어날 수 있다는 사실이 최근에는 중요하게 부각되면서 학습 상황에 소셜미디어와 같은 방식을 도입하여 학습자-학습자 상호작용을 강화시키려는 노력이 진행되고 있다.
① · ④ 학습자-교 · 강사 상호작용에 해당한다.
② 학습자-시스템 · 콘텐츠 상호작용에 해당한다.

48

③ 문서를 PDF 형식으로 올릴 경우 컴퓨터뿐만 아니라 모바일에서도 어려움 없이 확인할 수 있다.

49

② 학습 독려 수단 중 문자에 대한 설명이다.

문자 (SMS)	· 이러닝에서 전통적으로 많이 사용하고 있는 독려 수단이다. · 회원가입 후나 수강신청 완료 후에 문자로 알림을 하는 경우도 있고, 진도율이 미미한 경우 문자로 독려하는 경우도 있다. · 단문으로 보내는 경우 메시지를 압축해서 작성해야 하고, 장문으로 보내는 경우에는 조금 더 다양한 정보를 담을 수 있다. · 최근에는 장문에 접속할 수 있는 링크 정보를 함께 전송해서 스마트폰에서 웹으로 바로 연결하여 세부 내용을 확인할 수 있도록 하는 경우도 있다. · 대량 문자 혹은 자동화된 문자를 전송하기 위해서는 건당 과금된 요금을 부담해야 한다.

50

① · ② 회원가입 및 정보 문의사항에 해당한다.
③ 수강신청 관련 문의사항에 해당한다.

51

③ 채팅을 활용한 질문 대응에도 운영매뉴얼에 따른 사례별 대응이 필요하다.

52

③ 제시된 설명은 Keller의 ARCS 4요소 중 자신감(Confidence)과 관련된 학습동기 전략이다.

53

① 자기주도 학습전략에 대한 설명이다.

54

③ 학습에 필요한 온라인 커뮤니티 활동은 적극 지원한다.

55

④ 학습에 필요한 기기의 할인이벤트를 학습자에게 안내하는 것은 학습활동에 대한 안내로 볼 수 없다.

56

③ 단위 운영과목에 관한 세부내용을 담고 있는 문서는 학습과목별 강의계획서로, 이러닝 운영 준비과정 관련 문서이다.

57

④ 학업성취도 평가에 대한 설명이다.

58

② 학습자 정보 확인활동 수행 여부에 대한 고려사항이다.
③ · ④ 운영환경 준비활동 수행 여부에 대한 고려사항이다.

59

① 학습환경 지원활동 수행 여부에 대한 고려사항이다.

60

③ 학습자의 효과적인 운영활동에 해당하는 활동이다.
① · ② · ④ 운영자의 효과적인 운영활동에 해당하는 활동이다.

61

② 도출된 개선사항은 관리자가 아니라 실무 담당자에게 정확하게 전달해야 한다.

62

③ 포트폴리오 평가가 아니라 정량적 평가에 대한 설명이다. 포트폴리오 평가는 학습자가 수업에서 학습한 내용을 정리하여 제출하고 이를 평가하는 방식으로, 평가대상이 다양하며, 평가대상의 전반적인 학습성취도를 파악할 수 있다.

63

① 진단평가는 학습자의 학습과제에 대한 사전 습득 수준을 평가하며, 학습 실패의 원인이 되는 여러 가지 학습장애 요인을 밝힌다.

64

④ 문제해결 시나리오는 태도 영역의 평가도구에 해당한다.

65

이러닝 각 단위별 평가의 활용성은 학습자의 학습성취도 파악, 교육과정 개선, 학습자의 학습동기부여, 단위별 평가의 난이도 파악, 콘텐츠 개발에 대한 피드백이다.
③ 학습자의 학습 동기부여에 대한 내용이고, ① · ② · ④ 단위별 평가의 난이도 파악에 대한 설명이다.

66

④ 포트폴리오는 과정 내에서 수행한 과제와 프로젝트를 종합하여 작성하는 것으로, 과정의 끝에 시행하는 것이 좋다. 토론은 과정 내에서 수시로 시행하는 것이 좋으며, 평가시험과 프로젝트는 과정의 중간 또는 끝에서 시행하는 것이 좋다.

67

성취도 요소별 측정 평가도구

성취도 요소	평가도구
지 식	객관식, 주관식, 단답형, 서술형 문제 등
이해도	개념 맵, 요약문, 비교 분석, 설명 등
응용력	사례 연구, 문제 해결, 프로젝트 수행 등
분석력	구조화된 문제, 사례 연구, 실험, 문제 해결 등
종합력	포트폴리오, 프로젝트, 시험 등

68

③ 공정한 평가를 위해서 동일 기관 · 시점의 학습자에게는 서로 다른 유형의 시험지가 자동으로 배포되도록 관리해야 한다.

69

④ 서술형 문항의 작성 지침에 대한 설명으로, 서술형 문항은 '열거하라', '기술하라' 같은 종합적인 지식을 측정하는 문항을 개발한다.
① · ② · ③ 완성형 문항의 작성 지침에 대한 내용이다.

70

③ 문항 변별도에 대한 설명이다. 문항 변별도는 총점을 기준으로 상위능력집단과 하위능력집단 간의 정답률의 차이로 산출한다.

제3과목	이러닝 운영 관리

71

① 콜브(Kolb)는 학습스타일을 정보 처리 방식에 따라 능동적인 실험과 반성적인 관찰로 구분하였고 정보 인식 방식에 따라 구체적인 경험과 추상적인 개념화로 구분하였다.

72

② 시장세분화에 대한 설명이다.
③ SWOT분석에 대한 설명이다.
④ 4P 전략 중 Product에 대한 설명이다.

73

ⓒ 홈페이지 공지 등 안내 메일 발송은 이러닝 운영 전 단계의 사업기획 요소이다.
ⓔ 학습참여도 등 평가관리는 이러닝 운영 후 단계의 사업기획 요소이다.

74

이러닝 운영계획 수립의 주요활동은 이러닝 기획 및 요구분석을 반영한 운영전략 수립, 이러닝 운영에 대한 일정계획 수립, 이러닝 과정안내를 위한 홍보계획 수립, 이러닝 운영의 질적 제고를 위한 평가계획 수립이 있다.

75

② 운영 중 단계는 과정 운영을 위해 공지사항을 등록하고 진도관리를 실시하며 헬프데스크를 운영하며, 교·강사 관리, 자료실 및 커뮤니티 관리, 과제 관리, 학습진행 경과보고 등이 이루어지는 등 이러닝 운영의 구체적인 교수학습 활동이 진행되는 단계이다.
① 자료실 및 커뮤니티 관리는 이러닝 운영 프로세스에서 운영 중 단계의 사업기획 요소이다.
③ 운영 전 단계의 사업기획 요소는 과정선정 및 구성전략, 과정 등록의 고용보험 매출계획 등이 고려될 수 있다.
④ 과정이 완료된 후 평가처리, 설문분석, 운영 결과보고 등이 이루어지는 것은 운영 후 단계의 사업기획 요소이다.

76

③ 교육과정 전 관리에는 과정홍보 관리, 과정별 코드나 이수학점 관리, 차수에 관한 행정관리, 수강신청 등 수강 여부 결정, 강의 로그인을 위한 ID 지급, 학습자들의 테크놀로지 현황관리 등이 있다.
ⓒ 과정에 대한 만족도 조사는 교육과정 후 관리에 해당한다.
ⓔ 공지사항, 게시판, 과제물 관리는 교육과정 중 관리에 해당한다.

77

④ 홍보계획 수립 때 확인할 내용에 해당한다.

78

이러닝 과정 운영자는 해당 이러닝 과정의 교수-학습 전략의 적절성, 학습목표의 명확성, 학습내용의 정확성, 학습량의 적절성 등을 수시로 체크해야 한다.

79

①·④ 콘텐츠 요구사항 점검을 위한 평가내용 중 교수설계에 해당하는 평가 기준이다.
③ 콘텐츠 요구사항 점검을 위한 평가내용 중 디자인 제작에 해당하는 평가 기준이다.

80

㉠·㉢ 권고사항에 해당한다.

더 알아보기

과정운영 결과분석을 위한 체크리스트

필수사항	• 만족도 평가결과는 관리되는가? • 내용이해도(성취도) 평가결과는 관리되는가? • 평가결과는 개별적으로 관리되는가? • 평가결과는 과정의 수료기준으로 활용되는가?
권고사항	• 현업적용도 평가결과는 관리되는가? • 평가결과는 그룹별로 관리되는가? • 평가결과는 교육의 효과성 판단을 위해 활용되는가? • 동일과정에 대한 평가결과는 기업 간 교류 및 상호인정이 되는가?

81

〈보기〉는 단일 선택형 질문(2-Way Question)에 해당하는 예시이다. 학습자 만족도 조사 방법에는 개방형 질문(Open-Ended Question), 체크리스트, 단일 선택형 질문(2-Way Question), 다중 선택형 질문(Multiple Choice Question), 순위작성법(Ranking Scale), 척도제시법(Rating Scale) 등이 있다.

82

이러닝 과정평가 절차에 따른 분류는 과정준비 평가, 과정진행 평가, 사후관리 평가로 나눈다.

83

① 2단계 학습(Learning)에 대한 개념이다.
③ 1단계 반응(Recation)에 대한 개념이다.
④ 4단계 결과(Result)에 대한 개념이다.

84

③ 교육과정이 종료된 후에 전체적인 학습 효과를 학습목표 달성을 중심으로 평가하는 것이어서 형성평가보다는 총괄평가 성격을 지닌다.

85

② 사전평가 : 교육 입과 전 교육생의 선수지식 및 기능습득 정도 진단 가능, 교육 직후 평가 자료가 없는 관계로 교육효과 유무 판단 불가
③ 사후평가 : 교육 종료 후 일정기간이 지난 다음 학습목표 달성 정도 파악에 유용, 사전, 직후 평가 자료가 없는 관계로 교육 효과 또는 교육 종료 후 습득된 KSA의 망각 여부 판단 불가
④ 사전/직후/사후평가 : 교육 입과 전, 직후, 사후 습득된 KSA 정도 파악, 고난도 가장 완벽한 설계

86

③ 이러닝 과정의 학업성취도 평가는 학습자의 변화 정도를 파악하기 위해 사전·사후평가를 실시하는 경우가 있다. 사전·사후평가는 이러닝 과정에서 제공한 학습내용 영역별로 학습자의 변화정도를 양적 변화로 표현할 수 있기 때문에 교육의 효과를 분석하는 데 많이 활용된다.

87

③ 의견에 대한 피드백은 질적 평가에 대한 방법이다. 양적 평가의 방법으로 만족도 평가의 설문조사, 학업성취도평가의 시험, 과제 수행 등이 사용되고, 질적 평가 방법으로 의견에 대한 피드백, 개선사항 수렴, 전문가 자문 등이 사용된다.

88

④ 단답형의 경우 가능할 수 있는 유사답안을 명시하는 것이 중요하고 다양한 답이 발생할 수 있는 경우를 배제하는 것이 필요하다.

89

과정진행 평가는 이러닝 과정 운영이 계획대로 적절하게 진행되고 있는지를 평가하는 것으로 콘텐츠, 교·강사 활동, 상호작용 활동, 학습자 지원요소, 학습관리시스템 운영 상황, 이러닝 과정의 학습자 평가활동 등이 있다.

90

④ 일과 학습을 병행하는 이러닝 과정 운영은 학습자 참여를 높이기 위해서 평가에 대한 다양한 선택과 참여 방법을 지원하는 것도 중요한 지원이다. 다만 동일 IP 또는 아주 인접한 IP를 사용하는 경우 확인이 필요하다.

91

② 학습내용 선정은 콘텐츠 내용 적합성 평가의 기준에 해당한다.
학습콘텐츠 개발 적합성 평가의 기준
• 학습목표 달성 적합도
• 교수설계 요소의 적합성
• 학습콘텐츠 사용의 용이성
• 학습평가 요소의 적합성
• 학습 분량의 적합성

92

③ 과정 운영목표는 이러닝 학습과정을 운영하는 기관에서 설정한 교육과정 운영을 위한 목표를 의미한다. 과정 운영목표는 과정 운영목표는 교육기관에서 다루고 있는 교육내용의 방향성과 범위를 결정하는 주요한 지표로써 운영기관에서 설정한다.

93

④ 교·강사 활동 평가기준 작성이 완료되면 평가기준에 대한 적합성을 확인하기 위해 관련 전문가에게 의뢰하고 전문가로부터 작성된 평가기준의 타당성을 확인한다.

94

④ 교ㆍ강사가 학습자들의 다양한 상호작용을 촉진하기 위해서 토론의 경우에는 주제 공지, 의견에 대한 댓글, 첨삭, 정리 등과 과제의 경우 과제내용 첨삭지도, 피드백, 요청자료 제공 등을 한다. 이 외에 게시판이나 SNS 등을 활용하는 것이 있다.

95

교ㆍ강사의 A등급은 양질의 우수, B등급은 보통, C등급은 활동이 미흡하거나 다소 부족, D등급은 활동이 불량한 교ㆍ강사를 의미한다. C등급의 경우는 일부 교육훈련을 통해서 양질의 교ㆍ강사로서의 역할을 수행하도록 지원하는 것이 바람직하다.

96

①ㆍ② 운영 실시과정을 지원하는 시스템 운영결과에 해당한다.
③ 운영 완료 후 시스템 운영결과에 해당한다.

97

① 교ㆍ강사 평가관리 기능은 이러닝 과정 운영성과 관리 기능 지원을 위한 시스템 운영결과 내용에 해당한다.

98

① 교육과정 개설 활동 수행 여부 점검 문항에 해당한다.
③ 수강신청 관리 활동 수행 여부 점검 문항에 해당한다.
④ 학사일정 수립 활동 수행 여부 점검 문항에 해당한다.

99

③ 학업성취도 자료는 이러닝 운영 진행과정과 관련된 자료로 학습자의 학업성취 기록을 담고 있다.

100

이러닝 과정 운영에 대한 최종 평가보고서는 '이러닝 운영 과정의 결과물 취합 → 이러닝 운영 과정의 개선사항 반영 → 이러닝 운영 과정의 결과물 분석 → 최종 평가보고서 작성' 순서로 진행된다.

2025 시대에듀 이러닝운영관리사 필기 핵심이론＋최종모의고사

개 정 1 판 1 쇄 발행	2024년 09월 20일 (인쇄 2024년 07월 12일)
초 판 발 행	2023년 10월 13일 (인쇄 2023년 09월 22일)
발 행 인	박영일
책 임 편 집	이해욱
저 자	시대이러닝연구소
편 집 진 행	노윤재 · 장다원
표 지 디 자 인	조혜령
편 집 디 자 인	장성복 · 윤아영
발 행 처	(주)시대고시기획
출 판 등 록	제10-1521호
주 소	서울시 마포구 큰우물로 75 [도화동 538 성지 B/D] 9F
전 화	1600-3600
팩 스	02-701-8823
홈 페 이 지	www.sdedu.co.kr

I S B N	979-11-383-7443-9 (13560)
정 가	24,000원

 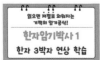